“电力设备感知与节能”系列

电力设备多源信息检测技术

崔昊杨 著

内容提要

本书为“电力设备感知与节能”系列之一。全书共分5章，通过多源信息综合检测平台的搭建实例，介绍多源信息检测技术在电力设备领域的应用，尤其是变电设备状态检测的图像融合技术、输变电线路覆冰检测技术、电力设备先进测量技术的应用和超声雷达定位技术的研发。本书适合工科院校电气、电信、计算机等专业和从事电力系统运行、设计、科研等工作的相关读者使用。

图书在版编目(CIP)数据

电力设备多源信息检测技术/崔昊杨著. —上海：上海交通大学出版社，2021
ISBN 978-7-313-23931-0

Ⅰ.①电… Ⅱ.①崔… Ⅲ.①电力设备-电力系统-信息系统-检测
Ⅳ.①TM7

中国版本图书馆CIP数据核字(2020)第204209号

电力设备多源信息检测技术
DIANLI SHEBEI DUOYUAN XINXI JIANCE JISHU

著　　者：崔昊杨
出版发行：上海交通大学出版社　　地　　址：上海市番禺路951号
邮政编码：200030　　电　　话：021-64071208
印　　制：当纳利(上海)信息技术有限公司　　经　　销：全国新华书店
开　　本：787mm×1092mm　1/16　　印　　张：11.5
字　　数：241千字
版　　次：2021年7月第1版　　印　　次：2021年7月第1次印刷
书　　号：ISBN 978-7-313-23931-0
定　　价：58.00元

前　言

随着智能电网的快速发展，电力系统对电气设备的安全性和智能化提出了更高的要求，特别是在能源互联网的推进过程中，电力设备运行的可靠性问题越来越突出。通过监测电力设备的运行状态，特别是从多源监测数据中，全面获得设备的运行状态，对设备的运行状态进行智能化评估与故障诊断，能够有效提高电网运行的可靠性。本书对多源信息融合的变电设备安全综合监测技术进行探索，旨在实现变电站单一设备和主设备状态的多维信息综合监测和状态评估。研制变电站主设备综合监测平台，包括多传感器监测系统，开发数据远传系统进行数据的远程传输，在中心诊断平台上，实现设备状态特征的分析提取以及利用综合分析判据开展设备的综合诊断分析。书中提供了大量的项目检测实例和控制平台参考，旨在向读者展示电力系统当下最新的信息检测技术和多源信息处理方式，以解决传统电力设备检测过程中设备信息的单一化、孤岛化、低效化等问题。本书案例取材丰富，前瞻性强，均是相关项目的最新成果，与实际工程联系紧密，所述方法先进可靠，智能化水平较高，牢牢紧跟了泛在电力物联网建设的发展方向。以打造“万物互联、人机交互”的电力大数据平台为目标，充分应用移动互联、人工智能等现代最新技术，在满足能源互联网发展需要的同时提高电力大数据的应用水平，拥有较高的实用价值。

针对变电站设备智能化综合检测、智能化检测、变电站安全性监测、综合信息传输等问题，开展了电力设备状态综合检测平台研制工作以及多源信息状态评估及故障诊断工作研究，经过近三年的研究，形成了一定的特色。经国内外文献调研和充分论证，本项目研究的特色和创新之处主要体现如下：

(1) 综合检测平台检测手段及技术创新。搭建开发了变电设备状态综合监测平台，包括电力设备温度在线式温度监测子系统和变电站智能巡检机器人子系统。以固定式测温与移动式机器人测温方法组合，实现复杂环境下设备全方位的温度检测，既能够对重点局域构件进行实时测温，也能够对大范围设备进行巡检测温，因此在测温方法和手段方面有所创新。针对测温距离带来的误差问题，发明了基于距离及云台预置位自校正测温技术，开发了基于超声测距自主校准的红外测温补偿装置，针对机械云台或高速球长期运行产生的预置位偏离问题，开发了局域最高温点法的预置位重置校正技术。本方法与以往的人工校准相比,避免了人力物力的浪费,解决了扫描式红外测温系统由于云台机械变形造成的红外测温装置偏离预置监测点的问题。

(2) 发展了多信息检测及融合技术新方法。建立了基于多信息检测的变电设备如输变电线路等的状态综合分析方法,解决了单一的信息监测不能反映电力设备综合状态信息以及不利于及时发现设备的故障隐患的问题。

(3) 变电站设备智能巡检机器人巡检方式技术特色。电力巡检机器人的巡检方式从有轨导航提升到无轨导航,机器人在巡检过程中,基于SLAM技术的自主定位、地图构建、巡检导航精度能够满足现场的实际需要,因此在机器人的巡检方式方面有所创新。

(4) 发展了基于图像处理信息融合技术的变电设备状态评估及故障诊断算法,创新电力设备状态检测图像处理方法。①设备状态检测图像处理方法中,形成了完整的图像自动分析处理方法和理论,提出了基于图像像素宽高比和格式协议的跨平台图像数据自适应规范方法,实现不同来源、不同设备、不同场景状态检测图像的跨平台获取;②提出了基于模版匹配算法的粗匹配,以及基于surf算法的精匹配方法,有效降低了红外图像背景干扰造成的配准率降低,提高了红外图像的配准和融合效果;③利用电力设备红外图像的高配准和融合技术,实现了设备关键特征的结构化数据表达方法;④提出了一系列的变电设备红外图像分割方法和状态图像增强技术。通过上述的方法和理论创新,利用数字图像处理技术实现了图像数据的结构化转化,提升了系统异构信息处理能力和监测信息模式识别水平。

本书共分5章。第1章是综合介绍多源信息检测技术在电力设备领域的应用,同时确认本专著的研究方向,帮助读者理解多源信息检测技术的目的和意义;第2章介绍作者的技术成果中几种多源信息综合检测平台的搭建实例,该部分通过软硬件结合的方式详尽表述了数据前端与后台连接通道的构成,并附以丰富的流程图、实物图及交互界面图,方便读者能有详细的参考;第3章介绍变电设备状态检测的图像融合技术成果,由于可见光图像和红外图像分别表征了变电设备的外观和内部信息,完备的图像融合和诊断流程能够实现变电设备故障点的精确定位,有利于变电设备检测的实时化和自动化发展,为电网维修决策提供有效支持;第4章介绍多源信息融合下的输变电线路覆冰检测技术成果,通过图像处理技术和多源传感技术分别对输变电线路上的覆冰状态进行检测评估,能有效预防覆冰积累对输变电线路带来的危害;第5章介绍电力设备先进测量技术的应用和超声雷达定位技术的研发,基于光纤和半导体材料体积小、抗干扰、响应快的特点,介绍了光纤和半导体晶体的光耦合设计及基于CCD衍射技术的波长解调系统设计,完善了光纤传感系统的光路平台搭建,实现了电力变压器的温度在线检测。超声雷达定位技术的研发有利于实现电力设备故障点的无损定位检测,最后针对具体模型,给出了基于MATLAB平台的相控阵超声检测仿真结果,有利于进一步提高读者对超声定位原理的认识。

由于作者时间和水平所限,书中存在的缺点和错误,恳请专家和读者予以批评指正。

目　录

1

电力设备多源信息检测技术概述

如今，随着电力设备状态监测技术的日趋成熟，各类监测系统（如 SF_6 气体在线监测系统、避雷器在线监测系统、容性设备绝缘在线监测系统、红外云台测温及室外环境监测系统、开关柜温度在线监测系统等）在保障设备的安全、稳定运行方面起了重要的作用，但在变电设备状态检测与评估过程中，单类传感器检测的设备信息很难解决实际诊断过程中面临的设备结构复杂性和运行环境不确定性因素较多的问题，反映的设备状态往往是不完整的[1]，在实际使用过程中还面临着以下的诸多不足：

(1) 功能局部单一化。各类监测系统往往只针对设备局部的单项参数进行监测，且监测功能分散单一化，未对设备的全景信息进行监测。

(2) 信息多样孤岛化。监测系统间往往相互独立，系统间的互通能力较弱，造成了监测参量信息的孤岛，难以对设备状态进行综合性诊断。

(3) 系统利用低效化。系统运行的可靠性、性价比低，对监测数据的分析利用不够，缺乏深层次数据信息挖掘，状态综合评估能力不强。

上述问题在很大程度上制约了电力设备监测及诊断技术的应用水平以及对原有监测诊断技术的有效提升，成为电力领域当前亟待解决的课题。基于多源信息融合的故障诊断作为一种智能、高效的故障诊断方法，在故障诊断领域的应用越来越广泛，应用水平也不断提高，已成为故障诊断领域的重要发展方向之一[2]。一方面，从设备故障诊断的角度仍然有很多问题要解决，如传感器的选择和分布、数据的采集等问题；另一方面，多源信息融合故障诊断方法也有待发展[3]。在设备多维信息获取方面，随着信息技术、计算机技术与电力设备状态评估系统理论的发展，利用移动巡检设备（机器人）携带多种监测系统，对设备进行广域化、全局化的巡检给上述问题带来新的解决途径。在多维信息融合方面，智能化的融合算法可以通过互补的方式提高设备状态的评估精度，使电力设备能够得到及时、有效、全面、智能的诊断。

变电设备的安全稳定运行一直是电力系统关注的焦点，建立有效的设备状态监测与分析系统，已经成为国内外电工领域迫切需要解决的问题。变电站是整个电网的核心，它起着调度电力供应的重要作用。因此,保证变电设备正常运行至关重要。另外,随着变电站自动化水平的提高以及无人值守的普及,设备运行的安全性受到更加严格的考验,提高变电设备的巡检效率已成为当务之急。因此,本书的意义在于:

(1) 推进设备运行状态综合检测智能化发展,提升已有监测技术水平效率。随着我国国民经济持续高速发展,为国民经济提供强劲能源动力的电力工业呈现出前所未有的繁荣景象。到 2020 年,全社会用电量和最大负荷相对 2013 年已分别翻两番,人民群众生产生活对电力的依赖度越来越高,对电网供电能力和供电质量提出了更高的要求[4]。变电站是坚强电网的重要节点,变电站主设备的监测和诊断技术是保障变电站及电网系统安全运行的重要技术手段之一。通过对变电设备状态的综合精确监测,及时发现存在的隐患,有效减少电力系统事故,提高供电质量,确保电网安全和电力有序供应,已成为国民经济建设和社会发展的紧迫需求。为保障电力系统安全稳定运行,国务院办公厅印发的安全生产规划中,明确规定了要确保电力系统安全稳定运行和电力可靠供应[5]。变电站主设备状态的综合监测技术可为开展基于大数据分析的变电设备状态综合评估应用奠定实验和理论基础,对于促进设备的可靠性和智能化,保障电网安全稳定运行具有支撑作用,是一项对于促进坚强智能电网建设发展有着重要意义的工作。

(2) 提高电力设备状态评估准确度,推进变电站综合自动化发展。国家电监局资料显示,我国电网规模已居世界第一位。建立广域范围的设备状态监测网络以及远程专家诊断系统,对保证所有设备正常运行,提高生产效率,节约维修费用有着重大意义。利用先进的计算机技术、电子技术、数据分析技术对于电力设备的运行状态进行综合有效评估与诊断,推进变电站的综合自动化的必经之路[6]。本书提供了一种变电站信息管理和辅助决策的解决方案,对保障我国电力系统安全稳定运行,特别是变电设备、人员的安全运行,以及推进变电站综合自动化发展有着重要的意义。

(3) 满足能源互联网发展的需要,提高电力大数据的精准实时应用能力。由于在传输效率等方面具有无法比拟的优势,传统的大电网将来仍然是能源互联网中的“主干网”。在这样的背景下,电网设备的安全成为能源互联网安全的重要保障。随着光伏、风电等新能源大量接入配电网,对于电网管理的复杂程度和自动化、智能化程度要求越来越高,需要大量的、更为可靠的变电设备状态监测系统作为支撑[7]。基于多源信息融合的变电设备安全综合监测技术通过对设备的多维信息进行监测,利用信息融合分析的方法综合评估设备的状态,相对于传统单一参量监测系统而言,本书将结合多维度设备状态监测技术和数据处理技术提升变电设备状态安全评估的广度和深度,并以此解决实际应用问题。因此,所涉及的关键技术是能源互联网发展中的重要支撑技术,可从更深层次上重新评估电力系统海量数据的逻辑关系和使用价值。

针对传统电力设备监测诊断技术功能局域单一化、信息多样孤岛化、系统利用低效化的问题,本书展开设备多源参量监测技术研究,获取设备运行的多维信息;研究计及设备多维状态参量的信息融合算法,实现多数据源的结构化与非结构化数据融合[8];利用多源信息数据分析变电设备状态综合评估算法，开发融合多设备、多参量的综合性有效状态评估和诊断系统，实现电力设备状态综合监测的目标，为开展基于变电设备状态综合评估的应用奠定实验和理论基础。

本书开展了基于多源信息融合的变电设备安全综合监测技术探索，其功能在于实现变电站单一设备和主设备状态的多维信息综合监测和状态评估。研制变电站主设备综合监测平台，包括多传感器监测系统，开发数据远传系统进行数据的远程传输，在中心诊断平台上，实现设备状态特征的分析提取，利用综合分析开展设备的综合诊断分析。

1.1 多源信息检测的分类和作用

多源信息融合的变电设备安全综合监测系统架构如图 1－1 所示，所研制变电站主设备综合监测平台包括电力巡检机器人、分布式监测系统、信号预处理、特征参量提取、缺陷状态提取、设备状态评估、通信管理控制系统、数据库管理系统、人机交互界面及综合诊断系统等模块。各部分主要功能介绍如下：

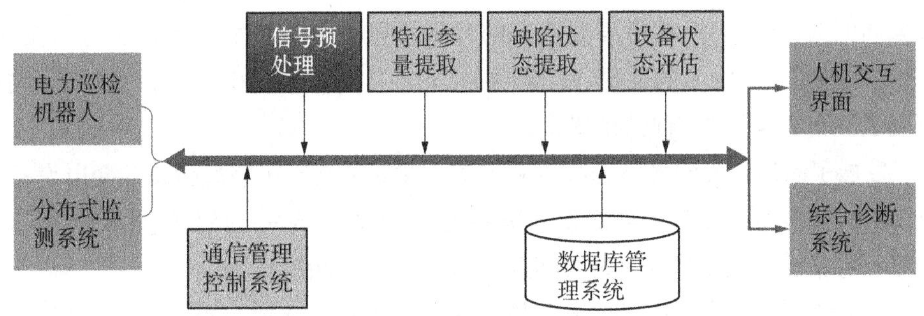

图 1－1 多源信息融合的变电设备安全综合监测系统架构

（1）电力巡检机器人。机器人包含充电电池及充电控制电路、超声波避障模块、红外循迹模块、无线通信模块、系统控制模块。集成红外热像仪和可见光摄像机主要用于敞开式设备的红外热像和可见光图像巡检，取代人工方式的日常巡视和红外巡检。

（2）分布式监测系统。主要用于难以开展电力巡检机器人日常巡检活动区域的关键变电主设备的温湿度等参量的在线监测系统，实现设备状态多维信息的检测。

（3）通信管理控制系统。用于数据远传、远程控制等信息化功能，满足快速化检测要求。实现系统多元信息多通道同时采集，并可长时间连续采集。

（4）信号预处理。将电力巡检机器人和分布式监测系统检测到的设备状态参量进行预处理，积累有效试验数据，为后期数据分析处理提供有效数据来源，避免由于临时干扰信号、检测人员误操作等带来的干扰信号，提高检测工作效率。

（5）特征参量提取与设备状态评估。主要用于多维检测数据智能诊断，实现巡检数据实时获取、存储、处理及诊断，提高变电站设备巡检数据处理效率及数据利用率。

(6) 数据库管理系统。采用关联性的数据存储算法、多数据源连接查询方法和多通道数据融合算法，为设备运行情况进行较为精确的描述提供数据基础。

(7) 综合诊断系统。结合试验研究、故障案例分析、相关标准、专家知识，完善故障专家诊断所需的知识库、知识规则，提升诊断专家的智能化水平，通过知识共享、规则学习提升远程分布式故障诊断专家技术实用性和诊断水平。

针对变电站设备智能化综合检测、变电站安全性监测、综合信息传输等问题，本研究坚持致力于电力设备状态综合检测平台研制工作以及多源信息状态评估及故障诊断工作，经过近 3 年的研究，形成了一定的特色体系。从国内外文献调研和论证结果来看，本书的特色和创新之处主要体现如下：

(1) 综合检测平台检测手段及技术的创新。搭建开发了变电设备状态综合监测平台，包括电力设备在线式温度监测子系统和变电站智能巡检机器人子系统，固定式测温与移动式机器人测温方法组合，实现复杂环境下设备全方位的温度检测，既能够对重点区域构件进行实时测温，也能够对大范围设备进行巡检测温，因此在测温方法和手段方面有所创新。针对测温距离带来的误差问题，发明了基于距离及云台预置位自校正测温技术，开发了基于超声测距自主校准的红外测温补偿装置；针对机械云台或高速球长期运行产生的预置位偏离问题，开发了局域最高温点法的预置位重置校正技术。本方法与以往的人工校准相比，减少了人力物力的耗费，解决了扫描式红外测温系统由于云台机械变形造成的红外测温装置偏离预置监测点的问题。

(2) 发展了多信息检测及融合技术新方法。建立了基于多信息检测的变电设备，如开关柜、变压器、输变电线路等的状态综合分析方法；解决了单一的信息监测不能反映电力设备综合状态信息以及不利于及时发现设备故障隐患的问题。

(3) 变电站设备智能巡检机器人巡检方式技术创新。电力巡检机器人的巡检方式从有轨导航提升到无轨导航。机器人在巡检过程中基于 SLAM 技术的自主定位、地图构建、巡检导航精度能够满足现场的实际需要。

(4) 发展了基于图像处理信息融合技术的变电设备状态评估及故障诊断算法。主要包括：①创新电力设备状态检测图像处理方法。在设备状态检测图像处理方法中，形成了完整的图像自动分析处理方法和理论，提出了基于图像像素宽高比和格式协议的跨平台图像数据自适应规范方法，实现不同来源、不同设备、不同场景状态检测图像的跨平台获取；提出了基于模版匹配算法的粗匹配以及基于 SURF 算法的精匹配方法，有效降低了红外图像背景干扰造成的配准率降低，提高了红外图像的配准和融合效果；利用电力设备红外图像的高配准和融合技术，实现了设备关键特征的结构化数据表达方法；提出了一系列的变电设备红外图像分割方法和状态图像增强技术。②电力设备状态检测图像工程应用创新。利用项目关键技术研究成果开发了“电力设备状态图像自动处理和分析”软件系统，该软件能够从状态检测图像中提取设备状态关键参数，包括设备温度、温度分布、高温区域、放电量、增益等，给出过热缺陷和局部放电的报警信息，并做结构化数据记录，为电力设备状态检修和基于大数据分析的设备状态评估提供技术支撑。

1.2 多源信息的采集和获取

本书拟对变电站主设备状态的综合监测技术以及基于多源信息分析的设备状态评估与预测两大部分的内容展开研究，研制基于多源信息融合的变电设备安全综合监测平台，研究思路主要包括以下3个方面。

1）搭建与开发多维信息检测平台，实现变电设备的多源信息的有效获取

(1) 电力设备温度在线监测子系统。本书研制的电气设备红外在线监测系统分为定点监测以及半球空间扫描监测两种。定点监测系统适用于某些特殊设备的重点部位，如高压开关柜中的触头；半球空间扫描监测系统将红外测温仪与扫描云台相结合，以非接触、实时在线测量的方式对处于系统周围半径为10 m的半球空间范围内众多检测点实现监测，在保证测量准确性的前提下，不仅杜绝了人工测量的随机性与人身安全的恶性事故发生，而且降低了监控的成本问题，使本系统更具备实用价值(见图1-2)。

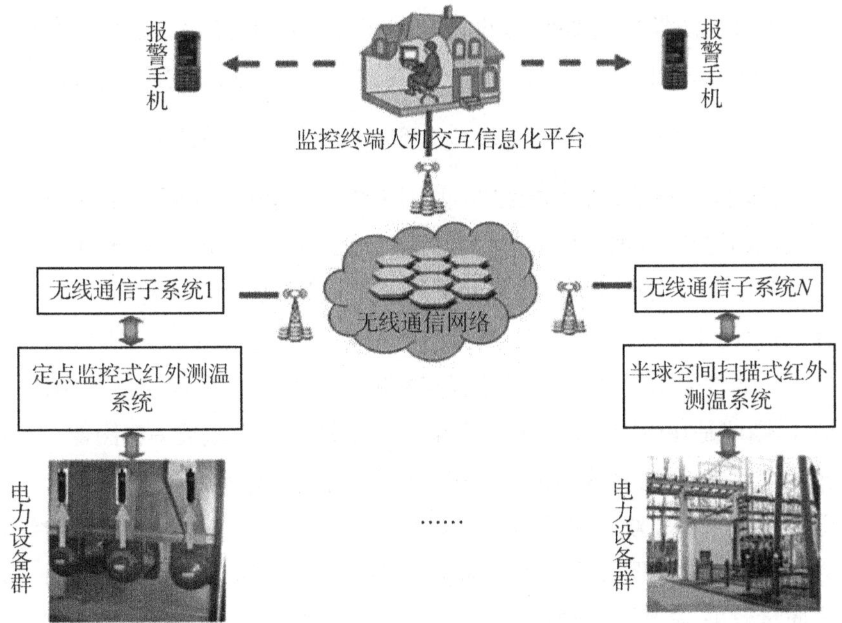

图1-2 电气设备红外在线监测系统

该系统由硬件和软件两部分组成，其中硬件部分包括红外测温传感器、直流电源、报警电路和工控机系统。红外温度传感器为VTIR5816型红外测温仪，距离系数为50∶1，放在被测设备安全距离以外的位置，将探测到的热信号转换为电信号，经过信号传输电路提供给工控机，采用Labview软件开发程序对所采集的数据进行分析、计算处理，最终测量结果将在虚拟仪器界面上显示。具体功能包括：数据采集、数据与图表显示、阈值报警、

数据存储以及数据查询等。

(2) 电力设备智能巡检机器人检测子系统。巡检机器人在系统架构方面通常可以分为移动检测系统层、无线传输层、客户端接收层。移动检测系统层由巡检机器人本体、无线通信收发系统组成，主要功能是实现对设备状态信息的采集、控制信息收发；无线传输层由以太网和无线传输设备组成，主要功能是传输控制指令和图像信息；客户端接收层由无线传输设备和上位机软件系统组成，主要功能是对机器人采集的设备状态信息进行处理、状态识别、发出预警并存储信息。

2) 研究设备状态检测图像的跨平台获取和规范化处理方法

针对来源、不同场景、不同设备状态检测图像给设备图像的配准、融合、识别、特征提取、评估诊断带来的困难，开展了检测图像数据的跨平台获取和规范化转换研究，对统计存在的 JPEG、TIFF、PNG、BMP 等格式的数据从信息保留、图像信息存储等方面考虑，统一转换为 BMP。对各图像先进行灰度化预处理，再对不同图像尺寸进行了缩放等规范化处理，基于设备状态图像存储，设计了统一名称处理算法[9]。

(1) 电力设备图像灰度化处理。彩色图像处理时分别对多种分量进行处理，实际上彩色模式模型并不能反映图像的形态特征，只是从光学的原理上进行颜色的调配。故图像灰度化可以有效降低图像处理难度，减少处理时间，提高工作效率。根据重要性及其他指标，采用了加权平均法，按下式对 R、G、B 三分量进行加权平均能得到较合理的灰度图像。

$$F(i, j)=0.30R(i, j)+0.59G(i, j)+0.11B(i, j) \tag{1-1}$$

(2) 不同图像尺寸规范化。拍摄终端输出图像尺寸通常互不相同，且可以进行手动设置。根据各人使用习惯，一般得到的电力设备图像尺寸存在差异，故需要在不损失图像携带关键信息的基础上对图片的大小与尺寸进行统一，以方便之后的处理。缩小图像(称为下采样或降采样)的主要目的有两个：使得图像符合显示区域的大小；生成对应图像的缩略图。图像缩小通常采用降采样，即是采样点数减少。对于一幅 $N\times M$ 的图像来说，如果降采样系数 k，则即是在原图中每行每列每隔 k 个点取一个点组成一幅图像。经过降采样的图像在相同尺寸下，只有将该图像缩小相同倍数，得到的显示效果才较好。

对于图像放大采用了双三次插值算法，以便能获得比双线性插值更好的效果。使用邻域插值方法得到的效果图像质量更为细腻，而原图的细节更加清晰，要达到与人眼观察相近的图像质量效果，需要对图像进行放大。

针对电力设备的可见光图像、红外热像以及紫外图像等，不同图像间存在其宽高比不一致的问题需要在不损失设备关键信息的情况下对设备进行一定的剪裁，从而实现图像尺寸统一。项目研究过程中，紫外与可见光合成图像的尺寸为 704×576 像素，而红外图像的尺寸则是 640×480 像素，两者宽高比分别为 1.222 与 1.333，为了实现图像中目标信息的完整，对合成图像进行裁剪，则需要将其高度降为 528 像素，即对上边界与下边界分别剪短 24 像素。

① 紫外图像宽高比值较大。剪切紫外图像两侧，现假设紫外图像的尺寸为 $k_1 \times g_1$，红外图像的尺寸为 $k_2 \times g_2$，即此时分别有比值为$\frac{k_1}{g_1} > \frac{k_2}{g_2}$，则需要剪切的尺寸为

$$\Delta s = k_1 - \frac{k_2}{g_2} g_1 \tag{1-2}$$

即在图像左、右侧分别需要减少 $\frac{\Delta s}{2}$ 的宽度。

② 紫外图像宽高比值较小。此即项目数据库图像的情况，即此时分别有比值为 $\frac{k_1}{g_1} < \frac{k_2}{g_2}$，则需要剪切的尺寸为

$$\Delta s = g_1 - \frac{k_2}{g_2} k_1 \tag{1-3}$$

即在图像上、下侧分别需要减少 $\frac{\Delta s}{2}$ 的高度。

图像经缩放或剪裁后，在不丢失关键信息的情况下，具有更好的观察效果，在预处理后的图像处理中也更具有操作性，是图像归一化中的重要步骤之一。

(3) 不同图像名称规范化。为便于之后的图像批量处理与检索等工作，将系统读入的图像文件统一名称具有实际意义。为简单且明晰地表明图像所包含的代表信息，系统中将各设备名称设定为“设备名称-类型-拍摄时间”格式，以说明在处理的是什么设备，判断是可见光图像、红外热像还是紫外图像，并用拍摄时候区别不同时间拍摄的同一设备。

3) 开展在融合设备用电负载情况下的设备缺陷图谱演化

针对复杂背景下电力设备热缺陷定位及演化分析的难题，提出了一种基于设备状态图像处理的故障检测方法。以检测图库比对标准图库结果的最大隶属性原则为标准，对设备类型及种类进行了识别，基于归一化标准模板对目标设备红外与可见光图像进行背景分离。为实现红外与可见光图像的精细匹配融合效果，采用经 K 近邻算法优化的加速稳健特征算法对设备图像边缘特征点进行了提取和匹配，并利用随机抽样一致算法滤除误匹配特征点，从而保证了特征点匹配的准确率，以此实现了非结构图像数据的结构化表达。根据温升规则对设备的热缺陷进行了定位和分类评估，结合短期用电负荷趋势对故障的演化进行预测分析。结果表明，本方法对 CT、PT 等典型电力设备的缺陷定位准确率均值高于 85%，结合当前及短期用电负荷下可有效开展设备的缺陷演化趋势分析。本研究以图像处理技术开展了热缺陷的带电检测及故障演化预测分析，为电力设备智能化诊断技术的工程化深入发展提供了有效的途径。

综上所述，本书开展了融合先进传感技术、机器人技术、电力通信技术、数字图像处理技术、状态评估诊断技术等变电设备多源信息融合评估设备状态的工作，搭建了分布式的

传感监测子系统、电力巡检机器人综合检测平台，采用图像非格式化数据的跨平台、规范化处理技术，实现了图谱信息数据和格式化数据的有效融合。利用粒子群算法、蝙蝠算法、模糊算法、SVM 算法等实现了设备状态评估和缺陷诊断模型，采用设备状态信息样本对评估模型进行了训练，验证了模型的有效性。

2

多源信息综合检测平台及技术

分布式多传感器多源信息结合是关于协同利用多传感器信息进行多级别、多方面、多层次信息检测和相关综合估计，以获得电力设备的状态和特征估计以及态势和故障诊断的一种多级别自动信息处理过程，它将不同来源、不同模式、不同时间、不同地点、不同表现形式的信息进行结合，最后得出对被测电力设备的更精确的描述。本章主要综合以下五大平台及相关技术实现多源信息综合检测系统的建立：

(1) 红外测温在线监测平台通过红外测温仪实现单点测温和扫描测温两种方式的联合使用。通过这两种方式可以监测变电站所有监测点的温度，同时扫描测温可以将红外测温仪测量“点”的温度扩展成测量“线”，甚至是“面”，实现电力设备全方位、无遗漏的测量。

(2) 巡检机器人系统平台通过巡检机器人携带的可见光摄像可识别电力场所里的所有表计，红外成像可测量电力设备的温度，紫外成像仪可以在线监测设备的放电状况。采集的三种图像可实时上传至本地监控后台，该平台能够通过本地监控后台实现对变电站多设备任意点、任意区域的高效巡检。

(3) 变压器多源信息检测平台通过油中溶解气(DGA)、红外热像温度等信息监测研究变压器各部件的评价内容及故障类型，开发了变压器状态评估和智能故障诊断系统，实现了故障诊断、状态评估和数据管理的功能。

(4) 开关柜多参考量综合检测平台通过红外温度传感器、霍尔电流传感器等多传感器相结合的方式实现了对真空断路器电流信号以及对电力开关柜温度信号的采集。从电力高压开关柜的故障状态评估的要求出发，完成了系统软件的开发。

(5) 输变电线路综合信息检测平台通过测量温度、湿度、输变电线路的拉力、环境风速等参量，综合考虑输变电线路故障机理与特征，提出了一种基于故障录波装置的平台搭建，实现了在多种故障特征影响因素下对输变电线路故障起因的识别。

多源信息综合检测系统的建立使得电力设备在线检测平台有了更大的时空覆盖区域，优良的目标分辨能力，更多的设备检测方案和更高的系统资源利用率，提高了系统整体的在线检测水平与故障诊断能力,从而有效避免设备故障的发生。

2.1 变电设备红外测温在线监测系统平台

2.1.1 平台设计思路

针对变电站电力设备红外在线测温系统的特点以及功能要求,系统实现了单点测温、扫描测温、异常报警、站内通信等功能,在功能的实现过程中使用了大量的硬件设备。系统的工作过程如图 2-1 所示。

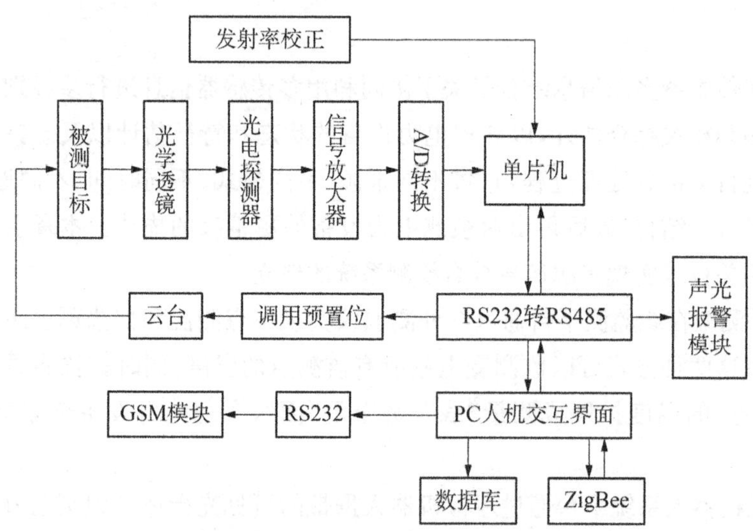

图 2-1 红外在线测温系统工作过程

根据现场环境的不同,该系统的测温方式分成单点测温和扫描测温两种。

(1) 单点测温。单点测温是距离系数较小的测温仪点对点的测温方式。主要应用场合:安装环境狭小、测量点较少、不易安装支架同时电气绝缘距离较小的场所,例如开关柜内。由于距离系数较小的测温仪的体积较小同时成本较低,采用这种方式便于安装同时降低设备成本。

(2) 扫描测温。扫描测温是由云台和大距离系数比的探头组合的一对多的测温方式。主要应用场合:安装环境宽阔、测温点较多且密集、容易安装支架同时电气绝缘距离要求很高的场所,例如电力变压器。由于电气绝缘距离要求高必须采用大距离系数比的测温仪,同时测温点较多且密集,如果采用单点测温的话成本会很高且不易安装,采用扫描测温只需要一个测温仪和一个云台就能完成测温,同时可降低成本[11]。上述两种方式可根据现场环境灵活选用。

2.1.2 云台及通信模块设计

云台是为解决普通摄像机的监控位置固定不变而产生的。云台适用于对大范围进行扫描监视,它可以将摄像机的监视角度扩大至 360°。从而实现带动载荷对检测空间内的目标设备进行大范围扫描,实现最小成本的最大检测效果,特别适用于集群化的设备状态参量检测。对于类似设备群检测,广泛地使用了云台化的方案,在云台系统的构建过程中需要考虑云台的适用场合、使用精度以及云台的负载能力。

云台具有很高的旋转速度,能很快地捕捉到微小目标。而且云台在长时间运行后,可以自动校正因机械部分磨损带来的预置位偏差,保证预置位的长期准确性。云台外形美观、操作简单、运行平稳、预置位准确、噪声低、性能可靠、整机寿命长。同时云台支持多种通信协议和通信接口,适用于多种控制设备,广泛应用于银行、机场、电力等场所。在高速复杂的运动过程中,内置解码器可以同时控制云台准确地运动到指定位置。由于该系统需要安装在变电站,因此它的通信必须覆盖整个变电站。系统设计采用 RS232、RS485、ZigBee 无线通信、GSM 的通信方式构成,从而实现多途径灵活的通信。

2.1.3 温度精确测量校正技术

2.1.3.1 距离校正技术

距离校正技术采用一种基于超声测距温度补偿的红外测温装置,如图 2-2 所示。该装置不仅能解决实时监测的技术问题,而且针对红外测温过程中,红外测温仪的准确度随测温仪到待测点距离远近而存在误差这一问题,采用超声测距技术在线获取被测物体到红外测温仪的距离,根据在线测量结果,对测温仪测得的温度值进行补偿或修正,消除测温距离带来的附加误差,提高温度测量的准确度,将红外测温仪与精确定位技术相结合,实现空间多点温度在线检监测。

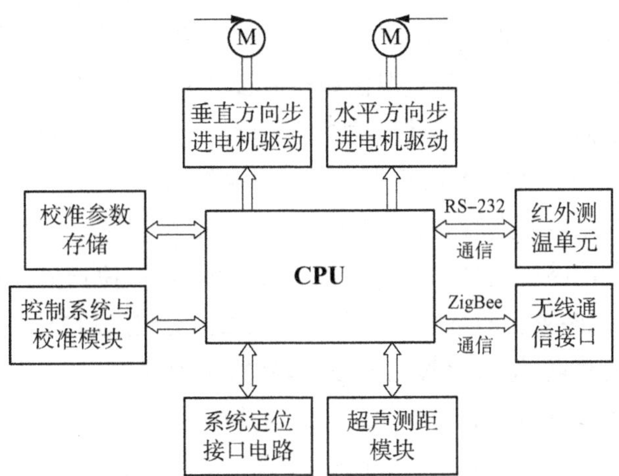

图 2-2 超声测距温度补偿的红外测温系统

红外测温系统包括CPU、水平方向和垂直方向步进电机、红外测温单元、超声测距模块、无线通信接口、校准参数存储模块、控制系统与校准模块、系统定位接口电路。云台机械结构的特点是上面装有水平方向和垂直方向步进电机、红外测温单元、超声测距模块、激光指示器和定位开关。云台机械结构通过激光指示器和控制系统与校准模块连接，用于在可见激光的指示下，通过控制系统与校准模块控制水平电机驱动器和垂直电机驱动器分别驱动水平方向和垂直方向步进电机对被测点进行空间定位，并把被测点的空间位置存储到校准参数存储模块中。校准参数存储模块、控制系统与校准模块、系统定位接口电路和超声测距模块分别与CPU连接，用于系统定位接口电路，并根据被测点的空间位置坐标进行定位搜索，且根据超声测距模块测得被测点到红外测温仪的距离值，对测得的温度值进行补偿和修正，消除测温距离带来的附加误差，红外测温单元将测得的温度值信号传送到CPU，CPU再通过无线通信连接口模块传送到上位机。

2.1.3.2 扫描系统校正技术

红外点温仪与扫描云台相结合的扫描式红外测温系统，通过周期性的扫描监测，扩大了红外点温仪的测量范围，使一台点温仪发挥多台点温仪的作用，大大降低了系统成本。然而，云台虽然具有预置位功能，可复位至设定的位置，但经过长时间的运转依然会产生位置偏差。即使使用复位自检程序，仍存在固定端机械形变(如热胀冷缩)造成的短距离位移[12]。由于电气设备绝缘条件等因素，红外点温仪需安置在安全距离之外。即使云台与预置位之间仅发生短距离的偏移，但受到测量距离的影响，其搭载的红外点温仪的入瞳孔将较大程度地偏离预置监测点，测温结果的精确性将受到影响，导致设备的故障难以被发现，增大了安全隐患。

利用扫描云台将红外测温系统复位至对准预置监测点，存在偏离的可能。使扫描云台做指定路径的最小距离移动，利用红外测温装置测量路径上各个云台位移点对应的目标温度。通过对目标温度值进行比较，确定最高温度值及其对应的云台位移点。扫描云台根据该点的位置信息按指定路径移动至该点，并重置预置位，此时红外测温装置对准的目标点即为校准后的监测点。以此实现了对扫描式红外测温系统偏离预置监测点的自主校准。

该扫描式红外测温系统由红外点温仪和扫描云台组成。系统组成如图2-3所示，监测点的表面温度必须高于小范围内其他物体的温度。本系统每运行10个周期后，进行自主校准，可以根据实际需要更改校准周期。目标最高温度值，由温度比较模块对红外点温仪所测的各个云台最小位移点对应的目标温度值进行比较确定。

利用红外点温仪能够反映目标表面关键点温度的特点，使扫描云台做指定路径的最小距离移动，红外测温装置将测量监测点附近小范围内对应点的温度。通过比较，确定最高温度对应的云台位移点，将云台移动至该点，并重置预置位，实现了对扫描式红外测温系统偏离预置监测点的自主校准。本方法未添加其他设备，仅利用系统本身的功能扩展，实现了监测点校准。与以往的人工校准相比，避免了人力物力的额外耗费，能更加及时地对云台偏移进行校准，提升了校准的效率和准确性，解决了扫描式红外测温系统由于云台

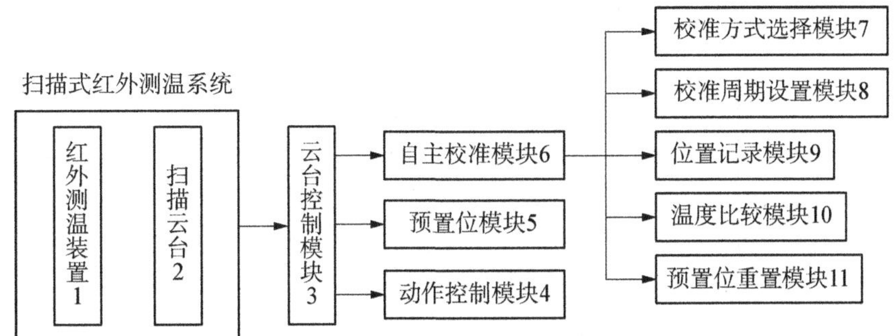

图 2-3　扫描式红外测温系统

机械变形造成的红外测温装置偏离预置监测点的问题。

2.1.3.3　测温系统的温度校正

采用温度信息开展变电设备运行状态的评估时，温度测量的准确性与精确性至关重要，尽管已经采取了超声测距校正、扫描系统自动校正等措施来减小温度测量误差，但是由于红外测温干扰因素较多，使得测量结果和实际温度有偏差，因此提出了相应的温度测量误差修正方法。采用 Gauss 模型拟合的曲线如图 2-4 所示，采用 Boltzmann 模型进行曲线拟合的曲线如图 2-5 所示。

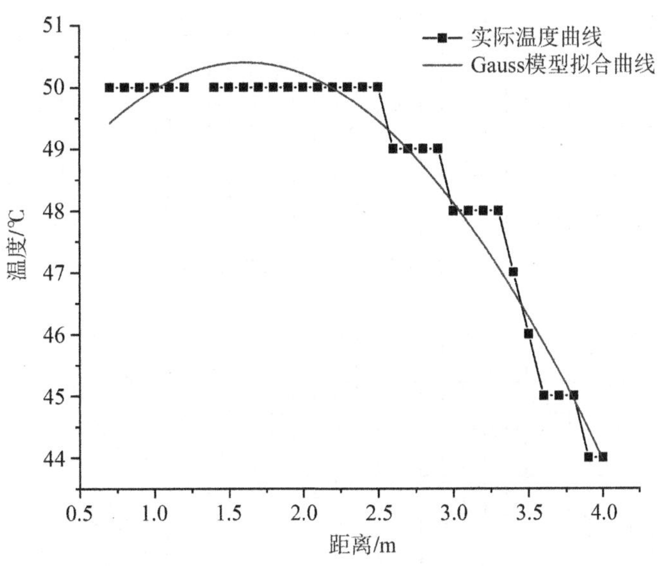

图 2-4　Gauss 模型的曲线拟合

选取一组数据进行曲线拟合，验证结果如图 2-6 和图 2-7 所示(图中灰色曲线为修正后的曲线，黑色曲线为修正前的曲线)。

拟合后温度与距离的表达式：$T = T_0 + 120\Big/\left(17\sqrt{\frac{\pi}{2}}\right) e^{-2((S-S_{max})/17)^2}$

式中：T 为实际测量的温度；T_0 为物体的真实温度；S 为探头距离检测目标的距离；S_{max}

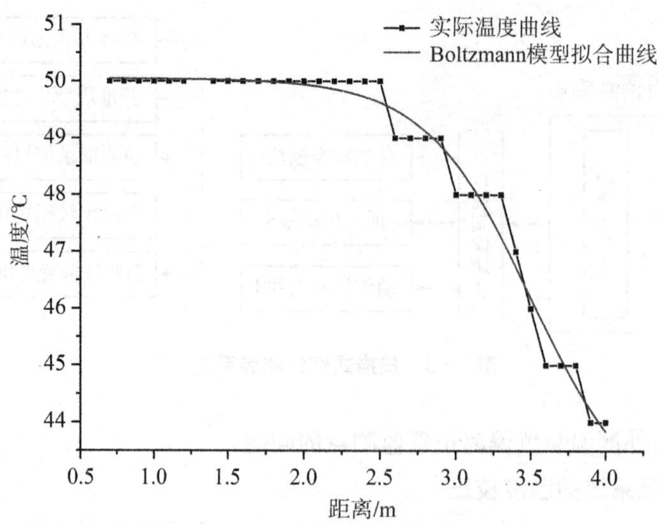

图 2-5 Boltzmann 模型的曲线拟合

为探头能测的最远距离。

从图 2-6 和图 2-7 可以很明显地看出，经过曲线拟合的公式修正后的温度基本接近被测目标的真实温度，误差范围在 1℃以内，满足现场的需要。

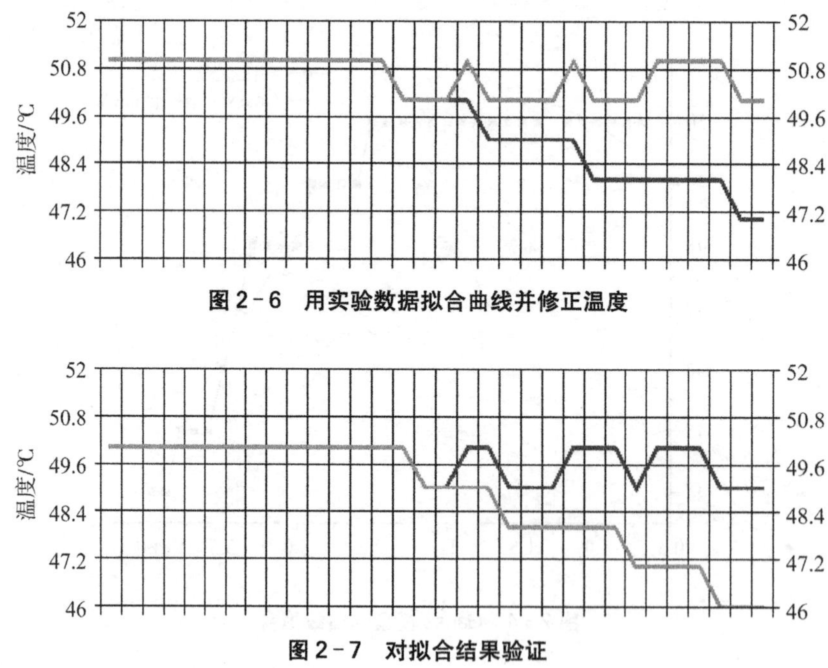

图 2-6 用实验数据拟合曲线并修正温度

图 2-7 对拟合结果验证

2.1.4 人机交互界面的开发

2.1.4.1 固定式及云台扫描式系统界面设计

根据系统所要实现的功能，利用 Visual Basic 语言编写，界面如图 2-8 所示。红外在

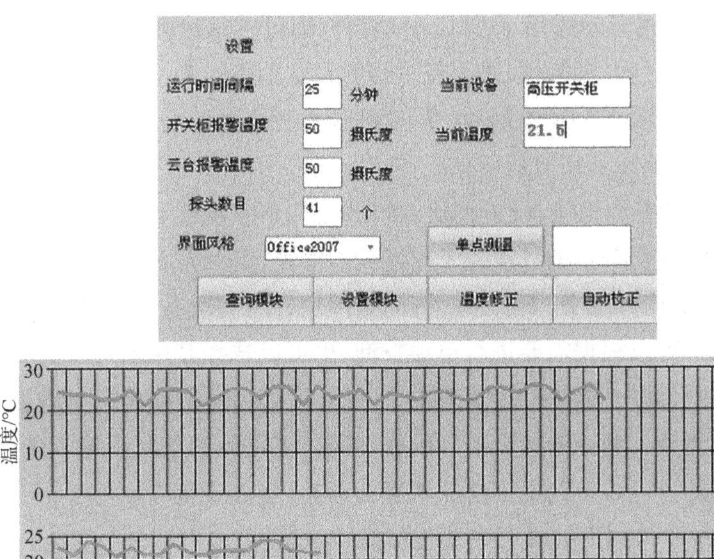

图 2－8　红外在线监测系统软件交互界面及历史温度显示界面

线监测系统软件交互界面的主要功能及参数设置如下：

(1) 运行时间间隔的设置。用来设置对整个系统两次测温之间的时间间隔，之所以将其设置为可修改参数而不是在程序内部设定，是方便用户根据实际需要调整测温时间间隔，例如在负荷高峰期由于用电量的增加会使变电站内设备的负荷率较高，用电设备的发热现象会比较显著，这时需加强用电设备的温度监测，用户可以将测温时间间隔缩短；反之，当用电量小的时候可以适当地延长测温时间间隔，以便可以延长云台等部件的使用寿命，同时可以减少数据存储量。

(2) 报警温度设置。报警温度的设置是为了快速直接地对发热较严重监测点进行报警。系统根据现场情况采用了两种模式：扫描模式和开关柜模式。不易安装支架，电气绝缘距离较远的监测点采用扫描模式，反之采用开关柜模式。对不同的检测对象用户可以根据具体使用情况来确定报警温度值。

(3) 探头数目设置。在开关柜模式中，每一个监测点要安装一个红外测温仪，而实际的监测点数目要根据现场进行设定，为增加软件的可移植性增加了这个设置。扫描模式中有预置位的设定，预置点的设定放在功能模块中，在此不再赘述。

(4) 图形显示。图形显示采用了 MSChart 控件，分纵向和横向两个图形表。横向图形表显示所有设备当前一次测温的温度，纵向图形表显示当前监测点在当天所测温度的所有值。通过横向曲线用户可以直观地发现温度异常的点，通过纵向曲线用户可以发现当前监测点的历史温度异常点。

(5) 表格显示。表格显示采用了 Datagrid 控件,通过它用户可以详细地得到每一个点的所有信息,包括测温时间、温度值、是否超过报警设定值等。为减少显示数据量,上面的表格只显示当天当前监测点的所有数据,纵向图形表显示当天的报警信息。通过这两个表,用户可以方便快捷地找到需要的信息。

(6) 功能模块包括查询模块、设置模块、自动校正、单点测温、温度修正等模块。查询模块是用户查询历史数据分析电气设备工作情况的模块,整个界面分为两个部分:查询条件设置和查询结果,界面如图 2-9 所示。查询条件中有时间段查询、报警历史查询、测量设备号码查询。用户可以根据需要进行单独查询,也可以选择其中的几个进行组合查询。通过时间段查询用户可以查询某一时间段内的所有数据。根据报警历史查询,用户可以查询到所有的报警信息。利用测量设备号码查询用户可以得到某一测量点的所有测量数据。通过组合查询用户可以得到更少更加精确的信息,例如查询 2010-1-1T 12:00:00 到 2010-5-2T 12:00:00 探头 12 号的所有报警信息等。

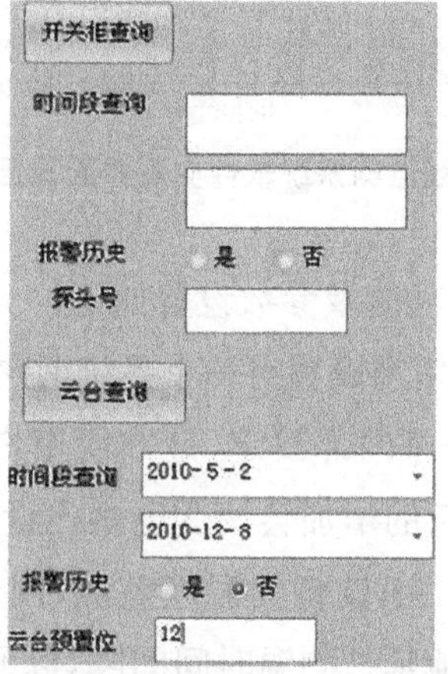

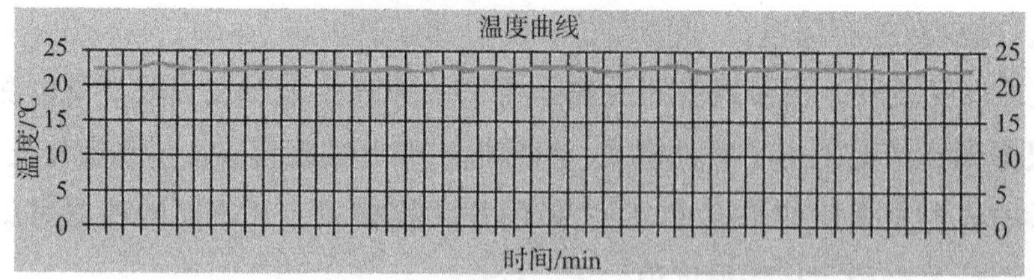

图 2-9 人机交互界面软件的历史信息查询功能

(7) 查询结果和主界面一样分为两部分:表格显示和图形显示。查询的所有结果都放在 Datagrid 表格中,为了能更清楚地看到温度突变点,MSChart 空间中没有将数据一次全部放进去,而是放置了固定数量的点(50)。通过单击下一组,用户可以快速查看温度数据曲线,如果发现异常点,用户可以很方便地在 Datagrid 表中找到异常点的详细数据。

(8) 设置模块。用来设置系统的预置点、删除预置点、设置接收手机号码等。预置点的预置,先要根据需要预置的云台选择云台号码。然后通过上、下、左、右四个按键调整云台的位置，云台上的红外探头有激光瞄准功能，通过激光点的位置可以看到云台所对准的位置。当位置接近预置点时需将速度降低才容易对准预置点。对准后，确认预置位编号然后单击“预置”就可完成预置。在移动至预置位处填写预置位号后单击，可查看预置位。如果预置错误可以通过删除预置点来删除预置位。由于系统中有 GSM 短信报警功能，需填写接收短信的手机号码。一般情况下手机号码是不允许修改的，如果需要修改，应单击“修改号码”，手机号码变为可修改状态，用户可以修改，其界面如图 2-10 所示。

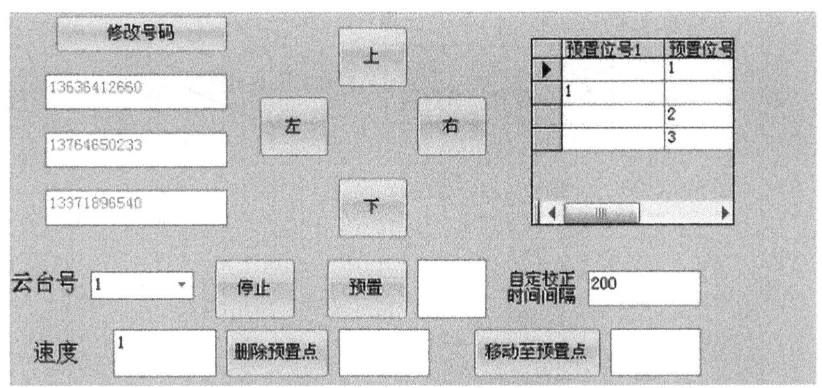

图 2-10 人机交互界面软件的云台预置位设置界面及 GSM 报警设置

(9) 自动校正模块。这是用来校正云台位置的模块，由于云台本身有一定的机械误差，同时在运行过程中由于震动、磨损、误差累积等原因会使得云台运行一段时间后出现跑偏的现象，而这种偏差不能通过复位消除，需要对其进行校正。以现在的位置(原点)为中心，测出原点的温度后向上进行测量，如果上面点的温度比原点温度高出一个设定的温度值，就令 1 的位置取代原点的位置，然后到 2，如此循环直到 8 的位置。当然这种方法的前提是监测点的温度比周围环境的温度要高，同时监测点之间的距离比较远，由于监测点温度高于环境温度，所以可以使用此方法进行校正。校正过程如图 2-11 所示。

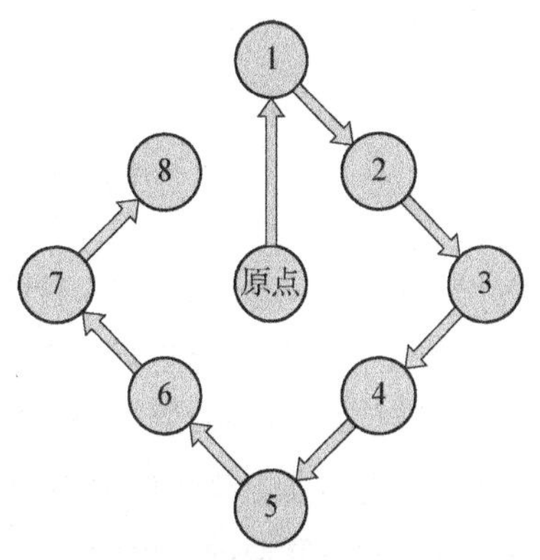

图 2-11 云台扫描系统温度校正过程

2.1.4.2 数据存储及报警功能

数据的存储采用 SQL Server 数据库，通过 API 接口，使用 ADO 对象实现数据的存储、查询、删除等操作。在数据的存储过程中，存在长时间数据记录导致的数据库规模过大将影响系统的相应速度，因此需要定期导出数据库备份，减小系统的数据存储和查询压力。至于检测数据的报警，一般对于温度的检测可采用阈值、温升、同相对比的方法[13]，本节采用设备阈值温度报警的方式，这也是国网标准比较能够接受的一个方法。对于超出阈值温度的设备，采用了传统的 GSM 报警技术，相对于其他通信方法而言，具有灵活可靠的优点，且检测数据

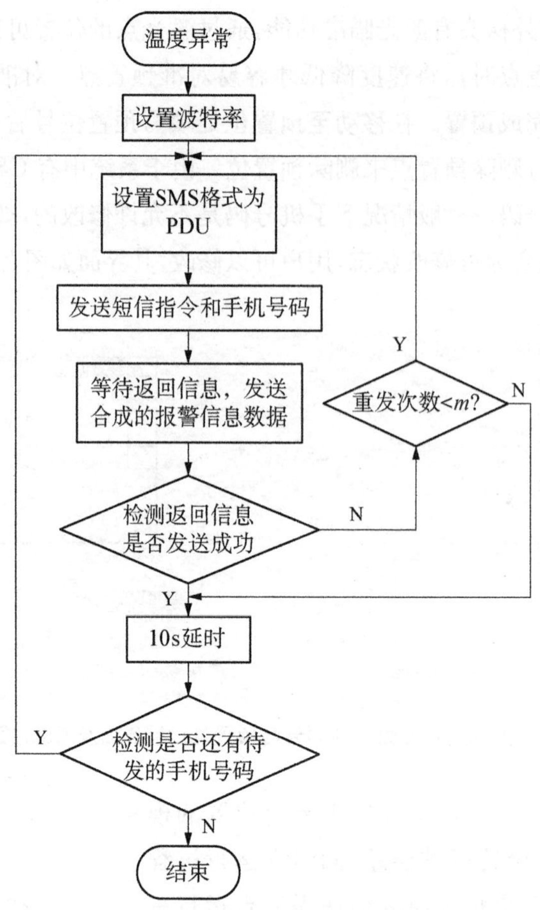

图 2-12 温度在线监测系统的 GSM 报警工作流程

为已格式化的，适合于 GSM 通信方式的传输，系统的工作流程如图 2-12 所示。

对短信通信部分进行了单独测试，可使用程序连续发送多条短信，数据收发的平均时间为 3～5 s。数据收发正确率达 100%。系统中默认的是移动的手机卡，如果使用联通的手机卡，则需要更改短信中心的号码。移动的短信中心号码为：1380＋区号（不足 4 位的补零）＋500；联通的短信中心号码没有规则，需进行查询；电信号码采用 CDMA 技术，内置短信中心号码。

2.1.5 扫描测温系统现场的安装和调试

2.1.5.1 现场安装

现场安装主要是测量变电站内部电力设备的温度，如图 2-13 所示。主要监测点为母线上的线夹、穿墙套管、电流互感器、断路器。

测温仪共装了 3 台，由于安装环境的不同，安装位置也差别很大。首先，要考虑的是将所有的监测点包括在扫描范围内；其次，要让正对探头的有效测温面尽可能大，同时满足这两个条件就需要找好位置以及定好上下和左右的角度；最后，为防止变电站内电磁辐射对装置内电路的干扰，要在外面加装屏蔽外壳。通信线路由 RS232 转 458 模块与有屏蔽的双绞线共同构成，数据信号线从探头内接出以后先经过装换模块，然后接双绞线，最后将装换模块和接口进行封装。为了不影响运维人员在走廊上的工作，双绞线通过 PVC 管后固定。信号传输至监控室，GSM 报警装置通过串口线安装在工控机附近。

图 2-13 110 kV 室内变电站内温度监测系统安装示意

2.1.5.2 系统调试

在现场对样机进行了试运行测试，结果表明：系统开启自动巡航模式后，云台带动探头开始运转，通过观察预置位的精度和返回的温度数据来看，整套装置基本不受电磁干扰的影响。报警温度设定好之后，将一高温热源放置探头前面，约 5 s 收到 GSM 发来的报警信息核对后准确无误。测试结果如图 2-14 所示，经过一段时间试验，软件的各个部分工作正常，运行状态良好(见图 2-15)。

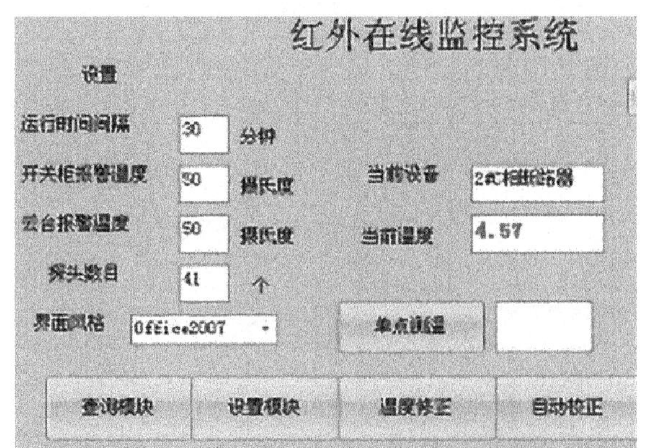

图 2-14 红外在线监测系统运行结果界面

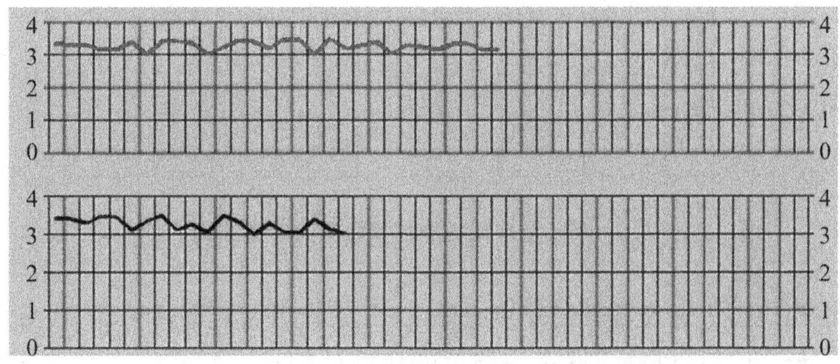

图 2-15 软件运行结果温度变化曲线界面

2.2 巡检机器人系统平台

2.2.1 平台设计思路

为实现变电站设备的全面巡检，巡检机器人在系统架构方面通常可以分为三层：移动检测系统层、无线传输层、客户端接收层，系统结构如图 2-16 所示。其中移动检测系统层由巡检机器人本体、无线通信收发系统组成，主要功能是实现对设备状态信息的采集、控制信息收发；无线传输层由以太网和无线传输设备组成，主要功能是传输控制指令和图像信息；客户端接收层由无线传输设备和上位机软件系统组成，主要功能是对机器人采集的设备状态信息进行处理、状态识别、发出预警并存储信息[14]。

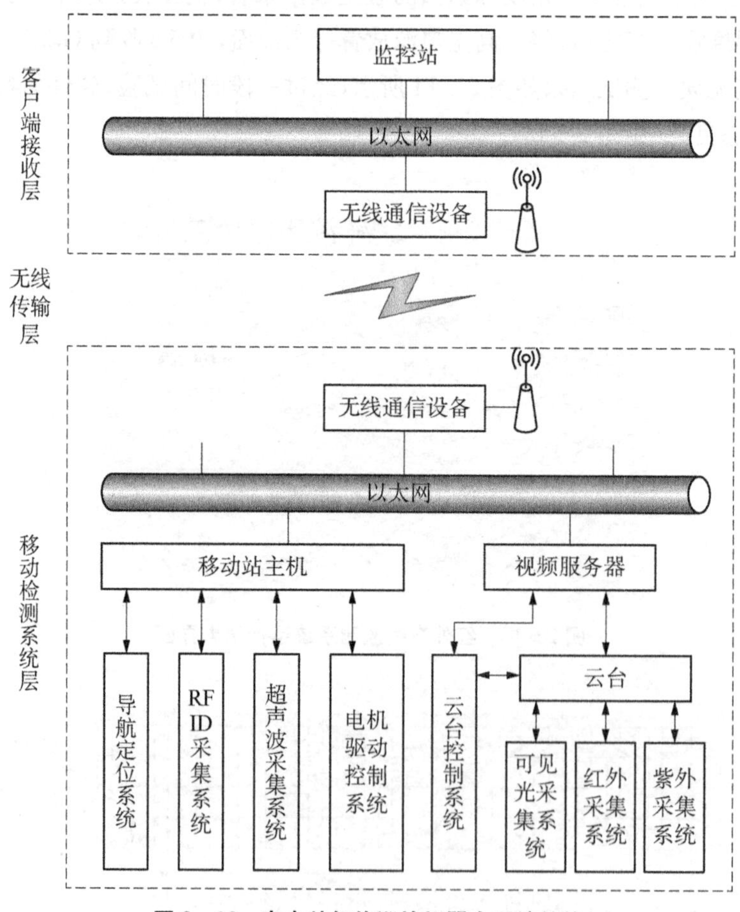

图 2-16 变电站智能巡检机器人系统结构

变电站巡检机器人通过携带红外热成像仪、可见光摄像机等传感器，代替人工对变电站设备进行巡检，并通过机械手臂进行简单的故障处理和异物清除。巡检机器人采用客户端/服务端的运行模式，系统结构如图 2-17 所示。客户端位于基站监控中心的 PC 机上，负责实时显示电力设备的多源信息，可在线监测设备运行状况。运维人员也可以通过客户端上位机发送指令，控制巡检机器人对特定电力设备进行重点定点监测。服务端位于巡检机器人本体，核心部分是 STM32 集中控制器，负责导航定位、运动控制、多源信息数据传输等。

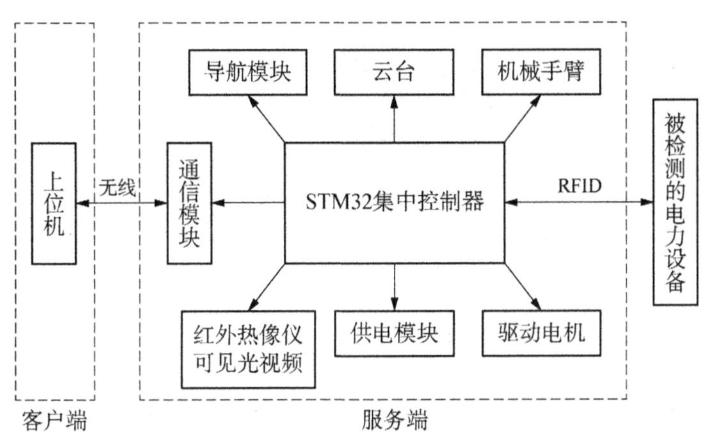

图 2-17 基于 STM32 巡检机器人系统结构

2.2.2 无线通信组网的建立

无线通信网络是保证巡检机器人与集控中心正常通信的桥梁，信号质量的好坏直接决定了巡检机器人监测得到的数据能否安全稳定地上传到集控中心。由于变电站内是高压、高电磁场、高辐射的特殊环境，很难保证巡检机器人与监控中心处于无障碍的可视通信范围内，这就对机器人系统的通信方式造成挑战。在变电站内搭建无线通信系统采用多网桥组网的方式，具体包含车载网桥形成大范围覆盖无线 AP，在监控中心安装固定基站，与车载天线形成双向通信。车载移动端采用 POE 供电，不需要额外的供电系统。基站连接工控机，采用双极化扇区天线，具有多进多出、高带宽、超远距离等特点。一个车载移动端可以设置多个基站端，实现一对多的 AP 设置。设置的特点为抗干扰能力强，带宽高，可高速联网及大范围、高带宽传输信号。

在变电站的四周分别搭建一个基站(见图 2-18)，四个基站通过交换机与集控中心的工控机相连接，此时四个基站同时发射无线信号，实现对变电站内无线网络的全覆盖。同时在每个基站安装发射天线，提高无线信号的增益。在巡检机器人车身搭载配套的无线接收端，同时把接收端与发射端的信号调节到相同的网段。此时，巡检机器人在 AP 模式下与无线网桥相连，基站后台能接收到稳定的无线信号。一个移动端多基站的网络采用 TCP/IP 通信协议，在保证数据传输的速度基础上，提高了系统的传输距离及稳定性。红外视频图像、紫外视频图像与可见光视频图像经系统压缩，以 H.264 视频编码格式传输至上位机系统。红外图像主要用来对电力设备进行热故障诊断，通过对温度的判别能够及时反映设备运行状况。可见光图像用于设备识别、智能读数，方便运维人员的肉眼观看与设备监控。

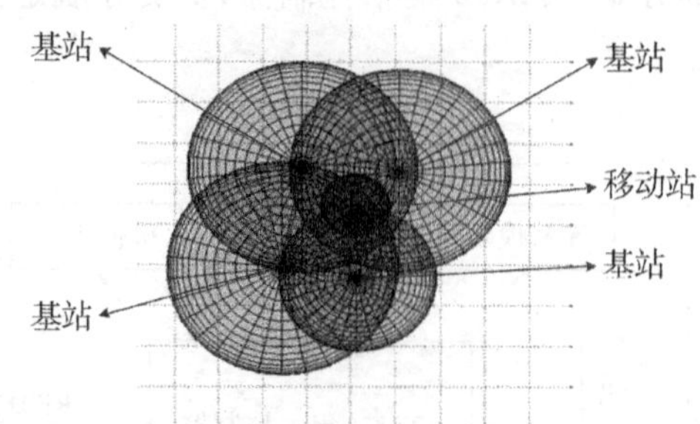

图 2-18　巡检机器人多网桥无线通信基站放置及信号区域覆盖仿真结果

2.2.3　轨道导航巡检机器人系统的开发

变电站电力设备巡检机器人按照预先设定的路径，对辖区范围内的电力设备开展电力设备巡检，通过搭载的红外热像、可见光成像、紫外成像、拾音器、超声传感等仪器对电力设备的运行状态进行检测。为实现这一功能要求，需要巡检机器人能够保证巡检路径的可重复性及自主巡航的安全性。目前国内外巡检机器人的轨道导航普遍采用铁轨、色带、磁带导航三种。其中，铁轨导航会产生在变电站进行大范围施工的问题，使机器人的适用能力降低，因此，基于色带和磁轨道导航的机器人则具有普遍实施的意义。

结合当前变电站巡检机器人应用现状和变电站实际操作环境，对变电站巡检机器人进行设计，针对传统巡检机器人单一供电方式，以及不具备对故障部位自动切除和异物清除能力的不足之处，分别采用太阳能充电和电网充电相结合的供电方式，并为机器人两侧安装了左右机械手臂，使其能够完成对站内设备故障部位的自动切除及巡检周界的异物清理，从而提升了巡检机器人的实用化和智能化水平。变电站巡检机器人整体系统构成如图 2-19、图 2-20 所示。主要分为机械模块、传感器采集模块、控制模块、通信模块、上位机软件模块。机械模块是系统的执行机构，包括金属车体结构、履带式底盘、机械手臂、云台装置及其他辅助设备。本巡检机器人系统所采用的履带式结构，能够使得机器人在应对渣石路面、沟坎凸台、积雪严重等复杂作业环境时具有一定的自适应性，同时也确保红外热像仪与可见光摄像机的稳固，消除基站监控系统接收到的视频图像可能出现的颤抖现象。

巡检机器人所携各模块的功能及驱动设计如下：

(1) 底盘开发。机器人底盘分别采用了履带式行进和轮式行进两种方式。履带悬架避震弹簧系统能够保证机器人越障能力和连续行走能力，通过简单的电机差速、正反转可实现转弯、前进、后退等功能，并且具有更大的动力，拥有更强的越障能力[15]。轮式行进能

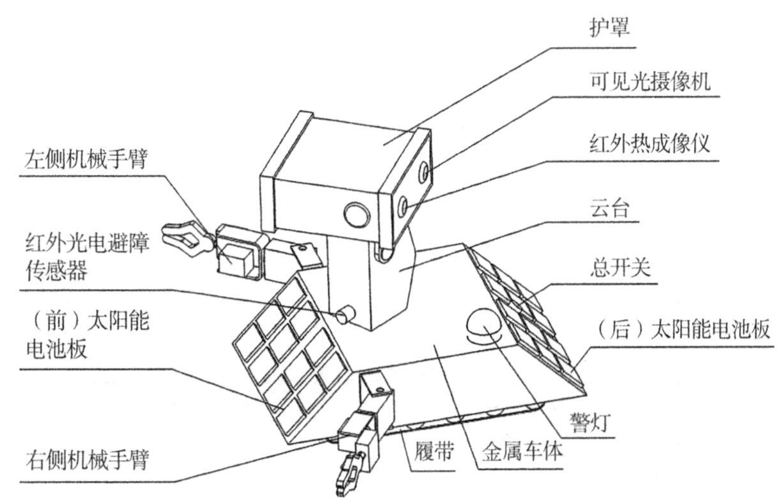

图 2-19　基于色带导航的巡检机器人 CAD 设计结构

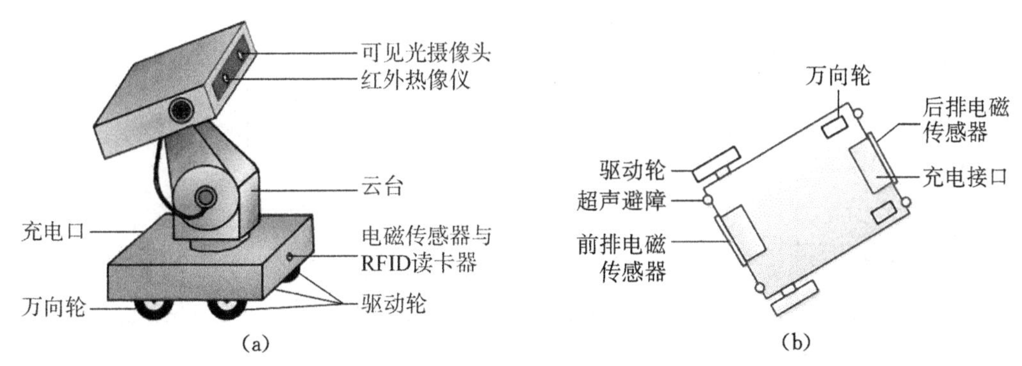

图 2-20　巡检机器人系统结构

(a) 外观及硬件结构；(b) 驱动底盘设计

够保证更高的定位精度和灵活的转向功能。由于巡检机器人承载的重量较重，因此需要提供电机更大的驱动电流。

(2) 整机系统控制单元。在对巡检机器人集中控制器开发的过程中，选用 TI 公司生产的 STM32F103 作为核心处理单元，其内核为 ARM 公司的 Cortex-M3，工作频率为 72 MHz、Flash 为 512 KB、有 2 个 12 位 ADC、5 个 USART、12 个 16 位计时器。系统控制单元框图如图 2-21 所示，巡检机器人集中控制器分别对左侧和右侧两组电机、两组机械手臂、三组红外避障传感器及云台进行控制。巡检机器人系统通过 PWM 信号的控制可以提高电机的加速曲率，能够使机器人迅速启动、刹车和转向。集中控制器接收到 PC 端上位机发送的串口指令后，将串口指令转化为电源可以识别的 PWM 信号，从而调整电源的输出电流，控制电机的运行状态。巡检机器人是通过改变左右两组电机的速度差实现转向的。由于巡检机器人承载的重量较重，因此需要提供电机更大的驱动电流。巡检机器人系统使用的是SGS公司生产的L298N驱动芯片，芯片内部有两个H桥驱动器，其能够驱动2 A以上的电流。其功率放大器是单级可逆运行方式的。如图2-22所示，8个续流二极管是为了消除电机转动时的尖峰电压保护电机而设计，外部两组电机接到6、8，和10、12上，驱动电机的正转与反转由1、3、5、7引脚控制。

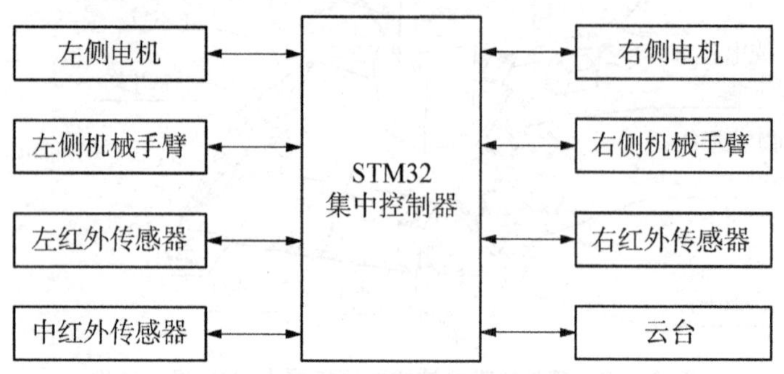

图2-21 巡检机器人底盘控制单元

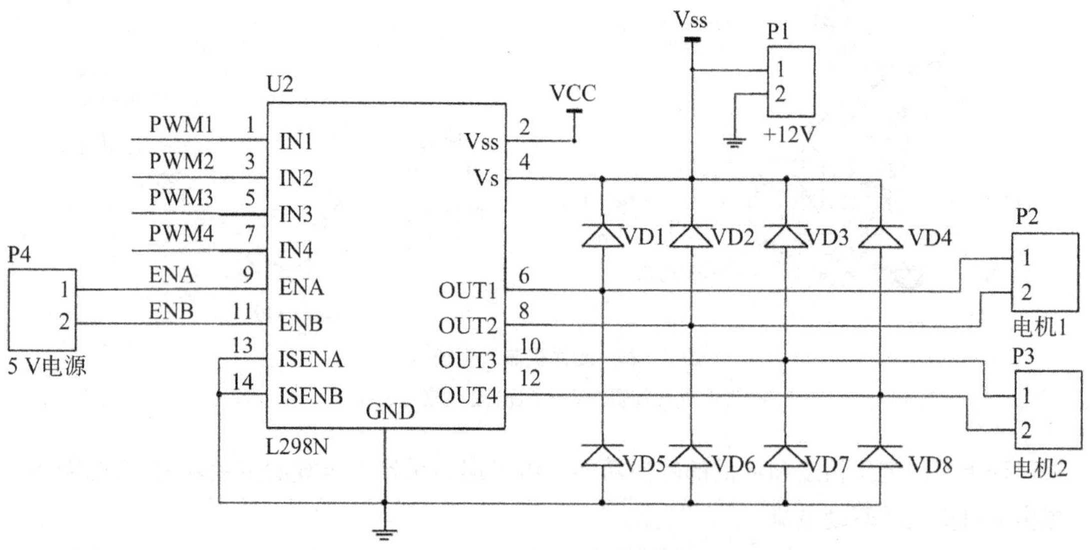

图2-22 巡检机器人底盘电机驱动电路

(3) 云台控制设计。在机器人系统中，由于红外热像仪和可见光摄像机需要固定在一个平台上，所以需要一个能够自由旋转的云台，以控制红外热像仪对电力设备扫描拍摄。红外热像仪和可见光摄像机安装在巡检机器人云台中，对变电站高压设备进行在线监测。

(4) 系统通信方式。巡检机器人系统中云台的串行通信接口为RS485，STM32集中控制器的串行通信接口为RS232，因此云台与集中控制器无法直接进行通信。STM32集中控制器通过RS232转RS485转接模块连接云台实现串行通信。基站监控后台发送云台控制指令经无线设备到达 STM32 集中控制器，再经转接模块实现对云台的控制。同时 STM32 集中控制器也可以直接调用预置位指令，实现对云台预置位的控制。

(5) 系统供电方式。系统采用 24 V 锂电池作为巡检机器人的主电源，利用充电器将 AC220 V 的家用电能储存在 24 V 锂电池中。云台可由 24 V 锂电池直接供电；将 24 V电源通过降压模块转化为 DC12 V 满足电机驱动器、控制器、红外热像仪、可见光摄像机的需要。其他传感器一并由控制器提供电源，通信模块采用 POE(基于局域网的供电系统)供电方式，直接通过网线供电，供电系统如图 2 - 23 所示。

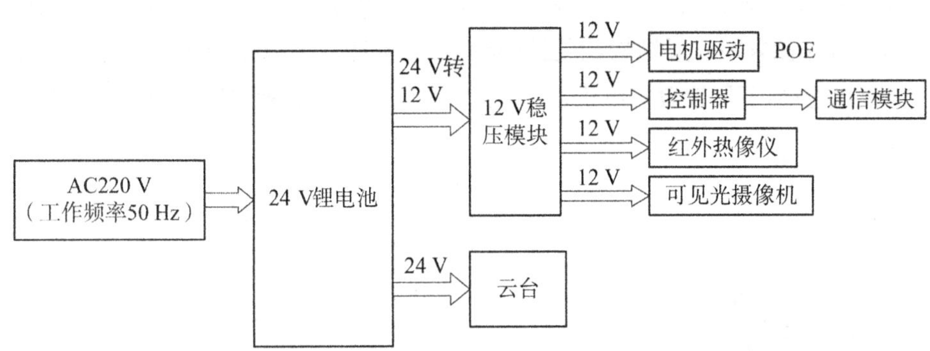

图 2 - 23 巡检机器人供电系统设计

(6) 导航方式。本节开展了色带导航机器人和磁轨道导航机器人的研制开发工作。色带导航基于红外光电传感器对预铺色带的颜色进行识别，进而实现机器人按预定铺设轨道行进，通过超声测距的方式对轨道上的杂物障碍具有停机避障功能；磁导航控制方法也称为地埋线导航，其原理是把带有磁性的磁条埋设在巡检机器人巡检的道路上。其基本原理在于磁感应，电磁传感器在感应到带有磁性的路径时，数字口输出为 1，当行驶在普通路面时，数字口输出为 0。巡检机器人所使用的 8 路磁导航传感器中，在实际应用时用到了左两位与右两位。当左两位电磁传感器探测到磁性路面时，机器人向右微调；当右两位传感器探测到磁性路面时，机器人向左微调。

2.2.4 基于激光无轨道导航巡检机器人系统的开发

由于激光的高精度角分辨率及较强的抗干扰性，激光雷达导航正逐渐成为新一代自主导航机器人的主流。激光雷达(light detection and ranging, LDAR)是激光主动探测传感器设备的一种统称。测量成像激光雷达的主要原理是高频测距和扫描测角，通过激光雷达测到的距离与角度，实现对目标轮廓三维扫描测量成像。它具有灵活、方便、稳定性高等特点，但是结构复杂且成本高昂，对传感器要求较高。

2.2.4.1 激光导航模块设计

激光导航模块是一款基于周围复杂环境的导航系统模块，该模块配合激光雷达可在室内外真正地实现机器人的无轨导航，从而优化现有市场循迹导航的方式，让现场安装更加简单、灵活，让机器人的工作环境更加的自由。本节采用的激光雷达为 SICK-LMS，该激光雷达测量精度高，提供完整的 SDK，支持二次开发，能够满足系统的需求。

激光无轨导航硬件系统结构分析主要通过罗列功能组件和建立各个组件关系的功能模型，便于设计者掌握系统各个组件之间的相互作用，为以后发现不足排除故障，为产品创新奠定基础。

2.2.4.2 激光无轨导航底盘工作原理

激光无轨导航系统通过扫描成像构建地图运用陀螺仪辨别方向实现自主定位。在巡检机器人上装设工业级传感器，可以通过激光雷达传感器自主扫描并构建地图（见图 2-24）。该底盘采用双层结构，下层负责动力及转向，上层负责支撑。下层与上层之间通过减震装置连接，下层设置有电机、驱动轮、转向轮、升降装置、减震系统、智能控制模块及传感器模块。

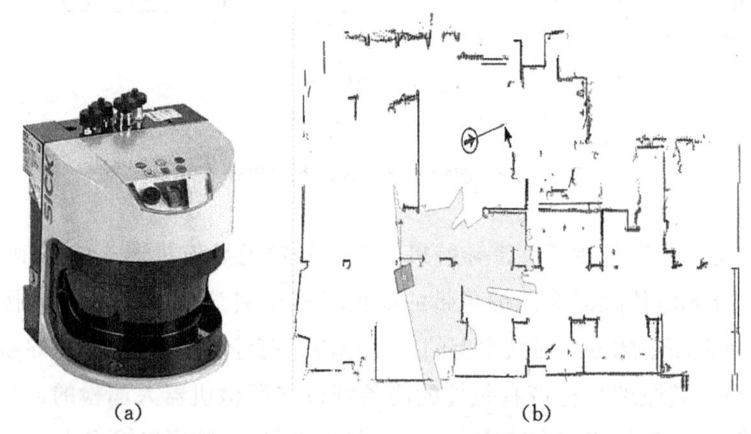

(a)　　　　(b)

图 2-24　激光雷达的实物图及室内地图构建效果

(a) 激光雷达实物；(b) 室内地图构建

目前变电站电力设备智能巡检机器人的导航主要分有轨导航和无轨导航方式。色带导航方式利用红外光自发自收的特点，对透光率低的表面进行接收。在巡检机器人车底装设红外传感器，机器人会根据红外光线反射原理沿着黑色路径行走，从而达到控制巡检机器人行驶路径的目的[16]。磁轨道导航方式利用磁传感器对铺设在地面的磁轨道进行感应，从而实现预铺路线的导航行进。上述的轨道方式虽然运行稳定可靠，但现场铺设难度较大，路径变化和再规划工作烦琐。导航路线不灵活，行进路线和拍摄角度都受到极大的限制。激光无轨导航结合激光和惯性传感器的导航方式，能够在不铺设轨道的前提下，实现变电站等区域的路线巡逻，在适用性和经济性上更具优势。

2.2.5 导航电子地图的构建

巡检机器人所使用的软件能提供二维电子地图功能，如图 2-25 所示。电子地图可根据任务标定机器人巡检路线轨迹，在任务中实时反映任务进度，并可实时下载巡检路线信息。该模块主要有以下几个部分：

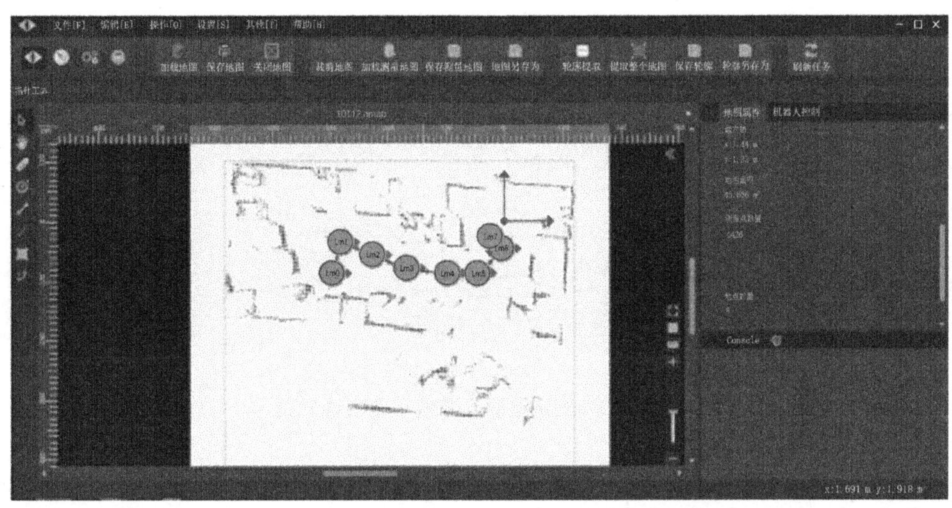

图 2-25 巡检机器人激光雷达创建的电子地图

(1) 地图建立与编辑。地图支持站点设置、路径编辑、地图加载、保存、另存为、关闭、拼接等操作。

(2) 地图信息显示。地图属性窗口显示该地图的主要信息，包括地图名称、地图的长宽、地图面积、地图中最大最小点的坐标、地图中站点(停靠点)的数量等。

(3) 地图配置。地图配置可完成工作区地图与机器人巡检路线之间的相关转换操作。手动控制机器人在环境中运行一遍，将机器人切换成手动模式进入扫图模式使机器人的激光雷达扫描到环境中的大部分区域，完成环境地图的建立，在地图上标注机器人的巡检轨迹，设定端点往返顺序即可完成导航地图。

2.2.6 多源充电策略及自主充电系统

传统变电站巡检机器人大多采用单一充电方式，巡检机器人在巡检过程中需要人工充电才能完成巡检任务。这给长距离、大范围的巡检路线带来不便，特别是针对重点监测的可疑设备进行定点监测时，存储的电量往往不能满足实际需要。此外，巡检机器人在自动充电过程中，充电插头与充电座经常会出现对接不成功的状况，使充电成功率难以得到保证。为此，本节采用了电网充电与太阳能充电相结合的充电方式。在巡检机器人车体前后分别安装太阳能电池板，经太阳能充电转换模块，把电能储存在锂电池中，不断为锂电池补充电量，从而实现巡检机器人的多元供电，延长巡检机器人的工作时长[17]。

系统平台供电方式如图 2-26 所示，巡检机器人通过多元充电的供电方式，把电能储存在 24 V 锂电池中。经过 DC-DC 恒压恒流电源模块降压至 12 V，分别为电机驱动器、集中控制器、红外热像仪、可见光摄像机提供稳定的 12 V 直流电源。设计中云台为 24 V 直流供电，可以直接从锂电池获取电源。两组机械手臂和通信模块，直接从集中控制器电源接口获取 5 V 电源。

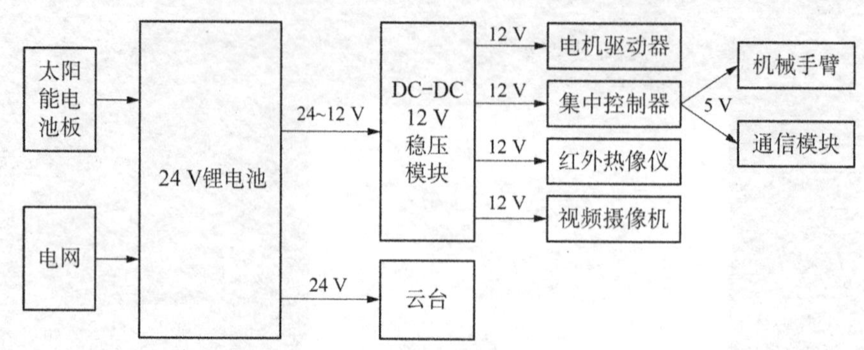

图 2-26　巡检机器人系统平台供电方式

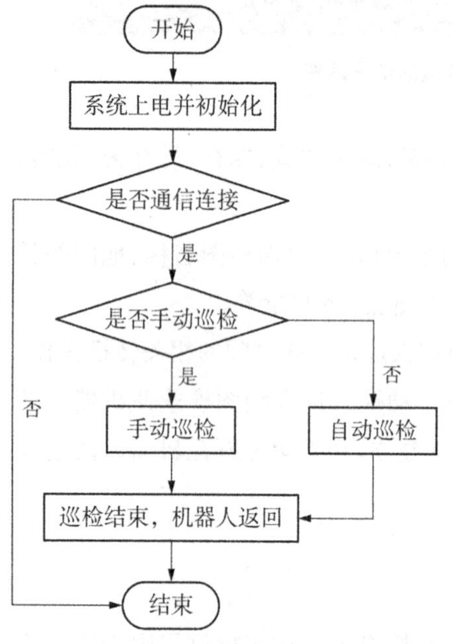

图 2-27　巡检机器人工作流程

巡检机器人的巡检模式有自动巡检模式和远程人工操控巡检模式两种。其具体的工作流程如图 2-27 所示，变电站巡检机器人开机后进行模式选择。当选择自动巡检模式时，机器人循照预定轨迹行走，遇到障碍物时停车，没有遇到障碍物时继续行走到达指定位置。然后开启红外热像仪和可见光摄像机对电力设备进行巡检，将获得的电力设备热像图、可见光图像上传到上位机软件；当选择人工控制巡检模式时，运维人员通过上位机给机器人发送指令，当变电站巡检机器人到达指定位置后，运维人员开启红外热像仪和可见光摄像机对电力设备进行巡检，将获得的电力设备热像图、可见光图像上传到上位机软件。

自动充电功能是使机器人自主运动到充电桩附近，并精确地对准充电桩进行充电。如图 2-28 所示，先将充电桩固定于墙边，在充电桩正前方 1 m 处放置一个站点即为预设充电点，巡检机器人在完成任务或电量低于最小设定值时将会到达预设充电位置。然后调整方向，倒车进入充电桩。地图中可以设置多个充电点，但是每个充电点都必须设置一个前置点，否则充电将无法进行。从前置点到充电点的行进速度建议一般设置为小于 0.1 m/s。自主充电装置为后置式结构，根据该设计方式，机器人需要倒退返回充电房，与充电桩进行对接，直到工控机检测到机器人尾部充电系统的输入信号，此时机器人已完成与充电桩的对接，系统抱闸，机器人开始充电设置。

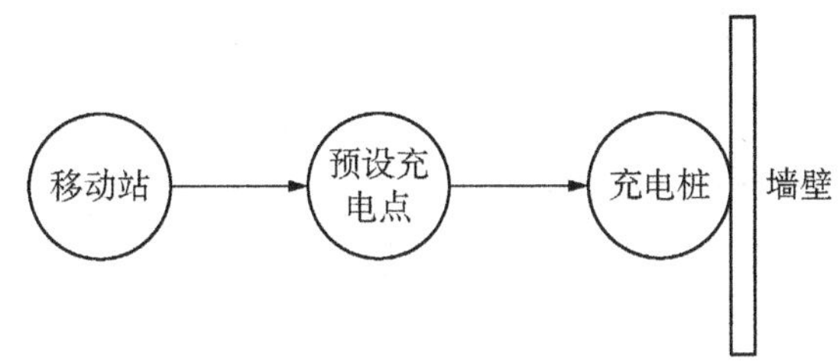

图 2-28 自主充电示意

2.2.7 巡检机器人人机交互软件系统需求

本节采用 MFC 程序主体思想，进入主程序之后，配置巡检机器人的 3 个 IP 地址，分别为机器人车体总 IP 地址、红外热像仪 IP、可见光摄像机 IP。在实际过程中为保证系统各部分正常运行，需要修改客户端工控机的 IP 地址。经网络配对，连接同一个网络交换机，进入到主界面(CMainFrame)，生成后台操作界面(CMainFrame::Create)。通过头文件(SelectDevice. h)中的子程序(CRealPlayDlg::OpenIR)和(CRealPlayDlg::Login)设置红外热像仪与可见光摄像机的 IP 地址。调用 Resource 中红外热像的 SDK 和可见光的 SDK，实现两者综合管理，显示红外热像（CVideoInfraredDisplay）和可见光图像(CVideoDisplay)的窗口。连接车体总 IP 后，在客户端界面与移动车体之间建立通信系统，运用 SendDataInSocket 来实现接收发指令。指令主要包括小车行驶模式的串口指令、云台转动指令、视频录像与拍照等。

2.2.7.1 下位机系统软件功能需求

移动站系统也称为下位机系统，它是整个机器人的大脑，以实现机器人对现场巡检作业。系统设计分为 5 部分：

(1) 下位机通信。与基站后台控制系统保持联系，接收指令完成巡检工作。

(2) 传感器识别。依据传感器数据进行路径规划、运动控制、巡检作业，并上传机器人运动状态与方位信息。

(3) 车体控制。在自动模式下，车体沿着规划路径行走与避障；在手动模式下，接收前后左右行进指令。

(4) 自主充电。当电量低于限定值时，巡检机器人自主回到充电房充电。

(5) 图像数据处理与存储。通过机器人的动力系统，云台双视系统，自主导航系统到达既定位置对电力设备进行拍照，存储电力设备图像并上传至基站后台。

设计变电站智能巡检机器人下位机主要实现的目标有采集变电站电力设备的红外图像，可见光图像数据传送至基站系统以便后续图像处理与生成报表；在变电站内按规划路径行走、差速转弯、定点作业、超声波避障，并上传巡检机器人的运行状态和位置信息；携带激光传感器扫描变电站环境，配合后台监控系统建立全局地图；当电量低于限定值时，巡检机器人自主回到充电房充电；在突发状况下及时发出安全警报。

2.2.7.2 基站后台软件功能需求

变电站智能巡检机器人通过无线网络实现监控后台与移动设备的连通,其采用 TCP/IP 的网络通信协议。系统功能设计大致分为 3 部分(见图 2-29):

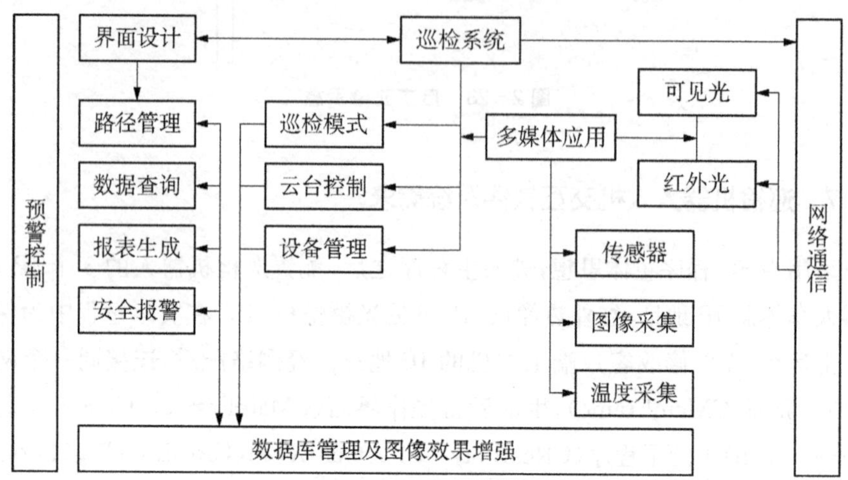

图 2-29 巡检机器人基站后台软件系统功能需求结构

(1) 界面设计作为人机交互界面是整个系统的控制面板,包含了大部分操作指令的控制和路径管理与双光谱系统视频的呈现。同时它与数据库联系密切,可以通过数据库进行数据查询、报表生成。

(2) 巡检系统功能参数设置。指在上位机客户端操控界面上对机器人运动、云台控制的操作系统。它主要包含了巡检模式的选择、对巡检任务的管理和对巡检机器人设备的管理。通信系统独立于可见光与红外热像仪,发布并接受行进指令。

(3) 视频、图像数据存储及查阅。可见光,红外热像仪三者虽然相互独立,但是共用一个网络交换机与基站通信系统相连。需要对图像进行处理,生成报表。当然,它作为基站的主要系统,包含了几乎所有的通信指令。

根据智能变电站的发展需求和当前机器人巡检现状,设计的巡检机器人基站后台检控系统主要完成的目标有实时显示巡检机器人的位置信息、速度信息、电池用量;实时显示巡检机器人双视系统获得的电力设备红外热像图与可见光图像;配合红外图像处理软件,对获得的电力设备红外图像、可见光图像进行图像处理;实时监控云台位置,达到预定位置后巡检机器人定点停车,云台系统自动启动,旋转至预定位置对电力设备进行图像采集作业;对拍摄的双视图像进行诊断,并生成报表,存放于数据库,以便运维人员日后查收与验看。

2.2.8 关键构件的系统测试

2.2.8.1 通信系统调试

因整个系统相对比较庞大,所以各个部分调试也较为烦琐。通信系统的调试主要分为 3 个部分：①巡检机器人载体调试；②红外热像仪调试；③可见光调试。因红外热像仪与可见光摄像机调试相对比较简单，这里只介绍巡检机器人四轮驱动载体的调试情况。

巡检机器人系统上位机与集中控制器之间采用 TCP/IP 协议进行通信，通信是否正常也直接影响机器人的整体性能的稳定。基站系统通过 Wi-Fi 系统与机器人连接。巡检机器人从上位机客户端发送自动巡检指令，集中控制器信号指令灯闪烁两次，表示上位机信号通过无线模块到达集中控制器。在 PC 机上打开串口调试助手软件，串口调试助手接收到集中控制器回传的指令，其为十六进制代码 FF0C00200FF。测试结果与发送指令为同样的指令代码，因此控制指令能够通过无线通信模块发送与接收。

2.2.8.2 PWM 控制运行状态调试

巡检机器人底盘系统搭建完成后，对机器人电机运动控制进行测试。如图 2－30 所示，通过数字示波器与机器人电机信号线相连接，选择人工巡检模式，发送机器人直行命令，可以从示波器显示 PWM 的占空比为 90％左右，且左右能够较好地执行上位机的控制指令。如图 2－31 所示，发送右转指令后，左侧电机输出 PWM 波形的占空比增加，右侧电机输出 PWM 占空比减小，实现差速转向。

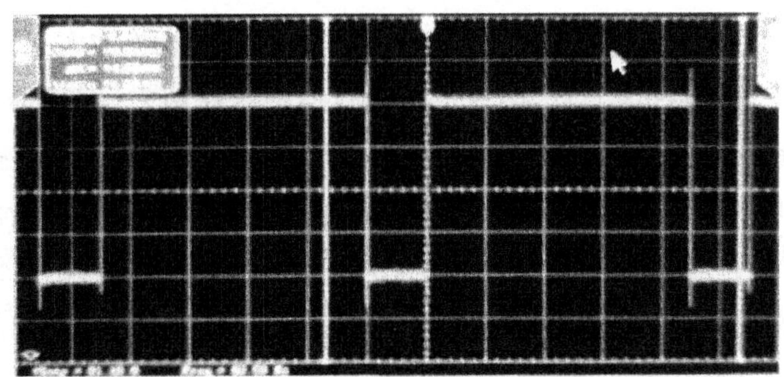

图 2－30 巡检机器人电机控制测试 PWM 波形图(机器人直线行走)

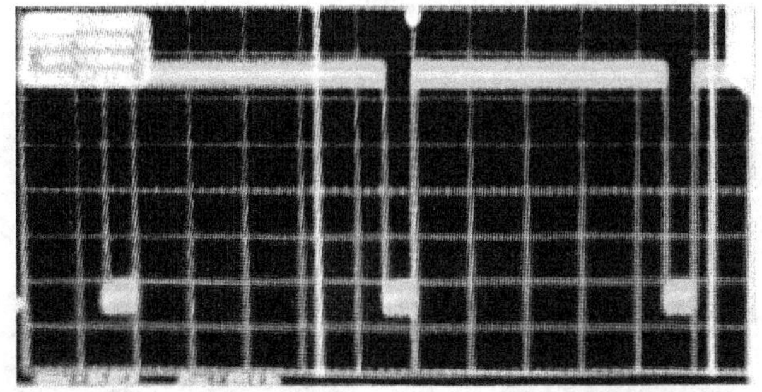

图 2－31 巡检机器人电机控制测试 PWM 波形图(差速转弯)

2.2.9 巡检机器人系统的整机测试

巡检机器人研制成功后，必须保证巡检机器人在机械部分、电路部分、软件部分运行稳定，并且能够满足机器人适应当前变电站的实际环境。因此需要对巡检机器人的测控能力、巡检能力、图像传输能力、运行能力进行综合的测试，满足变电站巡检的需要[18]。

2.2.9.1 基于色带导航巡检机器人调试

1）调试结果

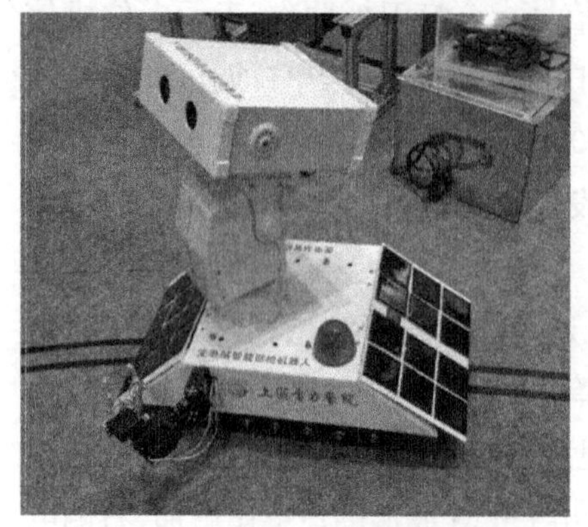

图 2-32 基于色带稻秧变电站智能巡检机器人实物

基于色带导航巡检机器人的调试工作是从机械 CAD 制图开始设计了机器人的机械架构，经过选材、组装和修改完成了机械部分的制作。然后在巡检机器人内加装相关传感器和红外检测设备以及电路系统，经过长时间优化和调试完成了软件部分，最终实现了变电站巡检机器人系统，巡检机器人样机如图 2-32 所示。

巡检机器人样机在实验室环境中进行了相关测试，先在路面预铺设黑色巡检轨道，打开上位机客户端选择自动巡检模式，巡检机器人将按照巡检路径运行，通过检测地面 RFID 标签停车[19]。通过无线模块将巡检电力设备图像等信息上传到 PC 机客户端。切换成人工巡检模式后，可通过上位机客户端发送控制指令到达指令位置进行巡检。在站内设备巡检测试中，通过在上位机客户端控制变电站巡检机器人，对电力设备在线巡检操作。在监控中心获得母线连接处的红外热像图、可见光摄像图，如图 2-33 所示。电力设备红外热像识别系统可以识别出该电力设备为母线，再配合可见光图像判断出其为 C 相母线。图像中管型母线的交叉连接处最高温度为 26.03℃，从而判断出其为正常运行状态。母线连接处容易出现机械接触故障，因此，其通常为变电站巡检的重点监测对象。在测试过程中，巡检机器人在执行巡检任务时，只需要一次交流 220 V 充电，并不断地利用太阳能充电来完成巡检任务，通过上位机操控巡检机器人机械手臂可以顺利完成对高压区域异物的清除。

(a)

(b)

图 2-33 管型母线红外热像与可见光图像对比

(a) 管型母线红外热像；(b) 管型母线可见光图像

目前,国内外已经有多家单位参与变电站巡检机器人的生产与制作,并且部分产品已经投入运行[20]。国外这方面的介绍较少,国内的单位有山东鲁能智能技术有限公司等单位成功研发出变电站巡检机器人,并且在国内某些变电站投入使用。经过现场的测试、中外文献资料的查阅,本巡检机器人在无线传输、红外图像处理、履带式减震底盘、机械手臂的使用中也有一定的特色,但是在外观整体设计与现场运行经验上还可以进一步优化。

经过现场测试,巡检机器人在水平面上的最大运行速度为 0.5 m/s,机器人原地转弯的最大转弯半径为 0.3 m,爬坡能力不小于 20°,在 0.5 m/s 的运动速度下,最小的制动距离不小于 0.3 m,巡检机器人具备前行、后退、转弯、爬坡等基本的运动功能,能够接收上位机的控制指令,并且根据监控后台的选择完成自主或遥控巡检。巡检机器人的云台能够完成水平和俯仰两个方向的转动,具有多个预置位的设置功能[21],也能够按照预定的轨道路径行驶并自主停靠巡检。巡检机器人能够采集变电设备的红外热像和可见光摄像上传至监控后台,运行稳定并且基本满足变电站的需要。

2) 存在的问题

基于色带导航的巡检机器人虽然具备一定的优势,但是在机器人的外观设计、外观材料选择、现场运行经验方面还有所欠缺。目前存在的问题主要有:

(1) 巡检机器人的外观设计不足。机器人外壳选择的材料过重,增加了巡检机器人的车身重量。

(2) 对巡检机器人数据库的开放和利用不足。由于数据获取不全面,不能利用大数据技术对变电设备进行故障处理。

(3) 现场的巡检操作经验不足。经过整机的测试,巡检机器人的相关系统进一步得到了完善,同时本课题组的第二代智能巡检机器人正在研制过程中,针对上述问题会进一步地改善和提高。

2.2.9.2 基于磁轨道导航巡检机器人调试

历经变电站巡检机器人调研,系统设计规划,设备选材,硬件组装,软件调试,结构修改,然后在巡检机器人内加装相关传感器和检测设备以及电路系统,经过长时间优化和调试完成了软件部分,最终研发实现了变电站巡检机器人系统和实物搭建。巡检机器人实物如图 2 - 34 所示。

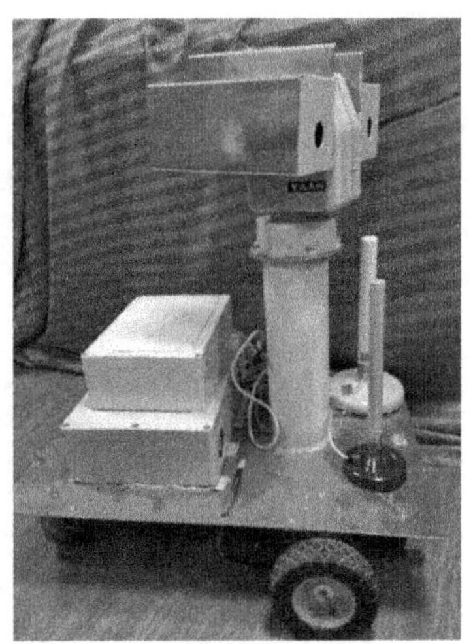

图 2 - 34 磁轨道变电站智能巡检机器人实物

巡检机器人样机研制完成后,在某小型变电站搭建相关测试条件下,在路面预铺设黑色巡检轨道,打开上位机客户端选择自动巡检模式,巡检机器人将按照巡检路径运行,通过检测地面 RFID 标签停车。如图 2 - 35 所示,为实际测试中的系统软件开发界面示意图,它包含红外与可见光两个视频显示窗口、模式控制指令区域、可见光控制指令区域、小车控制指令区域、红外控制指令区域等。

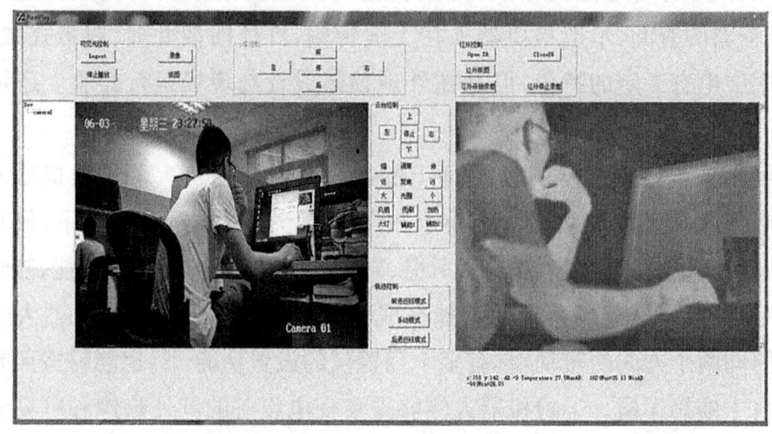

图 2-35 磁轨道巡检机器人获取红外热像与可见光图像示意

2.2.9.3 基于激光无轨道导航巡检机器人调试

针对传统色带、磁轨道等轨道类机器人面临的轨道铺设或施工等难题，提出了基于激光无轨导航的变电站巡检机器人，经过变电站智能巡检机器人的调研、设计、开发、制造、安装、调试、维护与维修[22]，完成了变电站智能巡检机器人的实物开发，实物展示如图 2-36 所示。

图 2-36 激光无轨导航变电站智能巡检机器人实物

开发的上位机的巡检系统软件界面如图 2-37、图 2-38 所示，包括机器人客户端用户登录模块、巡检车体控制模块、云台控制模块、可见光图像检测模块、红外图像检测模块。

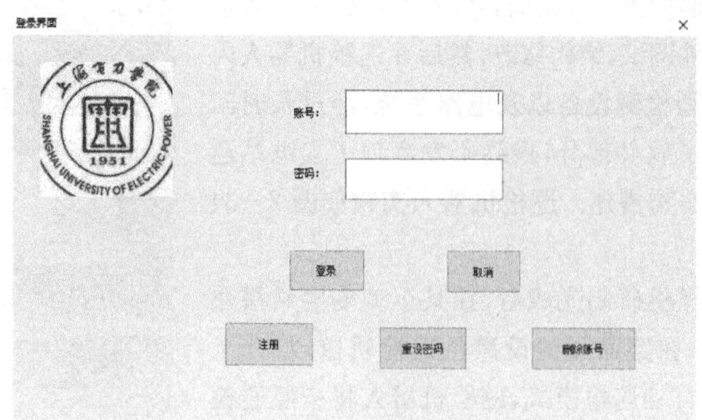

图 2-37 激光无轨导航巡检机器人软件操作系统登录模块

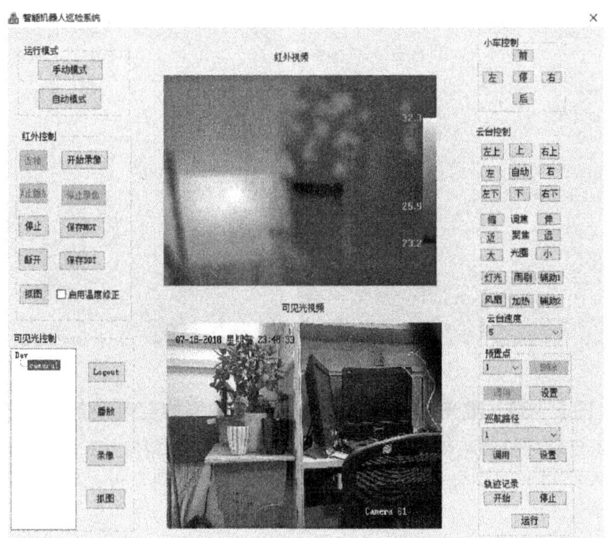

图 2-38　红外热像与可见光图像拍摄画面

利用本系统机器人对某变电站电力设备进行检测，获得了 3 组热故障设备图像(左边为可见光图像，右边为红外图像)，如图 2-39 所示。在断路器下接头 A 相发热，B 相开关侧接头发热，隔离开关动静触头发热，都为接触不良引起的热故障。双光谱图对比与呈现效果表明可见光图像利于设备识别和人眼观看，红外图像利于设备热故障诊断[23]。实践结果表明，本巡检机器人能够按照预定路线对线路上目标电力设备进行可见光与红外图像采集，提升巡检效率。

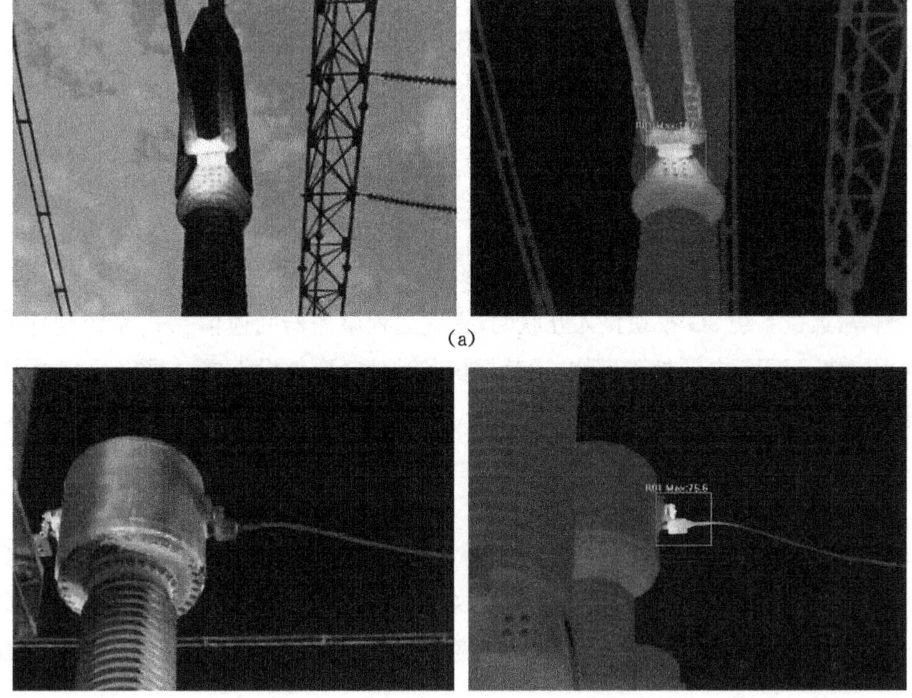

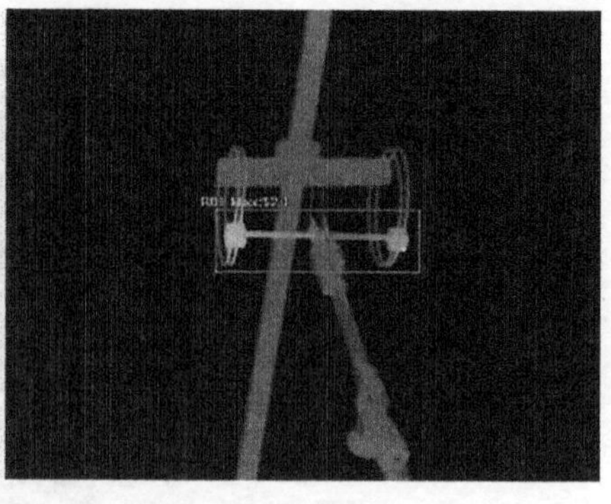

(c)

图 2-39 激光无轨导航巡检机器人拍摄的变电设备图谱

(a) 机器人可见红外检测系统检测到在断路器下的接头 A 相发热；(b) 机器人可见红外检测系统检测到在断路器下的接头 B 相开关侧接头发热；(c) 机器人可见红外检测系统检测到的隔离开关动静触头发热

2.3 变压器多源信息综合检测平台

变压器是电网系统中最为关键的设备，变压器的健康状态直接影响整个电网的可靠性和稳定性，因此对变压器的状态做出科学、准确的评估，并在其发生故障时及时诊断故障类型，对保障电网的安全稳定运行有着重要的意义。

2.3.1 平台设计思路

本节开发出的变压器多源信息综合检测平台采用 W-CDMA 标准的 3G 通信技术，配合高性能的采集处理芯片，能够将变压器工作过程中的检测信号实时传送到后台监测中心，配合后台软件验证，能够有效实现信号采集、数据通信与处理，为变压器实时检测与高效维修提供良好的软硬件平台[24]。

2.3.2 平台硬件构成

在变压器工作过程中需要进行油中气体检测、绝缘状态检测、温度检测、机械特性和外观检测等，通过系统 3G 模块接入互联网，完成远程服务器的通信[25]。系统硬件平台由信号输入模块、MCU、电源处理模块、通信模块和其他必要外设组成，如图 2-40 所示为监测系统整体设计原理。

2.3.3 平台软件总体功能设计

根据电力系统中变压器状态评估和故障诊断的需要，利用已有评估模型，构架基于 C# 软件平台的电力变压器健康状态评价与故障诊断系统(见图 2-41)。该系统主要实现状态评价、故障诊断和数据管理三大功能。健康状态评估主要是实现基于 AHP 和粗糙集

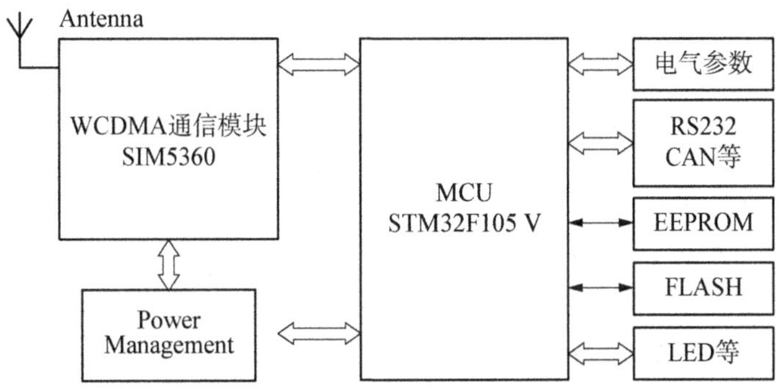

图 2-40 检测系统整体设计原理

的变压器状态评估功能，分别评价变压器 7 部件的健康状态，综合评估就是在分项评估的基础上进行变压器整体的状态评估[26]；故障诊断包括运用三比值法和改进 PSO 优化 PNN 网络进行故障诊断；数据管理用于实现对变压器铭牌数据、状态量的管理功能。

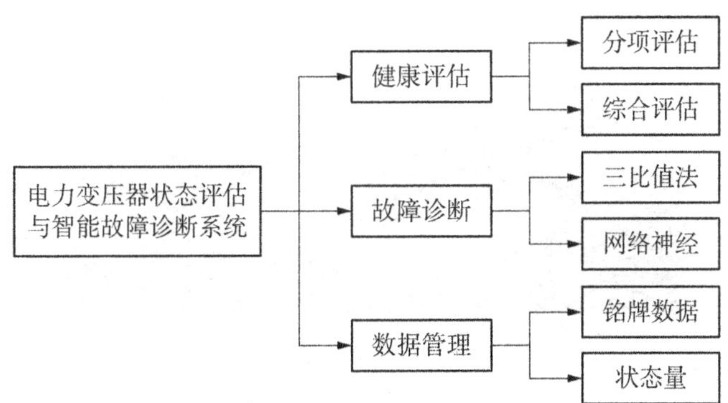

图 2-41 电力变压器健康状态评估与智能故障诊断系统

2.3.4 人机交互界面的开发

2.3.4.1 登录界面模块

系统的登录界面如图 2-42 所示，可以在后台的用户管理模块设置用户名和密码，单

图 2-42 人机交互软件登录界面

击登录后，就可以进入系统主界面。单击退出，则该系统自动关闭。

2.3.4.2 健康评估模块

根据变压器实际运行的各个状态量，采用层次分析法和粗糙集确定变压器各部件、状态量的权重值，既可以对变压器的各个部件进行状态评估，又可对变压器的健康状况进行综合评估。

(1) 分项评估：在该系统软件主界面，利用了 Visual Studio 2010 的 Windows 窗体技术。编写程序时，“系统软件主界面”作为父窗体，“本体、套管、分接开关、冷却系统、绝缘油、油箱、非电量保护系统”作为子窗体，在父窗体中可以打开上述的子窗体。可以在主界面中打开分项评估中的本体、套管、分接开关等部件的评估界面。

在该系统软件主界面，用户在选择分项评估后，可以对变压器本体、套管、分接开关、冷却系统、绝缘油、油箱、非电量保护系统 7 个部件分别进行状态评估。其界面如图 2-43 所示。

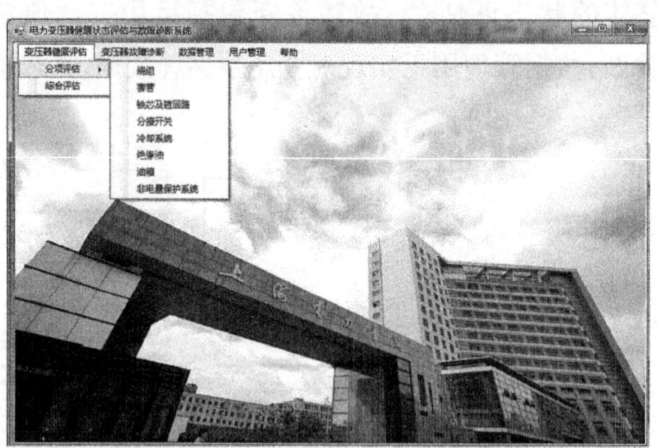

图 2-43 人机交互软件主界面

在分项评估中变压器套管评估界面，用户可以在变压器套管状态指标的数据库选择对应的数据，进行变压器套管的状态评估，最终会显示套管的状态分值和评估结果。结果如图 2-44 所示。

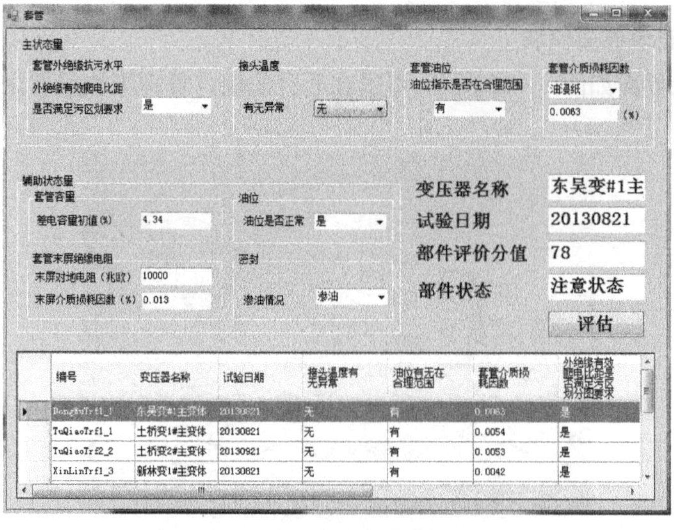

图 2-44 套管状态量评价结果界面

(2) 综合评估：在综合评估界面，单击“评估”按钮控件来调用该界面后台程序。在上文所述的部件评估的基础上求出各部件分值，接着调用解决方案资源管理器中StateAssessment 类，结合数据库中的相关数据，对变压器整体进行健康状态评估，获得整体健康状态分值。在变压器综合评估模块，用户可以调用某一个变压器所有状态指标的数据，并对该变压器进行综合状态评估。用户可以根据具体的实际情况，选用不同的变压器。结果如图 2-45 所示。

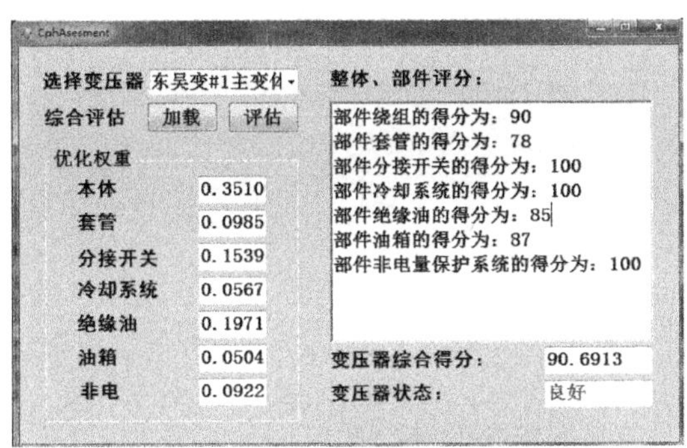

图 2-45　变压器综合评估结果界面

2.3.4.3　故障诊断模块

故障诊断模块具有强大的变压器故障诊断功能，根据变压器绝缘油和故障种类之间的非线性关系，有传统的三比值法和神经网络对变压器进行故障诊断。

(1) 三比值法：将三比值算法编写入解决方案资源管理器中的 Three-ratio 类。通过单击按钮控件时，可以调用解决方案管理器中 Three-ratio 类的算法，结合数据库中的特征气体数据，即可对变压器进行传统的故障诊断[27]。以乙炔/乙烯，甲烷/氢气，乙烯/乙烷作为输入量，然后对变压器进行故障类型的诊断，接着分析可能的故障实例。其结果如图 2-46 所示。

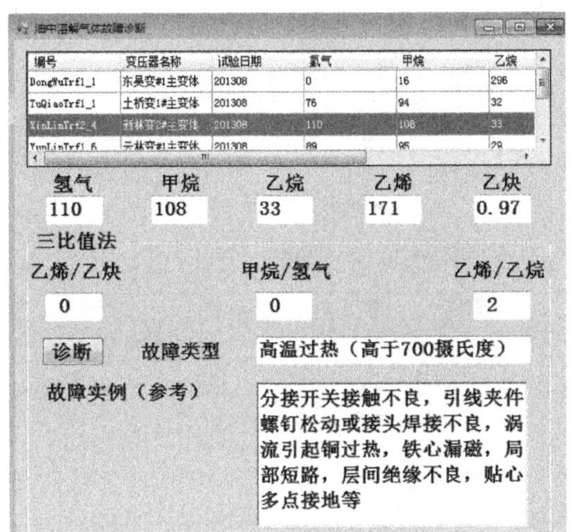

图 2-46　三比值法故障诊断界面

(2) 神经网络故障诊断：在神经网络故障诊断模块中，使用了 Visual Studio 2010 和 MATLAB2012b 混合编程技术。以油色谱数据中氢气、甲烷、乙烷、乙炔、乙烯 5 种特征气体作为输入数据，7 种故障作为输出结果。调用 NEW_PSO_PNN 函数(改进 PSO-PNN 神经网络算法)来鉴别变压器的故障类型。同理，也可以完成对 PSO 优化 PNN 算法的调用。界面如图 2-47 所示。

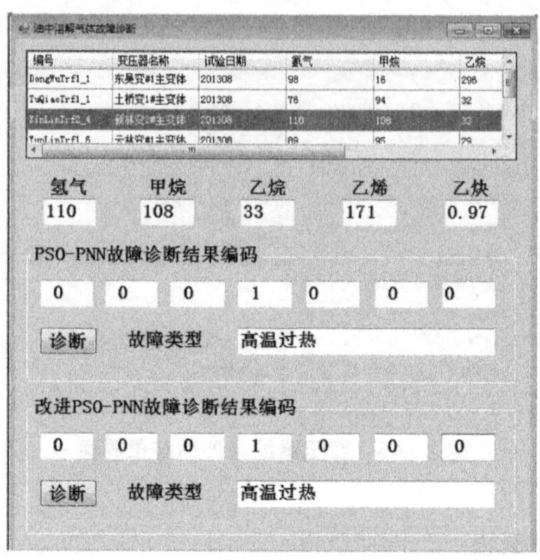

图 2-47 神经网络故障诊断界面

2.3.4.4 数据管理模块

该模块主要实现变压器数据管理功能，对变压器名牌数据、状态量数据进行查询。本研究选用 Access 数据库，通过使用 DataSet 对象、Command 对象、DataAdapter 对象来实现对 Access 数据的查询、更新、删除、修改的功能。

(1) 铭牌数据：该模块主要是对变压器名称、额定容量、产品代号等进行修改、删除、添加，界面如 2-48 所示。

图 2-48 变压器主要铭牌数据界面

(2) 状态量数据：该模块主要是对变压器各部件中的每个状态指标量进行修改、删除、添加。套管状态指标量的显示界面如图 2-49 所示。

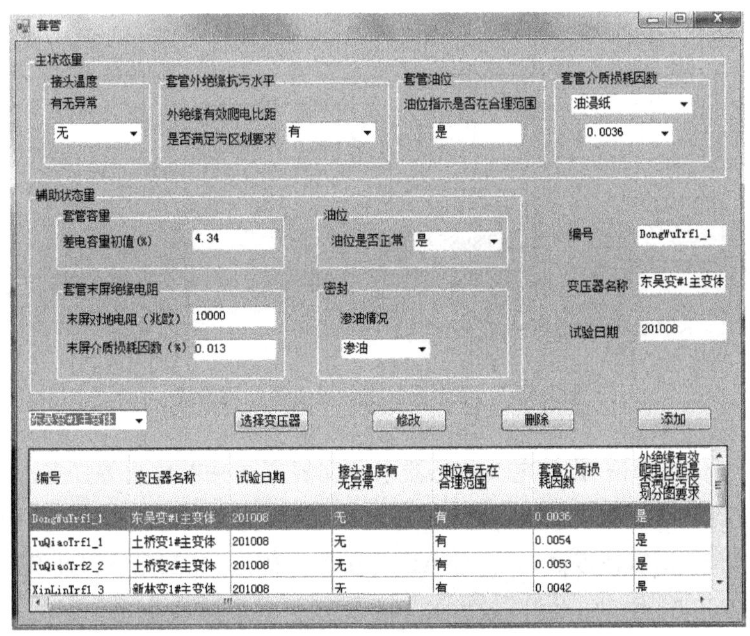

图 2-49 套管状态指标量显示界面

2.4 开关柜多参量检测综合检测平台

2.4.1 平台设计思路

电力系统中，开关柜是主要的电气设备之一，电力开关柜因为接触点氧化、接触松动、负荷过大等原因使其温度升高，形成电力开关柜过热故障[28]。对开关柜运行状态进行了评估，需要对开关柜的运行参数进行监测采集。本节设计了一个简单的电力开关柜监测系统，包括对真空断路器电流信号的采集，以及对电力开关柜温度信号进行采集。其简单系统框图如图 2-50 所示。

2.4.2 监测系统硬件模块的实现

整个监测系统平台分为 CPU 电路、红外测温子系统，霍尔电流检测子系统。下面分别介绍每个模块的具体功能实现。

2.4.2.1 CPU 主电路模块

本系统采用双控制器的结构，其中主控制器为 C8051F350 高性能混合信号片上系统，从控制器采用的是 STC89S52 带 SPI 总线的 51 单片机，两控制器通过总线通信。主控制

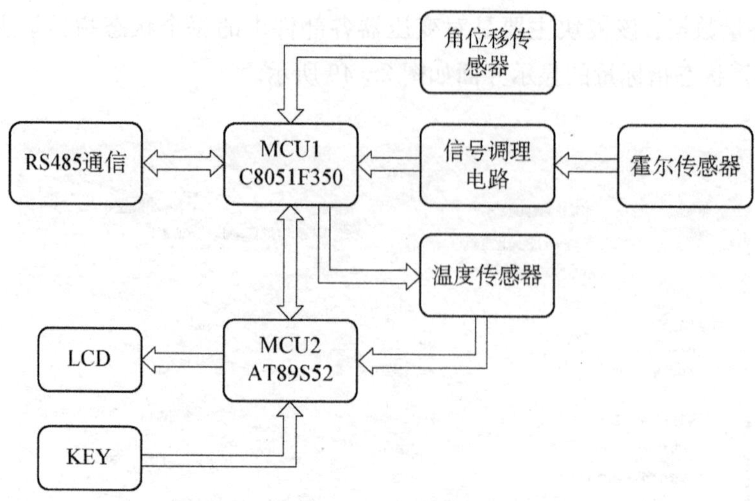

图 2-50　电力开关柜多源信息监测系统

器主要承担与上位机通信、霍尔电流传感器采样和温度传感器片选等任务；从控制器在主控器的指令控制下，任务是读取温度传感器数据，并负责 LCD 显示。双控制器的结构既能发挥 C8051F350 运算速度高，并自带 AD 转换器等优点，又利用 STC89S52 丰富的 I/O 资源弥补 C8051F350 中的 I/O 口较少的不足。双控制器接线原理如图 2-51、图 2-52 所示。

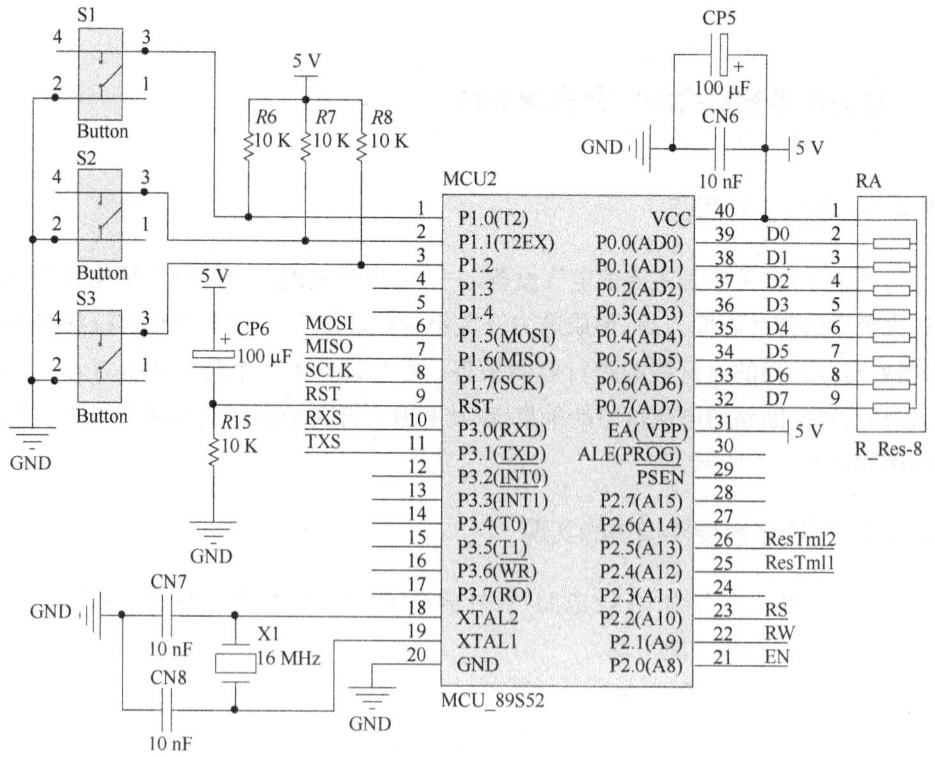

图 2-51　双控制器接线原理

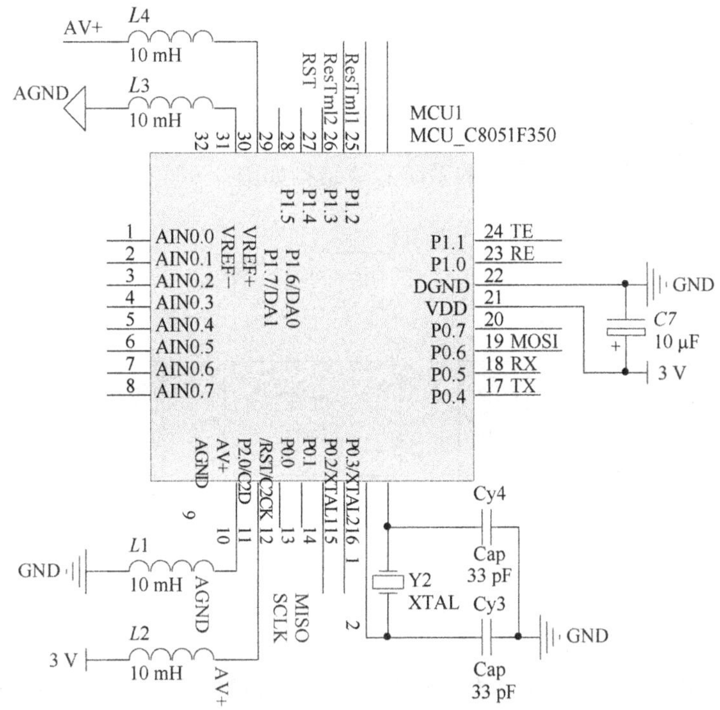

图 2-52　主控制器接线原理

2.4.2.2　温度采集模块

温度采集模块采用 MLX90614 非接触式红外测温模块。MLX90614 测温芯片包括红外热电堆感应器 MLX81101 以及专为适用于这款感应器输出而设计的信号处理芯片 MLX90302，其引脚如图 2-53 所示。

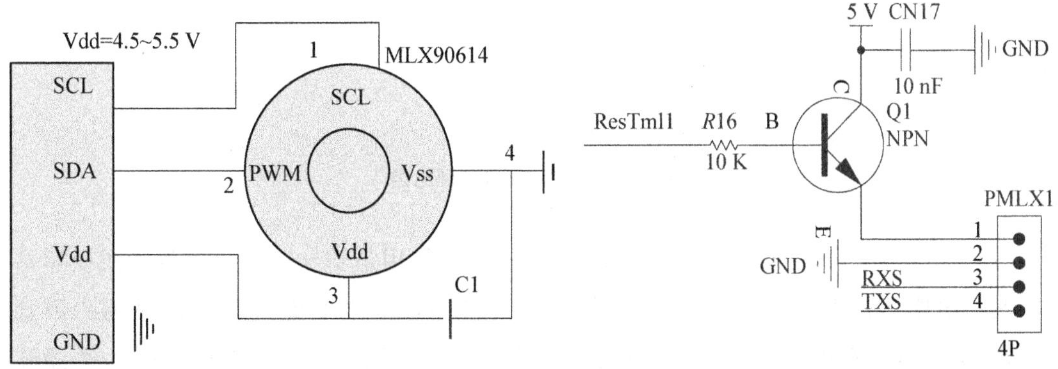

图 2-53　MLX90614 的引脚

图 2-54　MLX90614 模块电路

MLX90302 在计算并存储 RAM 中的环境温度以及物体温度时，可以实现 0.01℃的解析度的数据。其电路结构如图 2-54 所示。

红外传感器测试温度是在它的视场 FOV 范围内的平均温度，它的视场为 5°FOV，因

此 $\tan 5° = \frac{被测物体半径}{红外传感器与被测物体之间距离}$。

2.4.2.3 电流采集模块

对于电流采集系统可以分为两个部分，一部分是对分合闸电流信号的采集；另一部分是对分合闸行程的信息采集。具体的系统总体结构如图 2 - 55 所示。

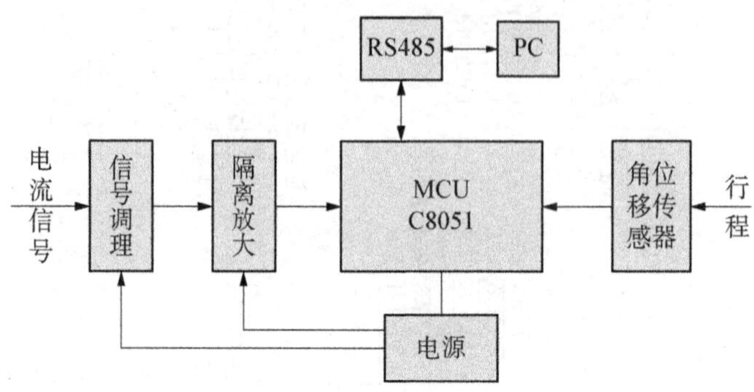

图 2 - 55　电流监测系统的结构

U_0 经过调理电路滤波放大后送至 C8051F350 模拟输入端，由 C8051F350 内部 24 位 Σ - △ADC 进行模数转换，然后进行数据分析。其调理电路图如图 2 - 56 所示。

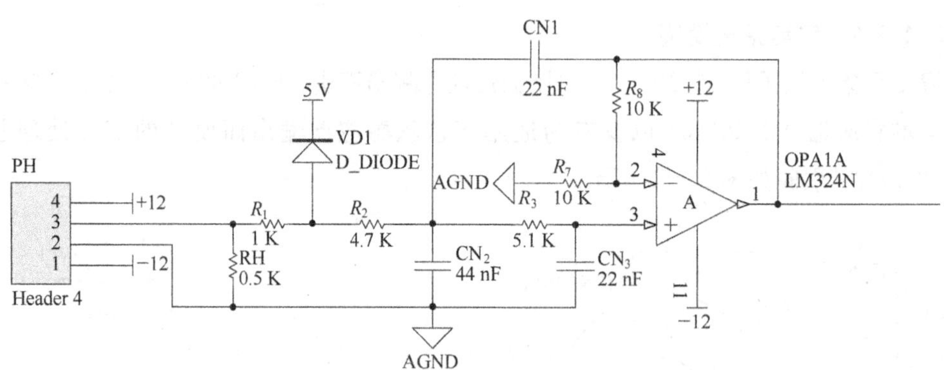

图 2 - 56　电流信号调理电路

图中 R_1 和 VD1 共同组成了电压钳位电路，它的作用是防止输入超过范围而损坏系统；其中电阻 R_1 是起限制电流的作用，防止传感器输出端的电流过大而毁坏二极管 VD1。R_2、R_3、CN_1、CN_2 以及单电源低功耗运算放大器 LM324N 构成了一个二阶滤波器，它的截止频率 $f_0 = 1/2\pi\sqrt{R_2R_3C_1C_2} = 1\,010$ Hz。R_7 和 R_8 控制同相放大器直流增益为 $U_o = R_7 \cdot (1 + R_8/R_7)U_i$。

将通过传感器采集到的分合闸线圈电流信号通过滤波处理后再由电流信号调理电路转换为电压信号，再通过隔离放大电路将此信号放大到主芯片 C8051F350 输入端可以接受的电压，C8051F350 可以将此电压信号转换成数字信号，从而使用 C8051F 的计数器实现编码器的脉冲计数，接着利用角位移传感器测量高压开关触头行程，进而将测得的电流数据和行程数据通过 RS485 通信传给上位机，通过两者与时间的关系，描绘出断路器分合闸电流曲线[29]。

2.4.3 监测系统软件交互界面开发

本示例选用 Visual Basic 6.0 编写开发环境，简单地实现了温度信息的采集，通过串口与下位机连接，实现对电力开关柜电缆接头、母线与断路器连接处的温度信号的显示功能，并将数据存储起来。图 2-57 是利用 MLX90614 红外测温系统采集到的温度信息并由上位机系统显示[30]。

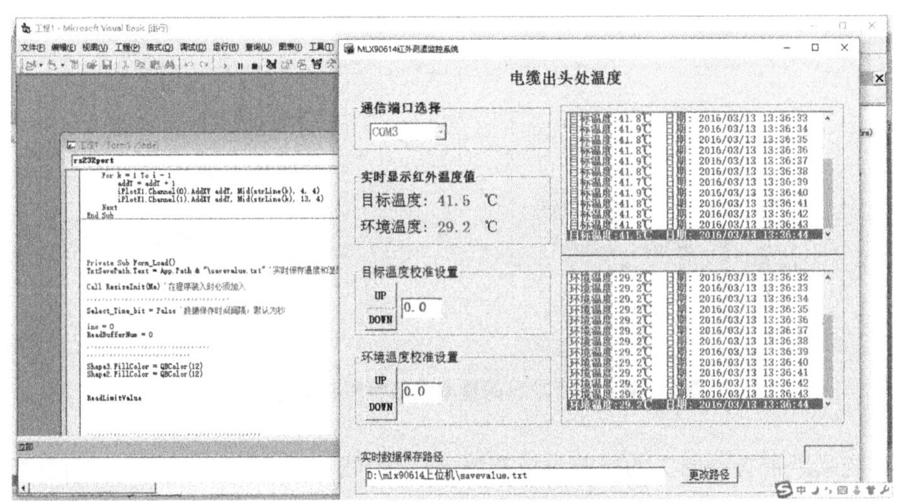

图 2-57 上位机系统采集数据

2.5 输变电线路综合信息检测平台

输电线路是电力系统的命脉，输电线路覆冰超额将导致输电线路故障、大面积停电等严重后果，建立一套架空输电线路覆冰在线监测系统，能够有效减少输电线路故障的发生，对保障电网的安全稳定运行具有重要意义[31,32]。本节提出一种基于无线传感器网络实现输电线路覆冰监测系统的设计方案，覆冰监测终端采用拉力传感器、倾角传感器、风速风向传感器和温湿度传感器采集覆冰状态信息和气象信息，研究绝缘子串拉力、风偏角和偏斜角的关系，考虑导线最低点落在档距外和偏移的情况，求解导线自重载荷和冰载荷。

2.5.1 基于图像处理的输变电线路覆冰检测平台

2.5.1.1 系统功能设计

输变电线路覆冰实时检测系统结构如图 2-58 所示，系统由前端覆冰检测子系统和后台覆冰检测信息管理软件等两个部分组成。覆冰检测子系统位于航模一侧，完成覆冰线路图像的获取，覆冰检测信息管理软件位于检测主机，主要完成线路覆冰图像的显示和覆冰厚度的计算。覆冰检测子系统和检测主机之间通过 Wi-Fi 无线通信网络进行连接。

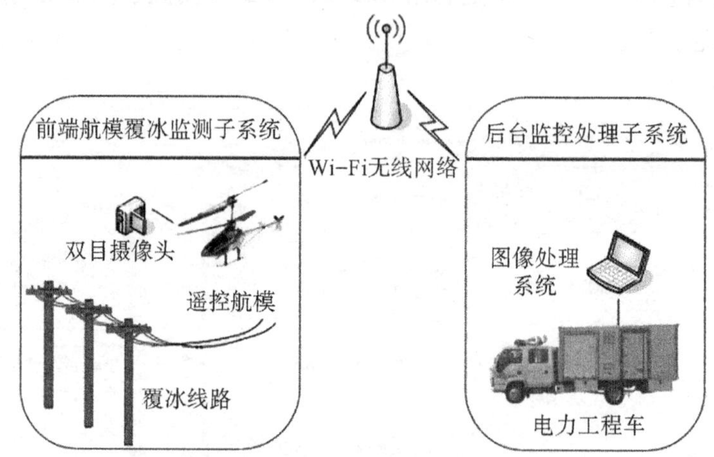

图 2-58　基于航模的覆冰线路检测系统总体结构

本系统采用带有摄像头的遥控航模巡线，航模沿线路飞行，并把拍摄的线路覆冰视频压缩后编码通过 Wi-Fi 无线网络实时发送到监控中心，并设计图像处理软件进行视频捕捉，截取图片进行图像处理，计算覆冰厚度。工作人员通过登录后台的航模监控及图像处理软件实现对线路覆冰情况的掌握和覆冰线路图形的处理，最终得出的线路覆冰厚度，为之后的除冰工作提供依据。

2.5.1.2 航模覆冰检测子系统设计

1）航模覆冰检测子系统功能分析

航模覆冰检测子系统位于航拍航模内，工作时由工作人员操纵遥控航模拍摄输变电线路覆冰状况，经由 Wi-Fi 网络传输至后台监控中心。线路覆冰检测子系统的功能包括覆冰线路的视频采集、图像的压缩和图像信息传输。硬件电路部分由电源模块给双目摄像头、MCU 模块供电。摄像头拍摄的图像经视频压缩由 Wi-Fi 无线网络传输至后台控制主机。覆冰检测子系统结构如图 2-59 所示。

2）航模覆冰检测子系统硬件设计

前端航模覆冰检控子系统的硬件设计，是该子系统的核心设计部分，也是保证整个系统稳定运行的重要基础，硬件设计的核心电路有电源模块、图像采集模块、Wi-Fi 通信模

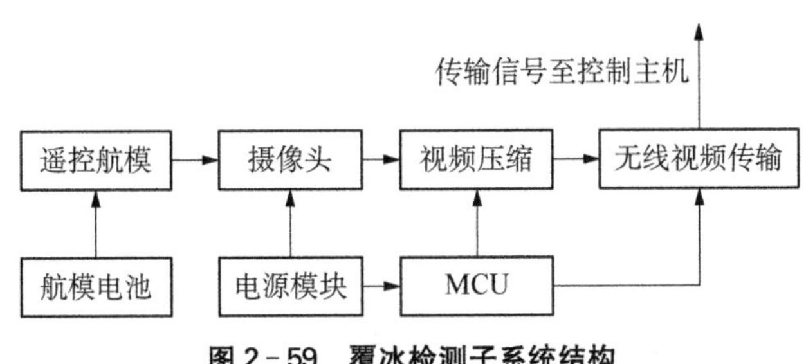

图 2-59 覆冰检测子系统结构

块、视频传输模块和飞行保护模块等。

(1) 电源模块。本系统的 Wi-Fi 通信模块为 EMB-380-C,它的工作电压为 3.3 V,其他芯片如 MCU 的工作电压为 5 V,因此需要单独设计 5 V 和 3.3 V 电源电路。如图所示,采用芯片 LM7805 得到稳定的 5 V 电压。LM7805 只需要极少的外围元件即可组成稳压电源。电路内部的过热、过流和调整管保护电路,保障了稳压电路的输出电压能自动维持稳定在 5 V。该电路中,为了保证输出电压的瞬态响应性和稳定性,在输出端和输入端之间接入一个小电容 C16 为 0.1 μF。在实际应用中,应在三端集成稳压电路上安装足够大的散热器(小功率的条件下不用)。当稳压管温度过高时,稳压性能将变差,甚至损坏。由于该电路中工作电流不大,所以 LM7805 配上散热片即可。

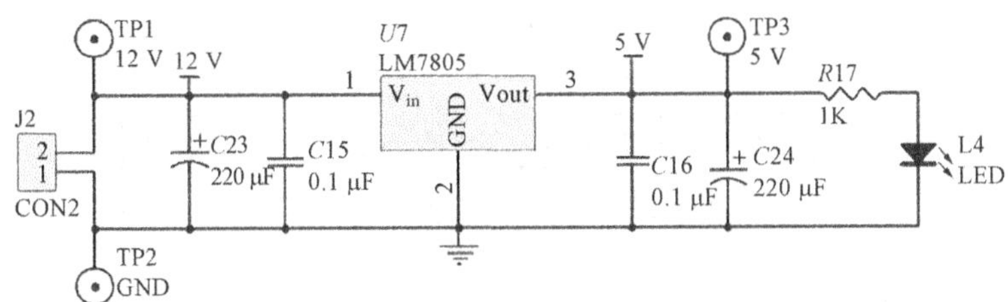

图 2-60 5 V 电源电路

上述的 5 V 稳压电路必须再经过电源变换后才能为无线模块提供 3.3 V 的工作电压,如图 2-61 所示的电源转换电路是采用稳压芯片 AMS117 得到的。AMS117 电源模块功率小,使用简单,具有短路和过热保护。TP3、TP4 分别是 5 V、3.3 V 电源测试点,用于硬件调试。在焊接电路板时,应该首先确保电源模块正常工作。

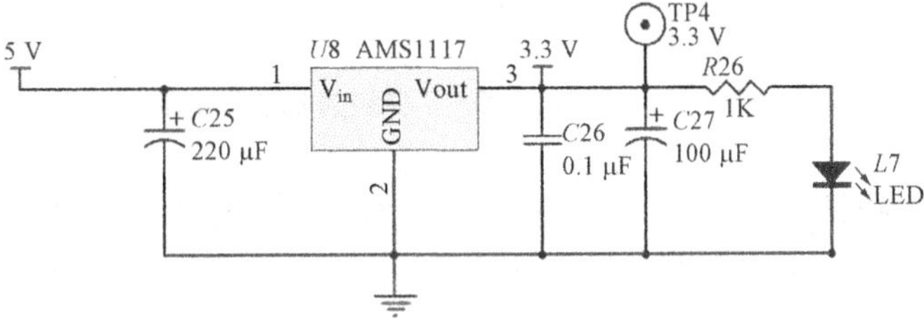

图 2-61 3.3 V 电源电路

(2) 滤波电路。对于小功率稳压电源,配以适当的电容滤波元件构成滤波电路,如图 2-62 所示。滤波电路,即在负载电阻两端并联电容器,利用电容的平波作用滤去整流输出电压中的波纹。电源供给的电压升高时,滤波电路把部分能量储存起来,而当电源电压降低时,滤波电路把能量释放出来,使负载电压比较平滑。

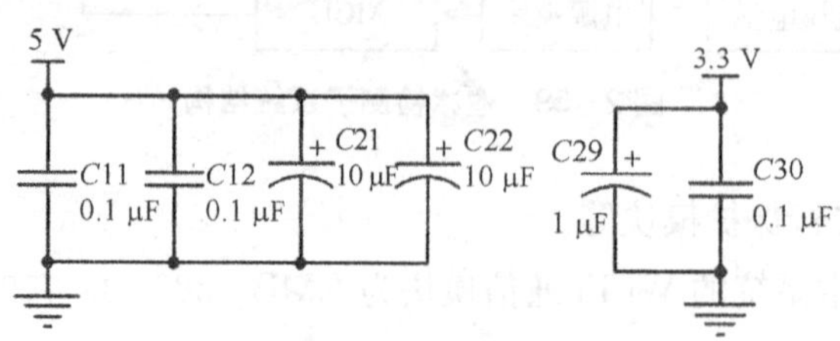

图 2-62 电容滤波电路

(3) Wi-Fi 通信模块。Wi-Fi 无线通信模块的作用是将航模前端拍摄的覆冰图像信息和飞行数据信息经过多跳路由,最后传至位于监控中心,从而在后台操作软件上进行覆冰图像的处理。模块采用 3.3 V 电源供电,传输距离远、接收灵敏度极高、网络性格良好。模块对该引脚有去噪功能,避免非正常信号的干扰。本应用中需连接电源和 UART_TXD, UART_RXD 及 STATUS,其硬件连接如图 2-63 所示。

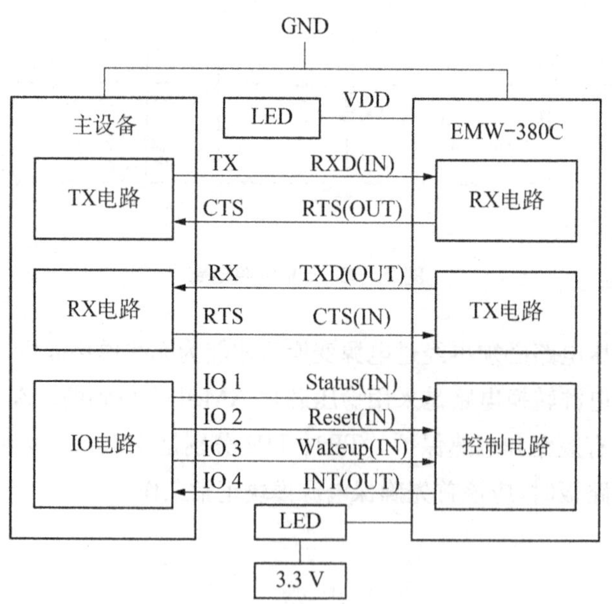

图 2-63 EMB-380-C 模块的 UART 连接

两个 Wi-Fi 无线模块之间的通信如图 2-64 所示。通常情况下,发送缓冲器中的数据通过天线传给另外一个 Wi-Fi 模块;而接收缓冲器将其中的数据通过串口传给主机。为了避免大量串行数据输入而造成接收缓冲溢出的问题,采用 CTS 的方法来抑制数据通信量。

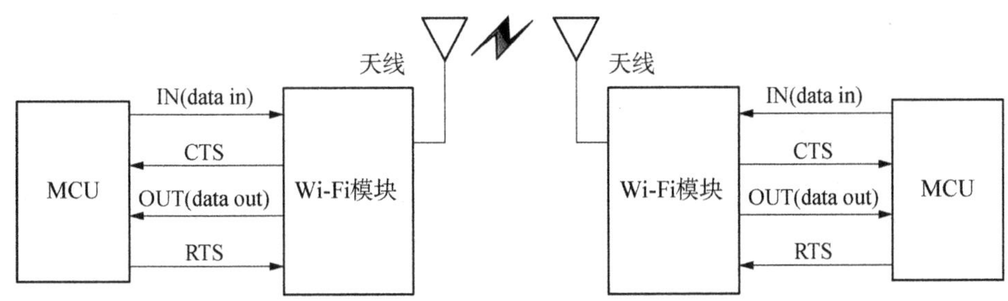

图 2-64　Wi-Fi 模块间的通信

2.5.1.3　后台监控处理软件的开发

1) 后台监控处理软件总统设计

该子系统的软件部分主要实现对航模飞机的飞行数据采集，线路覆冰的图像处理和 Wi-Fi 终端无线传输功能。设计上选择 VC++ 2008 软件作为开发环境。后台监控处理软件采用基于 MFC 的编程方法创建文本应用程序，通过 MSComm 控件实现 PC 机的串口编程，采用 ADO 对象操作 SQL Server 数据库存储数据。该软件通过串口通信接收 Wi-Fi 传来的图像信息，在用户管理主界面上实现覆冰图像信息的可视化，并可截取图像。该软件主要由串口图像采集、通信控制、图像显示、图像截取、写入数据库等部分组成，其组成结果如图 2-65 所示。

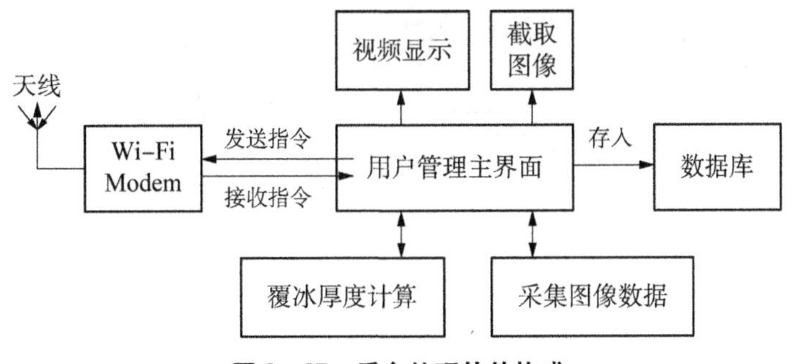

图 2-65　后台处理软件构成

2) 人机交互界面的设计

后台监控处理软件系统包括视频捕捉、图像解码。在控制中心把这些模块传输的结果直接显示在后台监控软件界面上，并利用双目视觉算法计算覆冰厚度。检测软件的主界面如图 2-66 所示，前方传来的覆冰视频直接显示出来，并通过覆冰截图按钮，截取其中一个画面，显示给用户，通过图像处理方法及厚度计算方法计算出覆冰厚度，显示在按钮下方的覆冰厚度显示栏里。

3) 后台数据库系统设计

数据库作为管理软件的数据存储部分，其性能直接影响整个系统的可靠性和准确性。本系统的数据库设计不需要复杂的表结构，但是要能够满足数据存储的需要，便于用户访问。而且，对数据库的访问速度要尽可能的快。所以，设计时选用高性能的关系数据库管理系

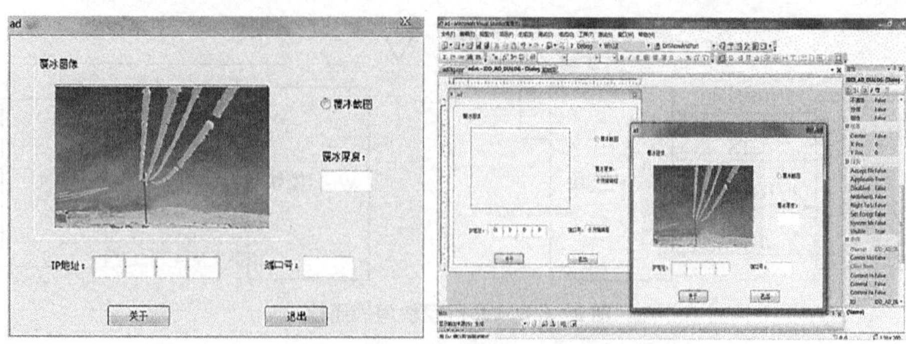

图 2－66 后台监控处理软件界面及测试对话框

统——SQL Server 作为后台数据库，该系统选用 ADO 编程接口。ADO 是目前在 Windows 环境中比较流行的客户端数据库编程技术，具有强大的数据处理能力，简单易用，速度快。

2.5.2 基于无线传感器的输变电线路覆冰检测平台

2.5.2.1 系统功能设计

基于无线传感器网络的输变电线路覆冰在线检测系统由覆冰检测终端、覆冰通信系统、远程监控中心 3 部分构成，其结构如图 2－67 所示。

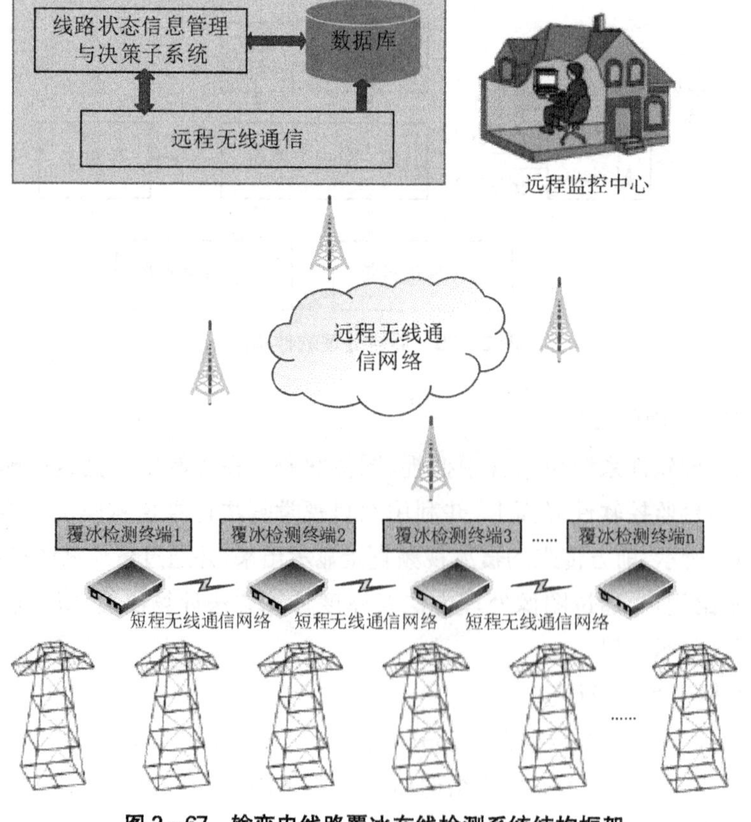

图 2－67 输变电线路覆冰在线检测系统结构框架

（1）覆冰检测终端。功能是基于拉力传感器、倾角传感器、风向传感器、风速传感器、大气温湿度传感器等采集输变电线路的覆冰状态数据，采用参数最优状态估计方法计算稳态时输变电线路覆冰状态时的数据，通过等值覆冰厚度计算模型定量分析覆冰状况。

（2）覆冰通信系统。功能是负责覆冰检测终端与远程监控中心之间的信息交互，将覆冰检测终端检测到的状态信息传送到远程监控中心，并负责将远程监控中心的控制和查询命令传送到覆冰检测终端。覆冰通信系统具体分为远程无线通信网络和短程无线通信网络两个层次。其中，远程无线通信网络负责拥有汇聚信息功能的覆冰检测终端与远程监控中心之间的信息交互，短程无线通信网络负责各覆冰检测终端之间的信息交互。

（3）远程监控中心。功能是进一步对被检测电网的所有线路状态信息进行汇总和集中管理，并通过多源传感器信息融合方法对所有电网线路状态进行分析与辅助决策。如果有线路出现覆冰超限时，则发出声光报警信号并在监视屏上显示预警位置，并给予相应的融冰、除冰建议，为线路融冰、除冰提供指导。同时，该子系统还支持远程检测功能，通过公用移动通信网络向值班人员手机发送报警信号。此外，该子系统还提供与其他电网信息系统互联的开放接口。

2.5.2.2 输变电线路覆冰检测终端硬件设计

覆冰在线检测终端硬件系统结构如图 2－68 所示。输变电线路覆冰检测终端主要由 CC2530 控制单元、传感器单元、TTL 转 RS485 通信单元、GPRS 通信单元、供电电源单元等几部分组成。

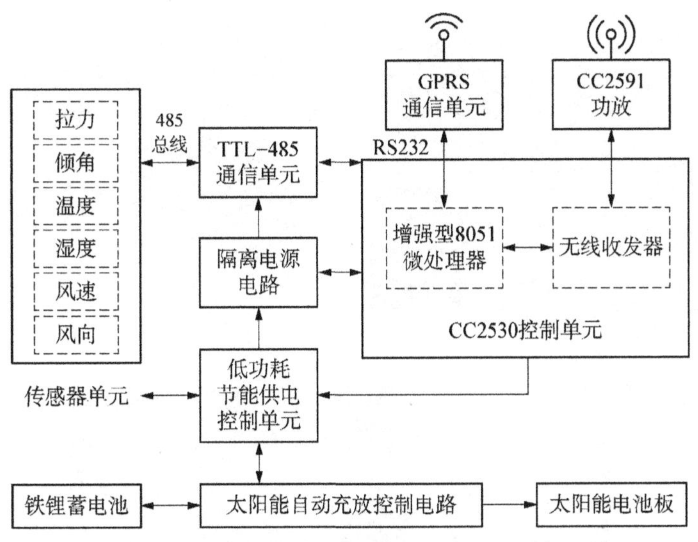

图 2－68 输变电线路覆冰检测终端硬件结构

1）传感器单元设计

拉力传感器选用高端电力输变电线路覆冰检测专用型拉力传感器，倾角传感器选用数字输出型双轴倾角传感器，气象传感器采用高精度数字化超声波一体化气象传感器。

2）GPRS 通信单元硬件设计

GPRS 通信单元采用 SIM900B 作为主控制单元，其硬件电路主要分为 SIM 上电自启动电路、SIM900B 主控制器电路和 SIM 电路三部分，其硬件电路原理如图 2－69 所示。SIM 上电自启动电路负责上电后保障 SIM 能够启动成功并正常工作，SIM900B 主控制器电路负责 GPRS 信息的控制和转换，SIM 电路负责与 SIM 电话卡的固定和通信。

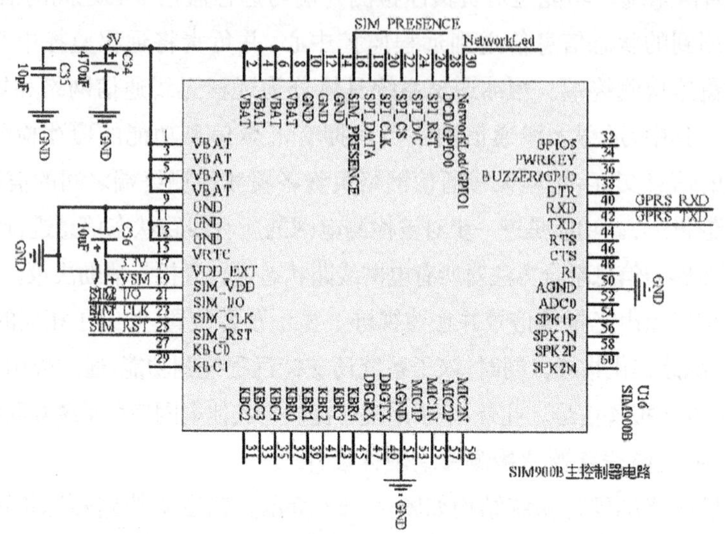

图 2－69　GPRS 通信单元 SIM900B 主控制器电路原理

(a)　(b)　(c)　(d)

图 2－70　覆冰检测的核心电路板、终端检测箱及整体实物示意

(a) CC2530 控制核心板实物；(b) 一体化底板实物；(c) 终端外部整体实物；(d) 系统整体实物

3）输变电线路覆冰在线检测系统实物图

输变电线路覆冰在线检测系统实物图主要包括硬件一体化底板实物图、覆冰检测终端内部整体实物图、覆冰检测终端外部整体实物图、覆冰检测系统整体实物图等，如图 2 - 70 所示。

2.5.2.3 覆冰检测终端功能与性能测试

本示例选择量程为 10 T 的拉力传感器，由厂家协助采用量程为 20 T 的拉力试验机通过实际测试来进一步检验拉力传感器的性能，实际现场测试如图 2 - 71 所示。

图 2 - 71 拉力传感器性能现场测试

拉力传感器检测点选择：200 kg、500 kg、1 000 kg、1 500 kg、2 000 kg、2 500 kg、3 000 kg、4 000 kg、5 000 kg、6 000 kg、7 000 kg、8 000 kg、9 000 kg、10 000 kg 14 个检测点。检验过程为：将拉力传感器安装成工作状态，测试前先调零。沿拉力传感器受力轴线从 0 kg 到 10 000 kg 逐点递增标准拉力值，至各检验点保持稳定后记录相应实际测试值，至测量上限 10 000 kg 后逐点递减卸载标准拉力值，至各检验点保持稳定后记录相应回程实测值。根据实际测试数据求取拉力传感器的相对误差，测试拉力传感器性能并寻求拉力传感器测量误差的补偿策略，拉力传感器标准值、实测值和修正值及其相对误差如图 2 - 72 所示。

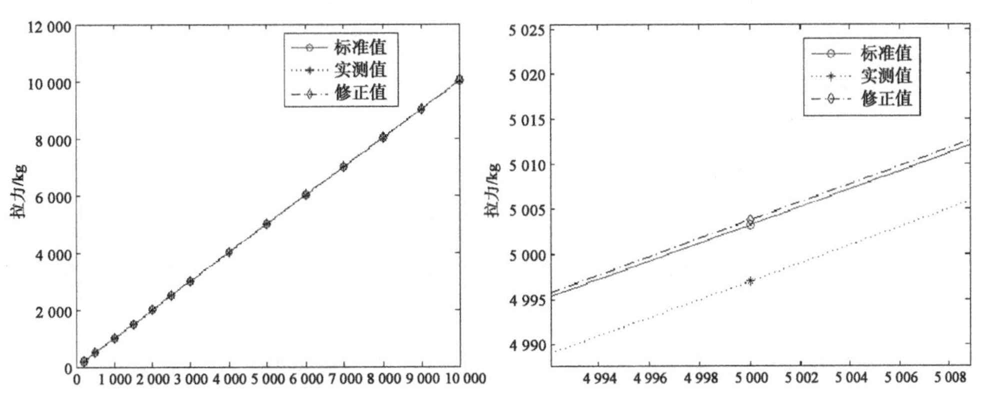

图 2 - 72 拉力传感器标准值、实测值和修正值

由图 2 - 72 可知，修正值最大相对误差 0.027 8%，进一步提高拉力传感器测量准确度，修正后拉力值比实测值更接近拉力标准值。

3

变电设备状态检测图像融合处理技术

随着计算机技术、现代检测技术、网络数据库技术的快速发展，图像检测诊断技术在电力设备检测中应用逐渐广泛：包括传统人工巡检、在线监测系统、直升机、无人机、机器人等自动化巡检的检测手段日益丰富；图像采集种类也从传统可见光影像快速延伸到红外热像图像、紫外局放图像。对这些非结构化的图像数据进行分析，可有效地发现电力设备外观异常、运行环境变化、局部过热与放电缺陷等信息。技术手段和图像采集种类的多样化也促使这类数据量快速增加，给相关数据的有效应用带来较大困难，除图像数据占用大量存储空间、增长速度快但价值密度低、人工检查识别耗时耗力等问题，还存在图像检测手段独立造成的图像信息孤岛，难以对设备状态进行综合性诊断的问题。在这种背景下，亟须研究图形图像数据自动分析和结构化表达的方法和关键技术，对这些数据进行有效的处理，提取关键状态的数字特征量后再导入管理系统(PMS)中进行处理，以提高该类数据的存储和分析效率，及时发现电力设备及其运行环境的缺陷和异常，提高设备运行管理水平。

对电力设备非结构化检测图像数据进行自动分析的研究还处于起步阶段，较少实际应用的报道，这与大量状态图像数据亟待自动处理以提高检测的效率和准确性形成了鲜明对比。近年来，图像处理技术的发展和广泛应用使在复杂背景下图像数据的自动分析成为可能。本章主要对电力设备现场状态检测图像、红外热像、紫外成像等进行自动分析和诊断，提取输变电现场设备的运行环境、外观、缺陷和设备温度等关键运行状态的特征数据，主要意义在于：

(1) 能够及时、高效地处理大量巡检、在线监测获取的设备状态检测图像数据，自动提取和分析设备的环境、外观、局放、温度等关键状态的特征信息，对设备异常和故障缺陷实现事前预警，不受人员经验、素质和工作环境的影响，提高设备状态检测图像数据处理和电力设备状态评估的实时性和准确性，增强电力设备状态评估系统的分析能力，从而为电网状态检修决策提供有效支持。

(2) 能够掌握电力设备状态检测图像处理的研究方法和核心技术，采用当前先进图像处理技术，提高图形图像数据的分析和处理效率，改良电网设备生产管理模式，促进电力设备状态检测与评估领域的技术进步，随着带电检测技术的广泛应用及直升机和无人机巡检的逐步推广，海量图像数据自动处理的应用前景非常广阔。

(3) 融合图像识别、特征提取、匹配技术，开发设备状态检测图像特征提取与数字化处理的软件可以解决长期以来设备状态检测图像数据依赖人工处理与利用率低的问题。及时、准确地掌握设备健康状态，不仅提升运维检修效率，提高电网安全运行水平，增加供电可靠性，减少停电事故，而且为打造坚强的电网提供有力的技术保障。

3.1 电力设备状态图像的预处理

电力设备状态的检测图像常常存在视觉效果模糊、分辨率和对比度较低等问题，因此需要对所获取的图像进行预处理，包括去噪、增强、锐化、分割等。上述所列的处理方法目的是为了得到更清晰的图像，突出设备图像故障部分。

3.1.1 图像信噪比增强

在拍摄变电站设备图像的过程中，图像会出现噪声，这些噪声恶化了图像质量，使设备图像变得模糊，甚至掩盖其状态参数，给图像分析带来困难。图像平滑的目的就是为了减少和消除变电站设备图像中的噪声，以改善图像质量，有利于抽取图像状态特征参数进行分析。针对电力设备状态检测图像的特点，本研究采用均值滤波去噪方法和中值滤波去噪方法对设备状态图像进行处理。

3.1.1.1 可见光、红外图像的均值滤波去噪

在假定加性噪声是随机独立分布的条件下，利用领域的平均或加权平均可以有效抑制噪声干扰。图像平滑实际上是低通滤波，让信号的低频部分通过，阻截高频部分的噪声信号。显然，在减少随机噪声点影响的同时，由于图像边缘部分也处在高频部分，平滑过程会导致边缘模糊化。

平滑模板的思想是通过待处理点和周围 8 个相邻点的平均来去除突然变换的点，从而过滤一定的噪声，其代价是图像有一定程度的模糊。均值滤波平滑模板的数学表达式为

$$\frac{1}{9}\begin{bmatrix}1 & 1 & 1\\1 & 1 & 1\\1 & 1 & 1\end{bmatrix} \tag{3-1}$$

式(3-1)也称为 Box 模板。该模板与原图做卷积，即可实现均值滤波平滑去噪的目的。图 3-1 为#2 主变 110 kV 侧中性点接地刀闸 O 相刀闸图像及其平滑后的结果。

从图 3-1 和 3-2 可以看出，Box 模板虽然考虑了邻域点的作用，但并没有考虑各点位置的影响，对于所有点都一视同仁，所以平滑效果并不理想，没有办法完全去除噪声，只

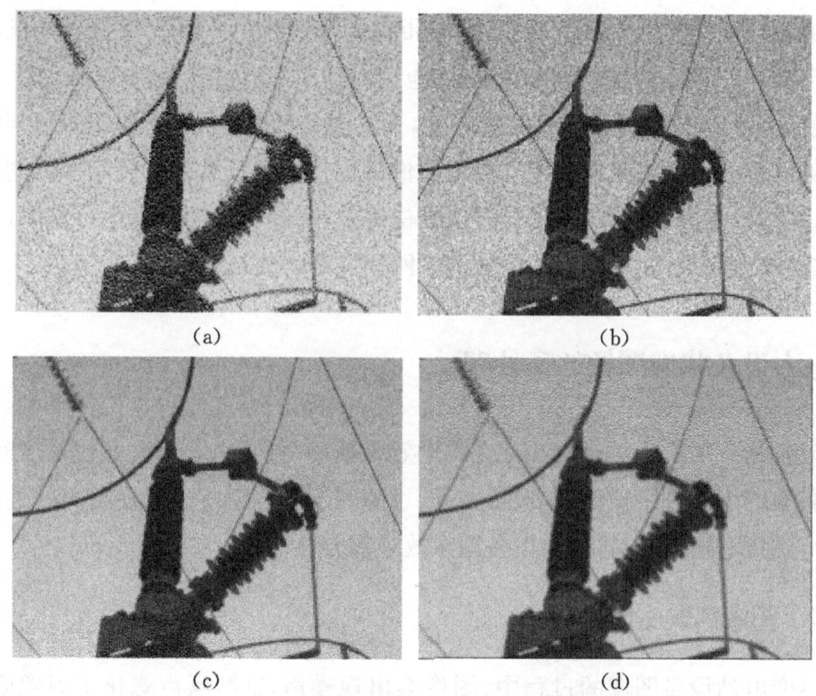

图 3-1　刀闸的可见光图像均值滤波前后的图像

(a) 设备原图；(b) 设备灰度化图片；
(c) 图片经 3×3 窗口均值滤波结果；(d) 图片经 5×5 窗口均值滤波结果

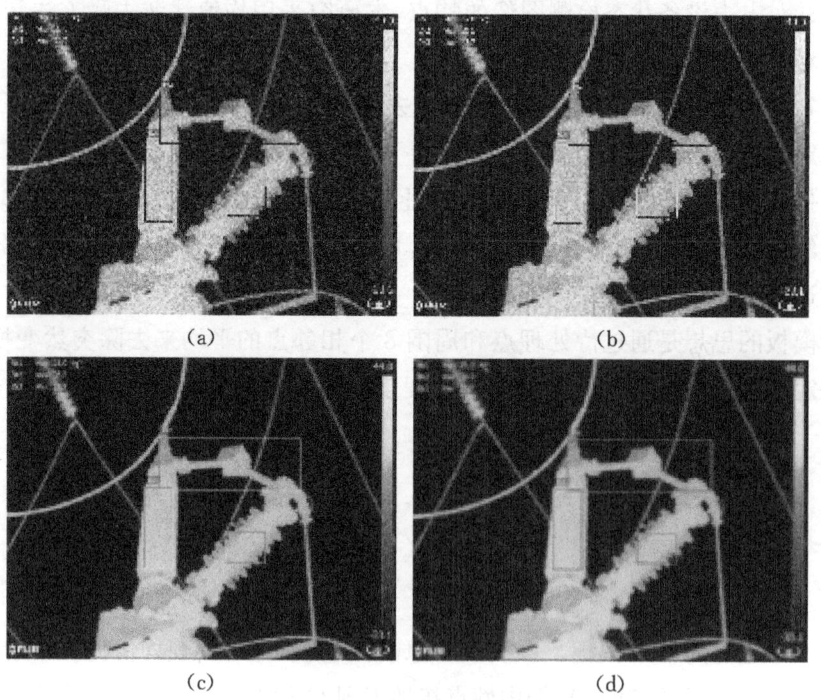

图 3-2　刀闸的红外热像均值滤波前后的图像

(a) 设备原图；(b) 设备灰度化图片；
(c) 图片经 3×3 窗口均值滤波结果；(d) 图片经 5×5 窗口均值滤波结果

能稍微减弱噪声。均值滤波的作用是平滑图像，去除噪声，但会使图像整体变得模糊，质量略微下降，特别是在边沿和细节处。

3.1.1.2 可见光、红外图像的中值滤波去噪

对于去除变电站设备可见光、红外图像中的噪声点来说，另外一种常见的去噪方法是中值滤波算法。中值滤波是抑制噪声的非线性处理方法，它在一定条件下，对滤除脉冲干扰及图像扫描噪声最有效。中值滤波是用领域点的中值代替该点的数值，即

$$g(x,\ y)=\text{Median}[x_1,\ x_2,\ x_3,\ \cdots,\ x_3] \tag{3-2}$$

其中，x_1，x_2，x_3 为点(x，y)及其领域的灰度值。例如，取一个二维窗口的大小，窗口长度(点数)为 3，对其进行中值滤波，各像素灰度值如下：

$$\begin{pmatrix} 52 & 26 & 59 \\ 34 & 63 & 48 \\ 41 & 51 & 39 \end{pmatrix} \tag{3-3}$$

经过按行排列，得到一个序列为{52，26，59，34，63，48，44，51，39}，重排列后得到新的序列为{26，34，39，44，48，51，52，59，63}，则 Median{52，26，59，34，63，48，44，51，39}=48。在实际使用窗口时，一般先选择长度为 3 的窗口对信号进行处理，若无明显信号损失，再把窗口延长到 5，对原图像作中值滤波，直到既有较好噪声滤除的效果，又不过分损害图像细节为止。

如图 3-3 所示为♯2 主变 110 kV 侧中性点接地刀闸 O 相刀闸图像及其中值滤波后的结果，如图 3-4 为♯1 主变 220 kV 侧中性点接地刀闸 O 相刀闸图像及其中值滤波后的结果。

变电站设备图像是在图像处理中采用中值滤波的前后对照，从图 3-3 和 3-4 可以看出，中值滤波的效果明显，消除原图中的大量噪声。而且，在适用的是长度为 5 的窗口，显然选用 5×5 窗口处理这种方法比较合适。长度为 3 的窗口虽然平滑噪声效果很好，但是同时也损失更多的边缘信息。

在一定条件下，中值滤波可以克服线性滤波器所带来的图像细节模糊。需要注意的是，当窗口内噪声点的个数大于窗口一半时，中值滤波的效果不好。而且，对一些细节多，特别是点、线、尖顶多的图像不宜采用中值滤波的方法，使用中值滤波会造成这些细节丢失。

3.1.1.3 紫外图像的低通滤波去噪

由于紫外成像设备的固有特性和一些外界因素造成的噪声污染，紫外图像部分信息和状态特征参数也会被噪声掩盖，从而影响试验人员进行更准确的故障分析、识别和定位，因此也需要采用去噪技术对变电站设备的紫外图像进行处理，这具有非常重要的现实意义。通过改善紫外图像质量，降低图像噪声干扰，可以更加准确地分析和诊断设备的状态及故障。描述紫外图像的数学模型可表示为

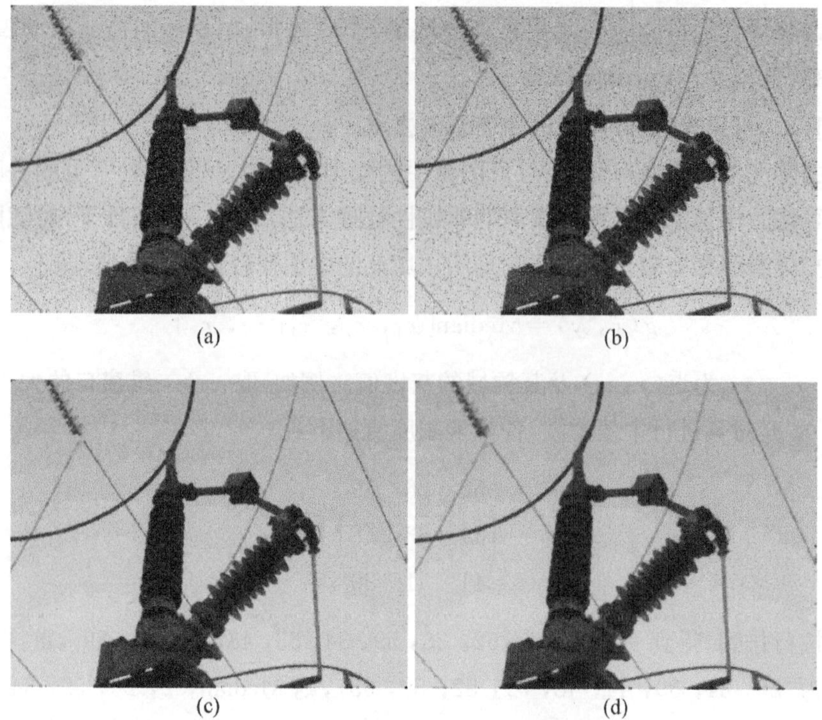

图 3-3　刀闸可见光图像中值滤波前后的图像

(a) 设备原图；(b) 灰度化图像；(c) 3×3 窗口中值滤波；(d) 5×5 窗口中值滤波

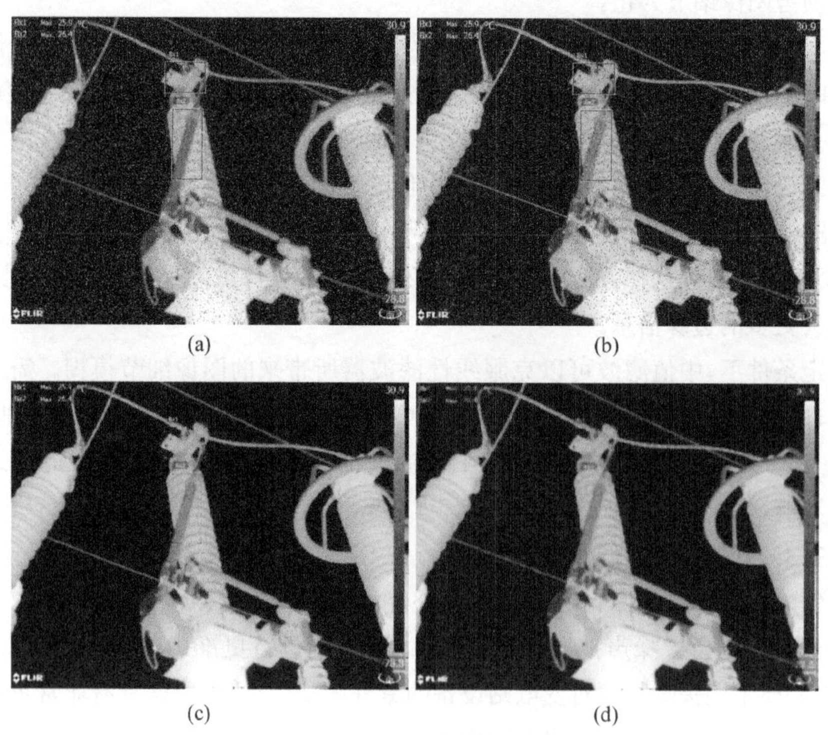

图 3-4　刀闸红外图像中值滤波前后的图像

(a) 设备原图；(b) 灰度化图像；(c) 3×3 窗口中值滤波；(d) 5×5 窗口中值滤波

$$f(x, y)=f_T(x, y)+n(x, y) \tag{3-4}$$

式(3-4)中，$f(x, y)$是图像像素的坐标，$f_T(x, y)$是图像中设备产生的有用信号，$n(x, y)$是图像中的噪声信号，变电站设备紫外图像去噪就是要去除噪声$n(x, y)$。变电站设备紫外图像噪声主要表现为细小颗粒性、空间随机闪烁亮点，即椒盐噪声和散粒噪声。本节利用频域低通滤波方法对变电站设备紫外图像进行去噪。

频域低通滤波是指保留低频分量，抑制高频分量的过程。因此，低通滤波可以消除图像中的随机噪声，起到平滑图像的作用。基于3阶巴特沃思低通滤波器对紫外图像进行滤波的处理结果如图3-5所示。

(a) (b)

图3-5 紫外图像巴特沃思低通滤波前后的图像

(a) 设备灰度；(b) 基于3阶巴特沃斯低通滤波效果

从处理结果可知，与原始图像相比，采用巴特沃思低通滤波使原始图像中的噪声已经较好地被滤除，放电区域清晰可见，提高了紫外图像的质量。根据对可见光、红外、紫外变电站设备图像去噪进行对比分析，可以得出以下结论：

(1) 对于均值滤波来说，对高斯噪声的抑制是比较好的，处理后的图像边缘模糊较少。但对椒盐噪声的影响不大，因为在削弱噪声的同时整幅图像内容总体也变得模糊，其噪声仍然存在。

(2) 对于中值滤波来说，它只影响了变电站设备图像的基本信息，这说明中值滤波对高斯噪声的抑制效果不明显。因为高斯噪声使用随机大小的幅值污染所有的点，所以无论怎样进行数据选择，得到的始终还是被污染的值。但是中值滤波对去除椒盐噪声可以起到很好的效果，因为椒盐噪声只在画面中的部分点上随机出现，所以根据中值滤波原理可知，通过数据排序的方法，将图像中未被噪声污染的点代替噪声点的值的概率比较大，因此噪声的抑制效果很好，同时画面的轮廓依然比较清晰。由此看来，对于椒盐噪声密度较小时，尤其是孤立噪声点，用中值滤波的效果非常好的。

3.1.2 图像对比度增强

在对变电站设备图像进行去噪以后，为了能够进一步提高变电站设备图像的质量，可以采用图像对比度增强的算法来改善图片质量,这样设备图像在进行状态特征参数提取时,能够更及时地发现设备是否发生故障,也能够及时有效地对变电站设备进行维修。

3.1.2.1 直方图均衡化

变电站设备图像的直方图是红外、紫外、可见光图像的重要统计特征,虽然不能直接反映出变电站设备图像的内容,但它能反映图像灰度分布统计特征。为使拍摄的变电站图像变清晰,能够看出变电站设备是否有故障,故障是否严重,可以通过变换使图像的灰度动态范围变大。事实证明,通过修改图像直方图进行图像增强也是一种有效的方法。

对于数字图像 $f(x, y)$,以 r 表示正规化的原图像灰度,以 s 表示经过直方图修正后的图像灰度,即 $0 \ll r, s \ll 1$。直方图均衡就是通过灰度函数 $s = T(r)$,将原图像直方图 $P_r(r)$ 改变成均匀分布的直方图 $P_r(s)$。电力设备直方图的各种模式变换对比如图 3-6 所示。

$$s = T[r] = \int_0^r P_r(w)\mathrm{d}w$$

$$u(x) = u(i, j) = \frac{1}{1 + \mathrm{e}^{-12\left(\frac{x(i, j) - x_{\min}}{x_{\max}}\right) - a}}$$

$$u'(x) = u'(i, j) = \begin{cases} 2 \times u(i, j)^2 & 0 \leqslant u(i, j) < 0.5 \\ 1 - 2 \times [1 - (1 - u(i, j)^2)] & u(i, j) \geqslant 0.5 \end{cases}$$

$$x'(i, j) = x_{\min} + x_{\max}\left(a - \frac{1}{12}\ln\left(\frac{1}{u'(i, j)} - 1\right)\right)$$

$$\lg[R(x, y)] = \lg[l(x, y)] - \lg[L(x, y)]$$

$$R_{\mathrm{MSRCR}}(x, y) = G\,[R_{\mathrm{MSRCR}}(x, y) - b]$$

$$S(x, y) = \frac{[r(x, y) + g(x, y) + b(x, y)]}{3}$$

$$\begin{cases} R_R(x, y) = r \times R_R(x, y) + (1 - r) \times S(x, y) \\ R_G(x, y) = r \times R_G(x, y) + (1 - r) \times S(x, y) \\ R_B(x, y) = r \times R_B(x, y) + (1 - r) \times S(x, y) \end{cases} \tag{3-5}$$

对于数字图像,可以对式(3-5)做离散近似。若原图像 $f(x, y)$ 在像素点 (x, y) 处的灰度为 r_k,则直方图均化后的图像 $g(x, y)$ 在点 (x, y) 处的灰度为

$$S_k = T[r] = \sum_{i=0}^{k} \frac{n_i}{n} \tag{3-6}$$

(1) 全局直方图均衡化。将上述理论推广到离散情况时,若一幅图像像素数为 n,灰度范围为 $[0, L-1]$,第 k 个灰度级 r_k 的像素数为 n_k,则第 k 个灰度级的频率为

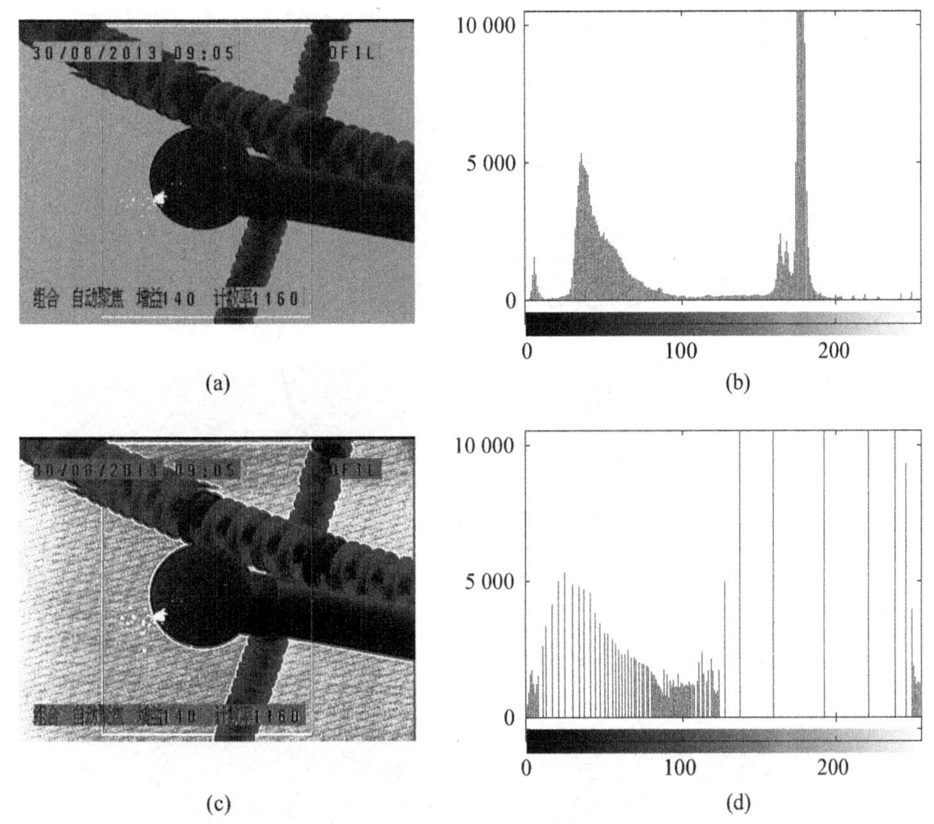

(a) (b) (c) (d)

图 3-6 电力设备直方图

(a) 设备灰度图；(b) 设备灰度直方图；(c) 直方图均衡化后的设备图；(d) 直方图均衡化后的直方图

$$P_r(r_k)=\frac{n_k}{n} \quad k=0,\ 1,\ \cdots,\ L-1 \tag{3-7}$$

由此可得直方图均衡化变换函数，即图像的灰度累积分布函数为

$$S_k=T(r_k)=\sum_{j=0}^{k}P_r(r_j)=\sum_{j=0}^{k}\frac{n_j}{n} \tag{3-8}$$

直方图均衡化运算过程可概括为：首先，计算直方图的各个灰度级的频率 P_r；然后，对灰度级频数进行累积求和运算，得 S_k；最后，根据 s_k 计算新的灰度值 S_K，$S_K=L\times S_k$，采用最靠近取整方法得变换后的灰度级 S_K。

全局直方图均衡化技术使图像增强的实质在于：①两个占有较多像素的灰度变换后灰度之间的差距增大。一般来讲，背景和目标占有较多的像素，这种技术实际上加大了背景和目标的对比度。②占有较少像素的灰度变换后需要归并。一般来讲，目标与背景的过渡处像素较少，由于归并，其或者变为背景点或者变为目标点，从而使边界变得陡峭。电力设备全局直方图采用均衡化技术前后的对比如图 3-7 所示。

(2) 局部直方图均衡化。局部直方图均衡化运用在某些特定场合的变电站设备图像，

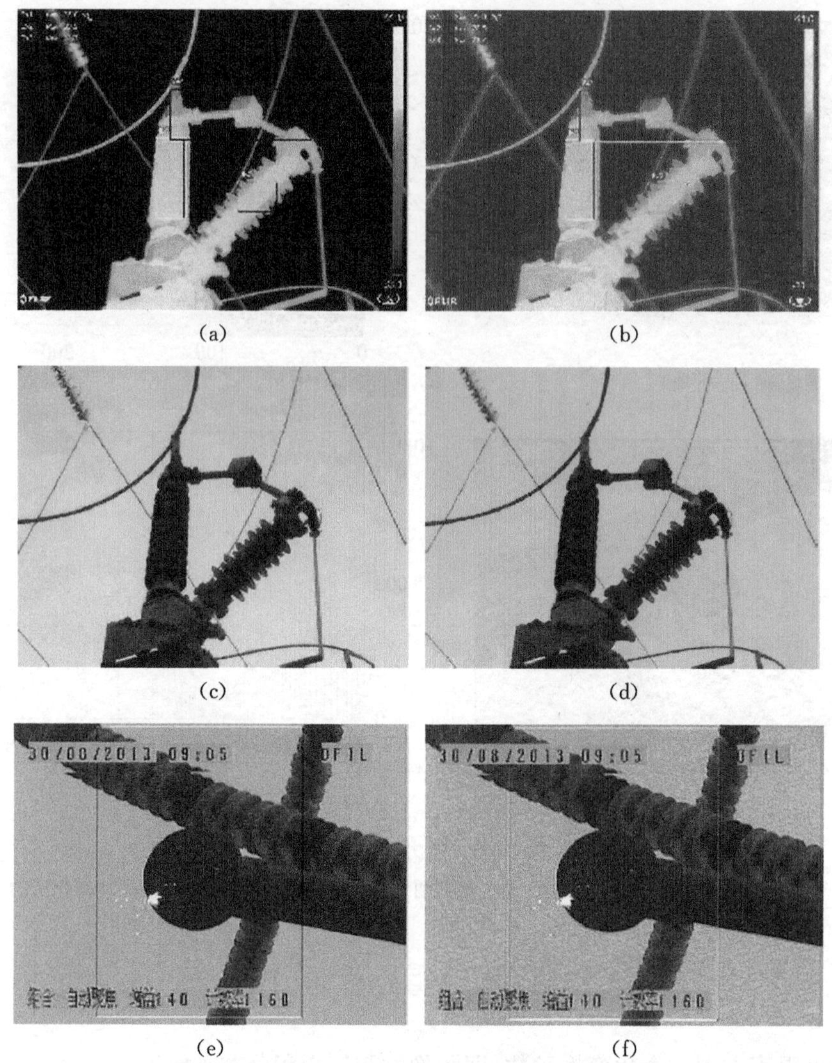

图 3-7　电力设备全局直方图

(a) 原始图像；(b) 经全局直方均衡化图像；(c) 原始图像；(d) 经全局直方均衡化图像；(e) 原始图像；(f) 经全局直方均衡化图像

对图像中某些区域的细节进行增强处理。为了解决上述问题，局部直方图算法构造出基于像素邻域灰度分布的变换函数，将直方图均衡化的方法移植到局部区域中。

假设运用局部直方图均衡化增强一幅 $M\times N$ 像素的图像，对于图像的任意一个像素 (x, y)，取领域为 $w\times w$，计算以 (x, y) 为中心的矩形区域内的直方图

$$P_r(r_k)=\frac{n_k}{w^2} \tag{3-9}$$

式(3-9)中，n_k 表示领域中灰度级 r_k 出现的频数，再计算累积分布函数，最后对像素点 (x, y) 进行灰度变换即可。

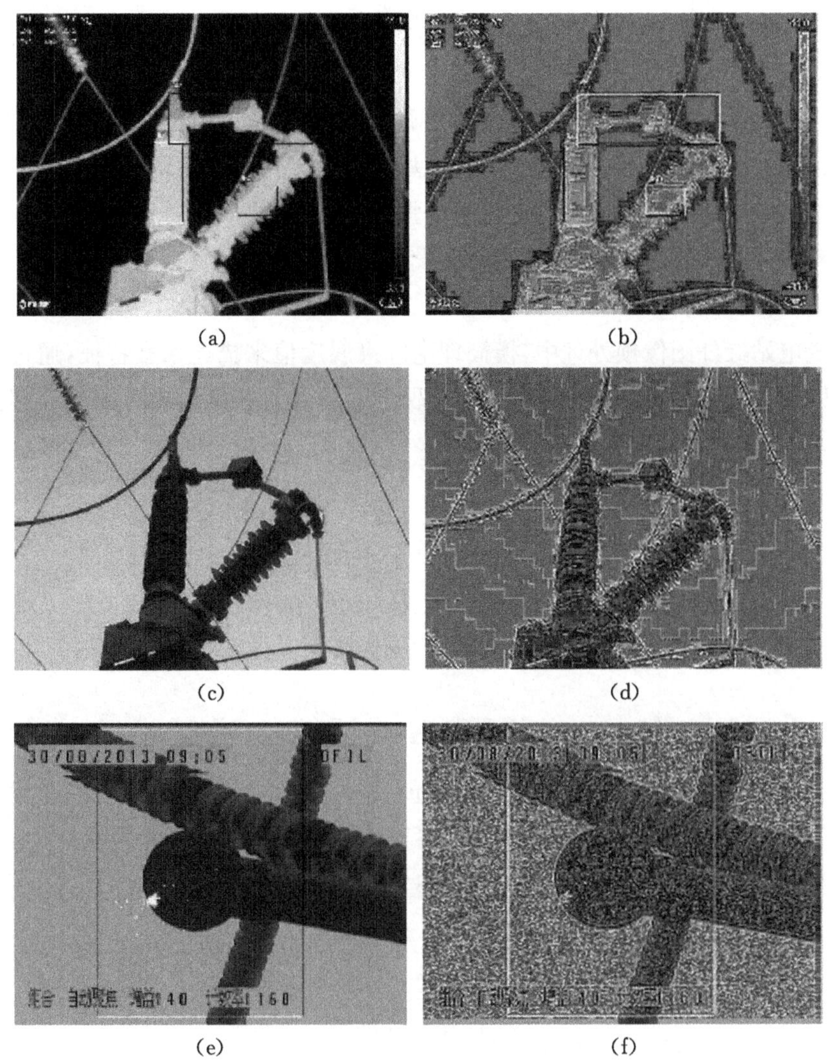

图 3-8 电力设备局部直方图

(a) 原始图像；(b) 经局部直方均衡化图像；(c) 原始图像；(d) 经局部直方均衡化图像；(e) 原始图像；(f) 经局部直方均衡化图像

从图 3-8 可以得出，该方法的处理结果主要由参数 w 控制，应用时要选择大小合适的窗口，选择窗口一般的原则是：小窗口突出增强图像的细节信息，但是引入了大量噪声，容易出现过增强的现象；大窗口使整幅图像效果更好，对图像细节的增强效果不如小窗口，但引入噪声较少。近年来研究人员对局部直方图均衡化提出了很多改进的方法，如 POSHE 算法，插值自适应直方图均衡化算法等。

3.1.2.2 模糊增强

对于电力设备红外图像来说，相比直方图增强，基于隶属度函数的电力设备红外图像模糊增强是提升变电站设备图像质量的重要手段，同时也可以有效地改善图像视觉效果差、对比度低、信噪比低等问题。模糊增强理论及其改进算法的隶属度函数选用经典的 S

型函数、Pal 函数和高斯函数，这些函数虽具有良好的滤波效果，但是在计算能力、去模糊化等方面的效果仍然有待加强。

本节采用的是一种基于 Logistic 隶属度函数的图像模糊增强的方法，对变电站设备红外图像的模糊特征进行增强处理，最后经过去模糊化得到了效果增强的红外图像。对几种常见变电站电力设备的红外图像进行了增强处理，从结果我们可以看到，相对于经典隶属度函数算法，本算法处理后的红外图像在设备边缘信息的完整性、图像对比度等指标方面都得以进一步提高。

在对变电站红外图像预处理中，模糊理论以隶属度值来描述像素特征，通过调整隶属度函数可以达到增强前景的目的，并通过选取合适的隶属度函数进行图像处理。经典的 Pal 模糊算法中的隶属度函数一般可表述为

$$u_1(i, j)=\left[1+\frac{(L-1)-x(i, j)}{F_d}\right]^{-F_e} \tag{3-10}$$

其中，$u_1(i, j)$ 为灰度值对应的隶属度值；L 为灰度级；$x(i, j)$ 是坐标为(i, j) 的像素灰度值；F_d 与 F_e 分别为倒数模糊因子和指数模糊因子。其逆变换公式为

$$x'_1(i, j)=L-1+F_d\{1-[u'_1(i, j)]^{-\frac{1}{F_e}}\} \tag{3-11}$$

红外图像像素灰度处理过程中不能出现负数，但依据式(3-11)处理的像素点可能存在像素负值，Pal 函数将其硬性规定为 0，这将导致此类像素点的像素信息缺失。针对 Pal 函数存在像素信息缺失的问题，于是提出了 S 型隶属度函数

$$S(z, a, b, c)=\begin{cases}0 & z\leqslant a\\ 2\left(\dfrac{z-a}{c-a}\right)^2 & a\leqslant z\leqslant b\\ 1-2\left(\dfrac{z-c}{c-a}\right)^2 & b<z\leqslant c\\ 1 & z>c\end{cases} \tag{3-12}$$

该函数取值范围为[0, 1]，与经典 Pal 函数相比，不存在过增强或过抑制现象，虽然计算复杂度较低，但是因其为分段函数，对其参数进行设定相对较难。为解决 Pal 函数、S 型函数存在的问题，本节提出采用在定义域上为连续函数，逆变换不存在无解情况的 Logistic 函数作为模糊理论隶属函数

$$u=\frac{L}{\mathrm{e}^{-K(x-a)}} \tag{3-13}$$

其中，a 在区间[0, 1]内取值。采用式(3-13)作为模糊算子可保证增强的模糊特征平面逆变至空域时，不存在信息丢失。当自变量区域为无穷时，该函数变化率趋于 0，使值域限定在一个有限区间内，避免了过增强或过抑制现象。同时，与经典 S 型函数相比，该方法

在参数获取上也易于实现。

将图像转换到灰度级下，依据像素尺寸将灰度图划分为 $M \times N$ 的像素矩阵 $\boldsymbol{A}$ 并对其进行归一化处理。其次，取双边滤波的窗口半径 $w=5$，令

$$\boldsymbol{X}=\begin{bmatrix}-5 & 0 & 5\\ -5 & 0 & 5\\ -5 & 0 & 5\end{bmatrix} \quad \boldsymbol{Y}=\begin{bmatrix}-5 & -5 & -5\\ 0 & 0 & 0\\ 5 & 5 & 5\end{bmatrix} \tag{3-14}$$

则距离权重为

$$G=\mathrm{e}^{\frac{-(X^2+Y^2)}{2\delta_d^2}} \tag{3-15}$$

其中，δ_d 为空间域距离标准方差。取原灰度图中各个像素点的灰度值为 $x(i, j)$，得到强度权重

$$H=\mathrm{e}^{\frac{-(I-x(i, j))^2}{2\delta_r^2}} \tag{3-16}$$

其中，δ_r 为强度标准方差。双边滤波器权重 $F(i, j)$ 为距离权重 $G(i, j)$ 与强度权重 $H(i, j)$ 的卷积，即 $F(i, j)=G(i, j) \cdot H(i, j)$。令 $A(i, j)$ 为窗口中心，以 w 为半径提取该区域内原图像赋给 $I(i, j)$，滤波响应为

$$B(i, j)=\frac{\sum_{i\min, j\min}^{i\max, j\max} F(i, j) \cdot I(i, j)}{\sum_{i\min, j\min}^{i\max, j\max} F(i, j)} \tag{3-17}$$

本节采用 Logistic 函数作为模糊隶属度函数，对双边滤波处理后的电力故障设备红外图像进行增强处理，达到提高红外图像的对比度并有效抑制非均匀背景的效果。依照模糊集的概念，曲线的倾斜度 k 的大小与红外图谱增强区域对比度相关，倾斜度大对比度相对较强，反之则弱。考虑到该参数对图像中任意一像素点增强的趋势并无影响，故取$k=12$，L 为曲线的最值，取值为 1，$x=\frac{x(i, j)-x_{\min}}{x_{\max}}$，$x_{\min}$、$x_{\max}$ 分别为空域内最小和最大像素灰度值。将电力设备红外热像由空域映射至模糊域的隶属度值可表示为

$$u(x)=u(i, j)=\frac{1}{1+\mathrm{e}^{-12\left(\frac{x(i, j)-x_{\min}}{x_{\max}}\right)-a}} \tag{3-18}$$

在模糊域中，原隶属度值 $u(i, j)$可进一步调整为

$$u'(x)=u'(i, j)=\begin{cases}2\times u(i, j)^2 & 0\leqslant u(i, j)<0.5\\ 1-2\times[1-(1-u(i, j)^2)] & u(i, j)\geqslant 0.5\end{cases} \tag{3-19}$$

由于电力设备热缺陷区域的温度将明显高于背景环境，红外图像中该区域的亮度也将高于平均亮度，所以可以选取灰度图片中间像素值为阈值，将其分为两个亮度区域，高于阈值部分进行增强，小于则进行抑制，即当 $0 \leqslant u(i, j) < 0.5$ 时减小 $u(i, j)$ 的值，当 $u(i, j) \geqslant 0.5$ 时增大 $u(i, j)$ 的值，用来实现模糊域上图像目标的增强与背景的抑制。

模糊增强前的 $u(x)$ 和增强后的 $u(x)'$ 与图像灰度的变化关系曲线如图 3-9 所示。虚线为模糊域增强前曲线，实线为增强后曲线，横坐标代表区间是[0, 255]的图像灰度值，纵坐标代表区间是[0, 1]的归一化隶属度值，阈值取 0.5 表示像素阈值为 128。阈值将曲线划分为两个区间，在 $0 \leqslant u(x) < 0.5$ 区间中，增强后的曲线值明显更靠近该区域小的边界值，而在 $u(x) \geqslant 0.5$ 区间，增强后曲线值趋于该区域大的边界值，表明图像中相对前景和背景间的对比度得以提高。

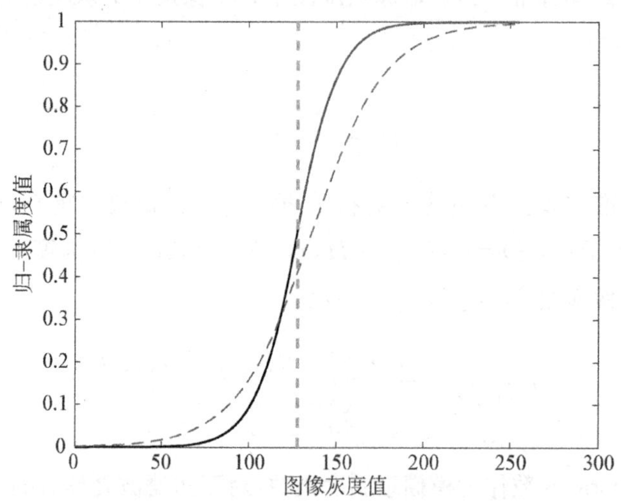

图 3-9　$u(x)$和 $u(x)'$的变化曲线比较

最后将模糊域内的增强结果 $u'(i, j)$ 逆变换至空域，得到图像对比度大幅提高的去模糊图像，逆变的图像矩阵 $\boldsymbol{A}'$ 中像素点(i, j)处的灰度值为

$$x'(i, j) = x_{\min} + x_{\max}\left(a - \frac{1}{12}\ln\left(\frac{1}{u'(i, j)} - 1\right)\right) \tag{3-20}$$

根据上述模糊算法，当采用 Logistic 函数作为隶属度函数时，模糊算子可以通过 k 值大小调节 $u(x)$ 和 $u(x)'$ 的变化趋势，从而控制图像的增强程度。此外，基于该函数的 S 型特征及连续性，该算子保证了灰度值在一个区间内的变化，从而避免了过调现象，如图 3-9所呈现的 $u(x)$ 和 $u(x)'$ 随灰度值的变化关系。

根据 $u(x)$ 和 $u(x)'$ 的变化趋势可知，通过 $0 \leqslant u(x) < 0.5$ 区域中 $u(x)$ 的值抑制和 $u(x) \geqslant 0.5$ 区域中 $u(x)$ 值的增强，两区域的对比愈加明显。在非线性变换中，$u(x)$ 值的增速由快变慢，最终达到饱和，此时，$x(i, j) = x'(i, j)$。这样就保证了不会因灰度值过

大而丢失边缘信息。

为了验证此次方法的有效性，以变电站电压互感器的红外图谱开展了实验研究。所采用的红外图像像素尺寸为320×240，灰度级为256。利用基于空间距离和像素强度的双边滤波器对图像进行处理得到去噪后的灰度图，通过Matlab软件计算确定灰度图中的最大和最小值。将原灰度图变换至模糊域，在模糊域内设定阈值为0.5，通过模糊增强算子对原图像加以区分，增强大于阈值的部分并抑制其他区域。然后将对模糊特征平面的增强结果通过式(3-20)至空域，实验结果如图3-10至图3-11所示。

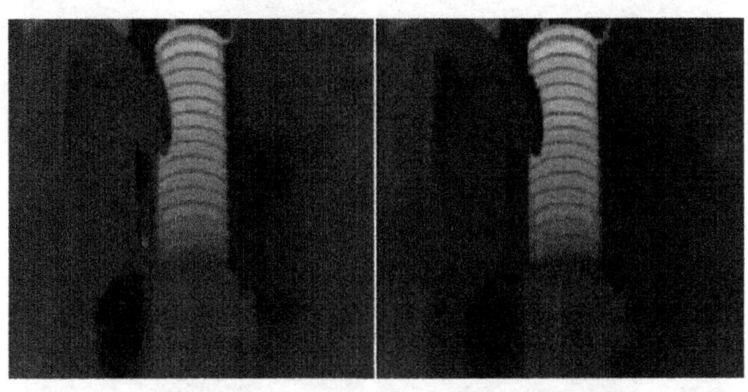

图3-10　去噪后的电压互感器缺陷图

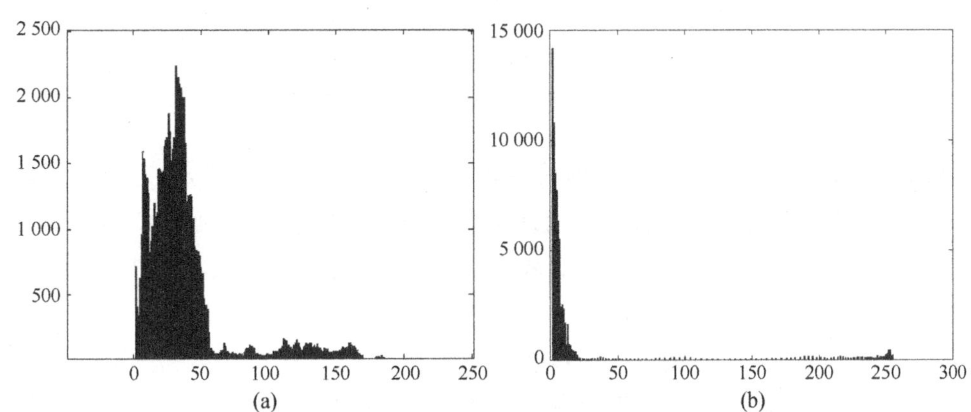

图3-11　本研究算法增强结果与原图直方图对比

(a) 原灰度图的直方图；(b) 增强后直方图

图3-10为经双边滤波器滤波后的电压互感器缺陷效果图。图3-11(a)为缺陷设备的原灰度图直方图，图3-11(b)为经过本算法增强后的灰度图直方图。由于采用增强算法，在[0，128]区间，缓冲点像素都被抑制，像素点整体趋近于端点0值；在[128，255]区间，缓冲点像素都被增强，像素点整体趋近于255。在图3-11(b)中，靠近255处表示前景信息(即目标体)，虽然在数量上少于背景像素数量，但与图3-11(a)相比，该直方图中目标体的像素增幅明显，因此对比度有了明显的增强。

图3-12为采用模糊增强算法对变电站设备图像进行增强处理后的比较结果，其中，图2-12(a)为实验原灰度图，图3-12(b)为通过Logistic隶属度函数的模糊算子映射到

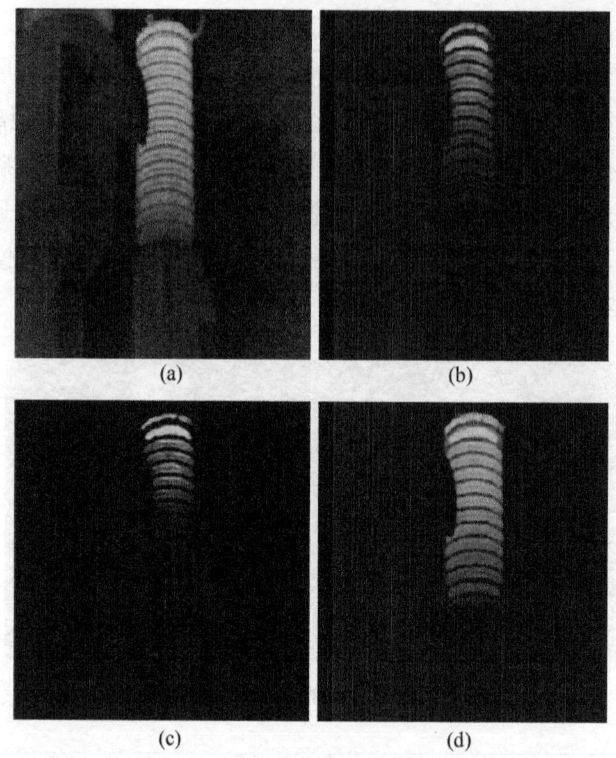

图 3-12 本研究算法增强结果对比

(a) 设备空间灰度图；(b) 模糊域灰度图；(c) 模糊域增强灰度图；(d) 空间域增强灰度图

模糊域的灰度图，图 3-12(c)为在模糊域的增强结果图。可以看出图 3-12(b)中部分亮度较暗的像素受到抑制、部分亮度区域有所加强。图 3-12(d)为经模糊算子增强结果逆变到空间域的结果，与图 3-12(a)相比，灰黑部分受到抑制趋于黑色，而亮度高的区域得到增强趋近于白色。

图 3-13(a)为未经处理的设备伪彩色示意图，图 3-13(b)为经过算法增强后的伪彩色示意图，蓝色为低温背景区，红色为高温故障区域。从图片对比效果可以看出，通过本节算法增强后的设备缺陷红外图像在故障处的亮度得到了明显增强。

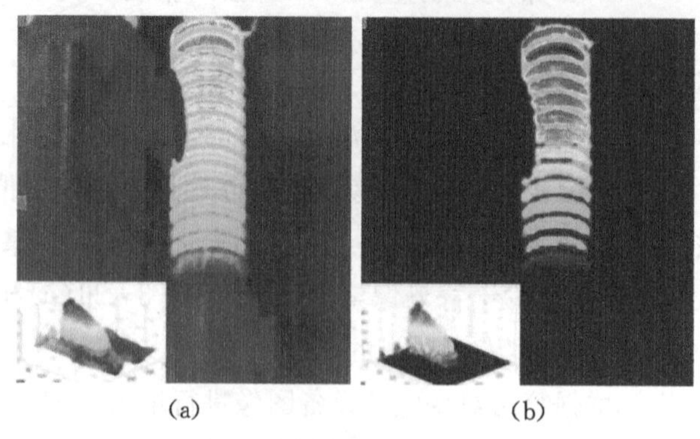

图 3-13 模糊增强前后三维对比图

(a) 模糊增强前；(b) 模糊增强后

采用经典 Pal 函数、S 型函数和 Logistic 隶属度函数的模糊增强算法分别对电抗器、接地刀闸零相、电流互感器及避雷器进行了图像增强，结果如图 3-14 所示。

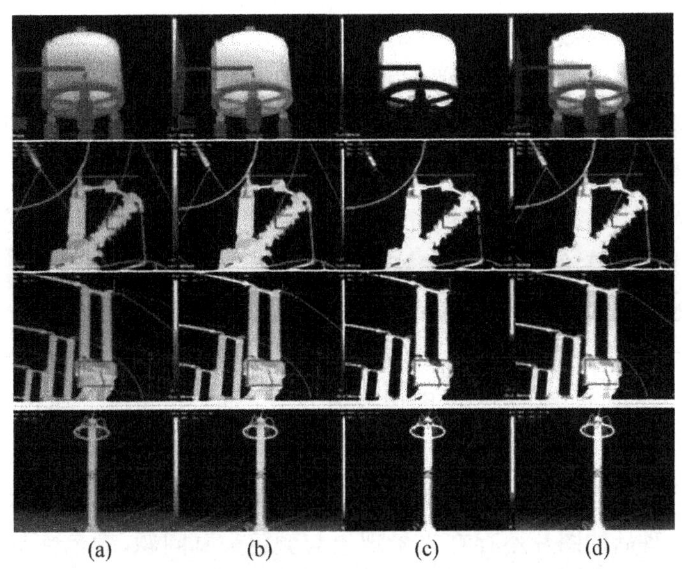

图 3-14 电力设备红外图像与 Pal 函数、S 型函数及本研究算法增强效果

(a) 红外原图；(b) 基于 Pal 函数模糊增强效果图；(c) 基于 S 型函数模糊增强效果图；(d) 本研究算法效果图

观察图 3-14 可以发现，经过 Pal 函数模糊增强的图 3-14(b)整体效果偏暗，设备与背景对比度不高；图 3-14(c)中 S 型函数将目标设备图像被过度增强，存在纹理及边缘信息丢失现象；图 3-14(d)中经过 Logistic 算法处理过的电力设备图像相比前两种方案处理所得结果更清晰，边缘信息更强，图像质量高。为进一步验证该方法的有效性，采用图像质量评价指标中的边缘强度和清晰度两个参量对 4 种电力设备的红外图像进行量化对比，对比结果如表 3-1 所示。从表 3-1 可以看出，此次算法增强的图像质量从边缘强度和清晰度两个指标上优于两个传统函数处理的图像，说明该方法的效果在一定程度上好于传统的算法。Logistic 函数为隶属度函数的图像增强处理方法，在一定程度上可为电力

表 3-1 Pal 函数、S 型函数以及 Logistic 函数的图像处理结果对比

函数及对比指标		电抗器	接地刀闸零相	电流互感器	避雷器
Pal 函数	边缘强度	31.561 4	54.835 0	56.662 3	31.796 6
	清晰度	2.924 9	5.131 8	5.292 0	3.007 8
S 型函数	边缘强度	31.277 1	52.394 9	52.176 7	30.821 2
	清晰度	2.939 9	5.058 5	5.016 4	2.973 3
Logistic 函数	边缘强度	33.176 4	59.045 8	58.865 4	33.011 3
	清晰度	3.073 6	5.339 1	5.505 8	3.123 4

设备热像图分割、特征提取，特别是海量图像的批量处理与故障诊断算法和系统开发提供有效支撑。

本节以 Logistic 函数作为图像模糊理论的隶属度函数进行红外图像模糊增强，通过对电压互感器缺陷红外图像进行研究，分别比较处理后的红外图像与原图的灰度图和灰度直方图，结果说明 Logistic 算法在增强故障部分和抑制缓冲区域具有较好的效果。通过与经典 Pal 函数、经典 S 型函数的量化指标比较分析发现，该函数在保存图像边缘信息完整性、调节的适度性、算法的复杂度上有相对的优势，符合图像处理的实际要求，证明了该算法在增强图像质量和提高图像对比度方面的有效性。同时，Logistic 函数的执行速度相对更快，进一步证实了该算法的运行效率较高。

3.1.2.3 改进的 MSRCR 电力设备图像增强

传统多尺度颜色恢复算法(MSRCR)处理过的图像可能存在光晕现象、颜色失真等问题，为此，提出了一种改进的 Retinex 图像增强方法。通过傅里叶变换将原图像转换至频域后进行卷积计算获取原图像反射分量，计算原图像的亮度信息并与反射分量进行线性加权，采用直方图均衡对合成后的图像进行处理以增加图像对比度。与传统 MSRCR 算法相比，该算法处理后的图片不存在光晕现象与颜色失真问题，颜色恢复能力得到加强。图像评价函数指标表明，本算法在均值，标准差，信息熵，平均梯度上都表现较佳，运算速率更快，更利于自动化实现。

1) Retinex 算法的改进

Retinex 理论认为视觉图像信号 $I(x, y)$ 由环境光学分量 $L(x, y)$ 和目标物体反射分量 $R(x, y)$ 合成，通过估计入射分量 $L(x, y)$ 计算出反射分量 $R(x, y)$ 为

$$\lg[R(x, y)]=\lg[I(x, y)]-\lg[L(x, y)] \tag{3-21}$$

利用 MSRCR 算法处理后的图像像素值一般会出现负值，进行修正后最后表示为

$$R_{\mathrm{MSRCR}}(x, y)=G[R_{\mathrm{MSRCR}}(x, y)-b] \tag{3-22}$$

其中，G 为增益常数，b 为增益补偿。它们一般均为常数。

(1) 光晕消除及效率提升。

一般而言，传统 MSRCR 的卷积计算在空域进行，光照是一种缓变因素而非突变因素，即，照射光的变化呈现平滑性，在明暗对比度强烈的边缘区域容易产生光晕现象。利用快速傅里叶变换(FFT)转换至频域后，通过将频谱移频到圆心(FFTshift)可以清晰地分辨出图像频率分布，从而分离出包含光晕信息的低频部分。经傅里叶反变换(IFFT)后使得输出保留体现图像本质的高频信息，可以较好地解决光晕问题。

由式(3-21)可以看出在 MSR 算法中，$L(x, y)$的估算是利用高斯函数与原图像反复迭代计算得到，因而效率低且会引入不可调节的新噪声。采用 FFT 在频域内完成计算，缩小数据范围，可以使得计算过程中引入的额外噪声减小，原本的卷积计算简化为乘积计算而且时间复杂度将降低从而缩短运算时间。在算法的具体实现过程中，式(3-22)会进行

简化，如图 3 - 15 所示。

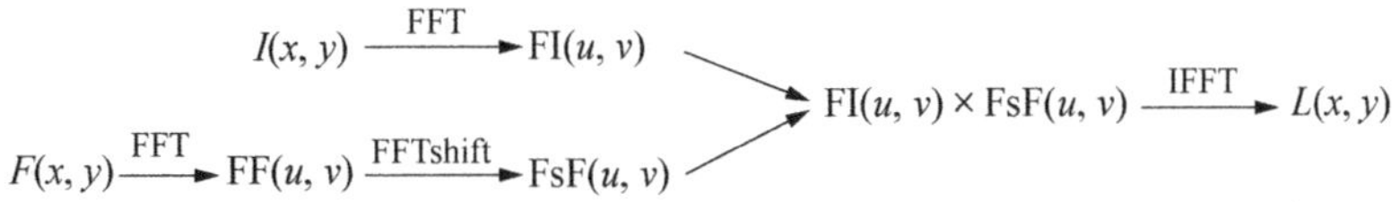

$I(x, y) \xrightarrow{\text{FFT}} \text{FI}(u, v)$

$F(x, y) \xrightarrow{\text{FFT}} \text{FF}(u, v) \xrightarrow{\text{FFTshift}} \text{FsF}(u, v)$

$\rightarrow \text{FI}(u, v) \times \text{FsF}(u, v) \xrightarrow{\text{IFFT}} L(x, y)$

图 3 - 15 MSR 算法在频域转化过程中的简化方法

如图 3 - 16 所示为选用不同图像增强算法得到的效果，图片选用了电力设备的绝缘子为例。在图 3 - 16(a)中，原图因照度低产生的阴影导致设备视觉细节较为模糊。图 3 - 16(b)为经过传统 MSRCR 处理后的设备图像增强效果图，可以看出尽管设备的部分细节信息较原图有所提升，但也出现了颜色失真以及绝缘子瓷瓶处的光晕现象。图 3 - 16(c)为基于 FFT 变换的 MSRCR 算法(FFT-MSRCR)处理后的图像增强效果，相对于原图及传统 MSRCR 处理后的图像而言，该图中绝缘子纹理则更为清晰，细节色彩分明且处理速度大幅提升，但仍存在着部分构件的颜色失真问题。这可以归因为在 RGB 色彩空间的图像增强中，FFT 虽然能提升处理速度，消除光晕影响，但估算光照分量被剔除的本质未变，从而在一定程度上导致了颜色失真。

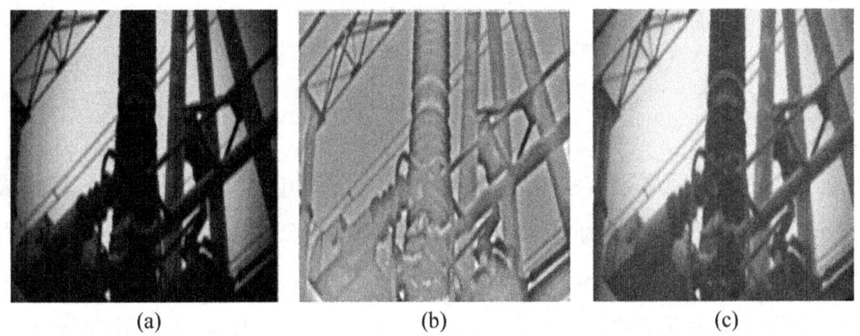

(a) (b) (c)

图 3 - 16 传统 MSRCR 与带 FFT 变换 MSRCR(FFT-MSRCR)对电力设备绝缘子图像增强后效果图对比

(a) 原图；(b) 传统 MSRCR；(c) FFT-MSRCR

(2) 色彩保真性改进。

为保留原图的颜色基调，使图像色彩恢复得到提升，本节引入 HSI 颜色空间的亮度来补偿被剔除的光照分量。HSI 色彩空间的亮度信息与 RGB 色彩空间的转换关系为

$$S(x, y)=\frac{[r(x, y)+g(x, y)+b(x, y)]}{3} \tag{3-23}$$

其中，$S(x, y)$ 为亮度信息，$r(x, y)$，$g(x, y)$，$b(x, y)$ 代表了原图像的三色分量。将 $S(x, y)$ 与三通道计算得到的反射分量 $R_R(x, y)$，$R_G(x, y)$，$R_B(x, y)$ 进行权重值为 r 的加权融合，得到改进后的反射分量 $R'_R(x, y)$，$R'_G(x, y)$，$R'_B(x, y)$。

$$\begin{cases} R_R(x, y) = r \times R_R(x, y) + (1-r) \times S(x, y) \\ R_G(x, y) = r \times R_G(x, y) + (1-r) \times S(x, y) \\ R_B(x, y) = r \times R_B(x, y) + (1-r) \times S(x, y) \end{cases} \tag{3-24}$$

图像的信息熵在很大程度上受 r 值选取的影响，如图 3-17 所示为 10 幅不同图像的信息熵对比图，每幅图片取 4 个 r 值。对于图像编号为 3，5，8 的黑白图像，r 值取 0.7 时信息熵最大，图像包含的细节较多。其他编号为彩色图像，r 值取 0.4 时信息熵最大，但是实际处理后的图像色调偏暗。仿真试验表明，对本研究所处理的电力设备图像，r 取 0.6 较为合理。

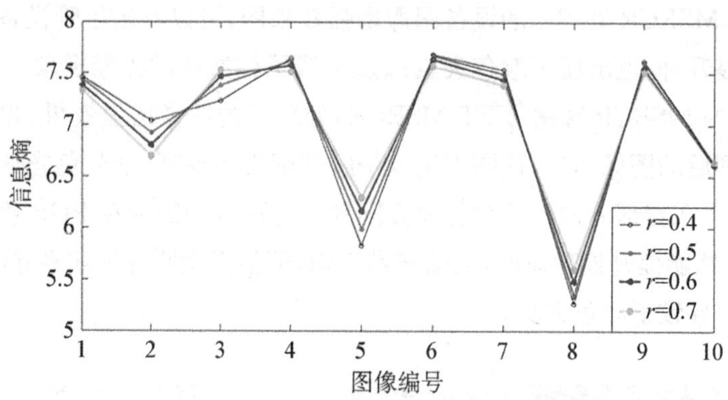

图 3-17　不同 r 值选取的信息熵对比示意

2）实例分析

为体现 Retinex 图像增强方法的有效性，对比了多种电力设备图像在不同算法下的增强效果。测试所用计算机配置为 InterCore i7-6700，2.60 GHz CPU，8.00 GB 内存。测试使用的软件环境为 MATLABR2014a，操作系统为 Windows 10。图 3-18 至图 3-21 中(a)～(f)图像分别为设备原始图像、传统 MSRCR 算法、对反射分量进行动态压缩的 MSRCR 算法(DTYS-MSRCR)、基于 FFT 变换的 MSRCR 算法(FFT-MSRCR)、MSRCP 算法与本节算法处理的图像。不同算法处理后的设备效果图像表明：传统 MSRCR 算法在处理低分辨率、颜色单调、对比度小的图像时具备一定的优势，但处理其他类型的图像时色彩泛白，颜色失真较为严重。如图 3-19(b)、图 3-21(b)所示，绝缘子瓷瓶出现了明显光晕现象，底座部分颜色明显不符合设备实际色彩。DTYS-MSRCR 算法虽然在光晕和颜色失真问题处理效果上优于传统 MSRCR 算法，但并未从根本上解决这些问题。如图 3-19(c)与图 3-21(c)所示，增强效果较差。图 3-19(d)与图 3-19(f)及图 3-20(d)与图 3-20(f)的对比说明，虽然 FFT-MSRCR 算法能够基本消除光晕现象，但在色彩保真性方面有所不足，不及 Retinex 算法处理效果。MSRCP 的图像增强效果图并未出现光晕现象，对细节的增强效果也较好，但整体色彩还原效果一般。如图 3-21(e)所示，绝缘子瓷瓶的颜色还原有所欠缺，图像对比度不够鲜明。通过本研究算法图像增强后的效果图

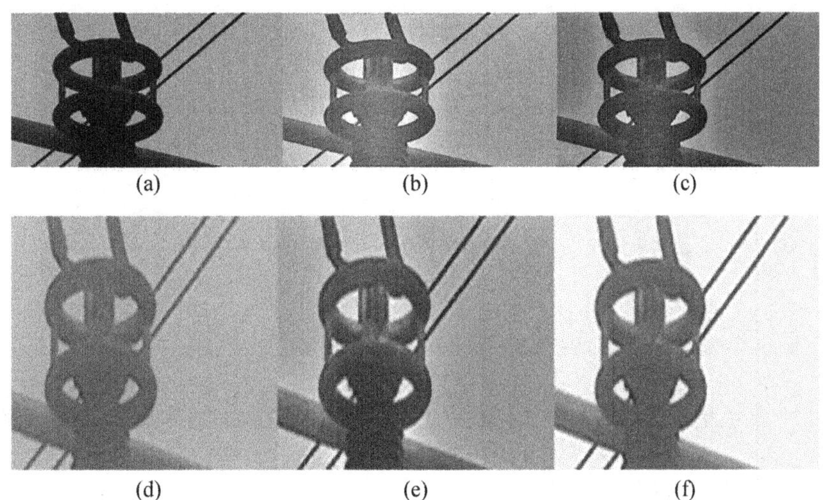

图 3-18 尺寸为 640×480、颜色单调、对比度小的电磁环图像增强后效果图对比

(a) 原图；(b) 传统 MSRCR；(c) DTYS-MSRCR；(d) FFT-MSRCR；(e) MSRCP；(f) Retinex 算法

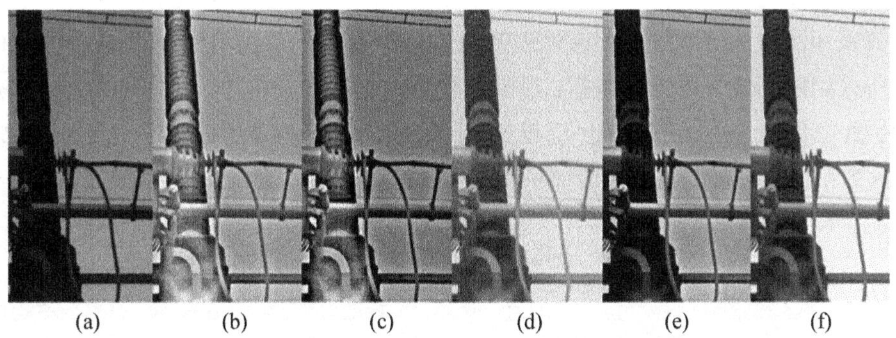

图 3-19 尺寸为 1600×2157、对比度一般的绝缘子图像增强后效果图对比

(a) 原图；(b) 传统 MSRCR；(c) DTYS-MSRCR；(d) FFT-MSRCR；(e) MSRCP；(f) Retinex 算法

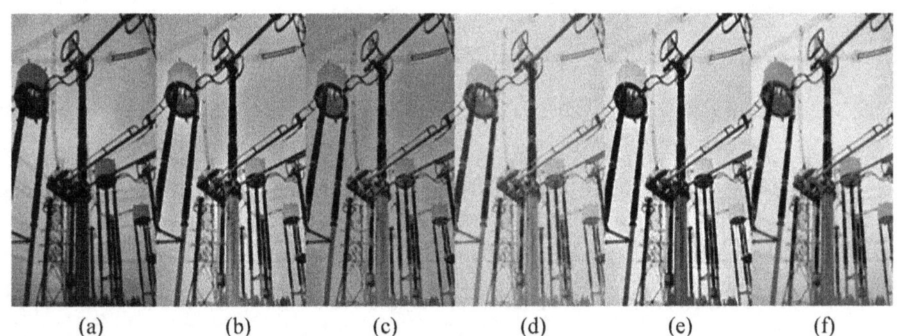

图 3-20 尺寸为 712×960、细节较多、对比度大的电力设备图像增强后效果图对比

(a) 原图；(b) 传统 MSRCR；(c) DTYS-MSRCR；(d) FFT-MSRCR；(e) MSRCP；(f) Retinex 算法

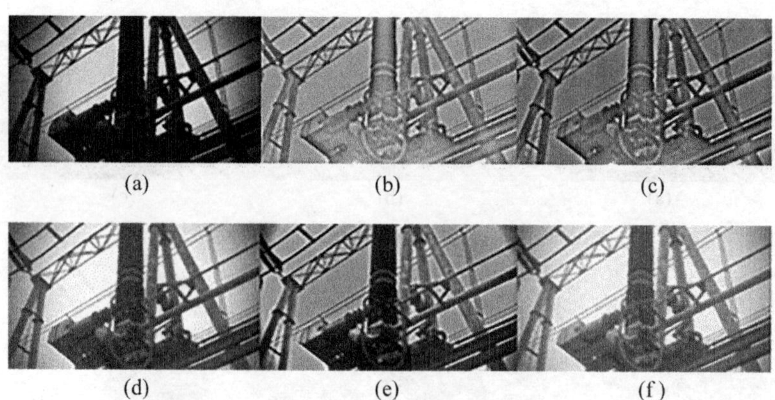

图 3-21　尺寸为 4032×2272、细节丰富、对比度大的变电站基础设施图像增强后效果图对比
(a) 原图；(b) 传统 MSRCR；(c) DTYS-MSRCR；(d) FFT-MSRCR；
(e) MSRCP；(f) Retinex 算法

不存在光晕现象，且在色彩保真性、对比度、细节恢复等方面表现效果良好。如图 3-21(f)与图 3-21 效果图对比所示，经本节算法增强的效果图清晰，光线明亮，色彩恢复与其他效果图相比更完善。

本节采用图像评价函数对图像处理效果进行了客观分析以消除主观感受可能存在的差异。所采用的图像评价指标包括：反映图像细节信息的标准差、反映图像亮度的亮度均值、反映图像信息量的信息熵以及反映图像清晰程度的平方梯度。表 3-2 给出了图 3-18至 3-21 所示设备的图像评价结果。

表 3-2　各电力设备图像评价指标对比结果

图号	算法	均值	标准差	信息熵	平均梯度
图 3-18	原图	133.828 2	66.632 8	6.386 6	5.797 6
	MSRCR	171.214 1	49.071 4	6.979 9	7.432 0
	DTYS-MSRCR	130.694 7	48.511 7	6.991 0	6.989 4
	FFT-MSRCR	179.068 1	32.333 0	5.611 8	4.030 9
	MSRCP	173.050 6	52.922 3	6.962 0	7.474 0
	Retinex 算法	206.942 6	58.626 3	5.914 7	6.589 2
图 3-19	原图	104.602 7	72.808 6	6.735 6	1.771 4
	MSRCR	124.612 2	32.510 9	6.544 9	2.270 9
	DTYS-MSRCR	129.731 0	55.675 0	6.617 5	6.909 9
	FFT-MSRCR	185.589 9	65.242 3	6.655 1	2.765 6
	MSRCP	136.572 3	79.968 4	6.748 9	2.826 3
	Retinex 算法	178.947 4	80.208 6	6.865 1	3.243 1

（续表）

图号	算法	均值	标准差	信息熵	平均梯度
图 3 - 20	原图	124.421 5	77.083 2	7.248 5	7.808 9
	MSRCR	150.341 7	77.375 7	6.679 3	10.508 6
	DTYS-MSRCR	129.674 9	56.249 5	6.615 4	8.621 4
	FFT-MSRCR	187.828 4	62.506 7	7.069 3	7.961 6
	MSRCP	173.299 5	84.139 8	6.381 8	9.493 3
	Retinex 算法	176.438 1	76.669 5	7.396 2	9.384 4
图 3 - 21	原图	87.403 2	82.908 2	7.381 1	1.751 6
	MSRCR	167.583 8	41.039 0	7.039 4	5.159 8
	DTYS-MSRCR	129.622 6	54.665 3	7.202 6	4.927 3
	FFT-MSRCR	171.381 1	63.545 1	7.495 0	2.741 8
	MSRCP	116.325 1	72.349 0	7.196 8	2.848 7
	Retinex 算法	151.880 9	70.872 6	7.625 9	2.557 0

排除实际原图像效果较差但数据反映良好的影响因素，从表 3 - 2 可以看出，Retinex 算法在标准差、亮度均值、信息熵、平均梯度等指标中，排名靠前，综合水平最佳。Retinex 算法的计算时间仅次于 FFT-MSRCR，如表 3 - 3 所示。但是对图像的颜色恢复更为完善，达到了在保证增强效果的基础上提升效率的目的。图 3 - 19、图 3 - 21 处理时间显示较高，是由于图像分辨率过高才导致运算时间过长。如表 3 - 2 所示，说明 Retinex 算法增强效果较好，运算速率较快，更利于自动化实现。

表 3 - 3　不同算法速度测试对比　　单位：s

算法	图 3 - 18 运算时间	图 3 - 19 运算时间	图 3 - 20 运算时间	图 3 - 21 运算时间
MSRCR	2.285 6	23.632	4.012	70.723 3
DTYS-MSRCR	2.656 0	25.785	6.301	85.452 3
FFT-MSRCR	0.719 79	5.150 9	1.786 2	10.184 4
Retinex 算法	1.040 35	17.50	1.968 7	49.916 0

针对 MSRCR 增强图像中存在的颜色失真、光晕现象、对比度低等不足，提出了一种新 MSRCR 图像增强算法。不同分辨率及对比度的电力设备图像增强效果表明，Retinex 算法增强后的设备图像细节清晰，色彩自然，光照度良好，较好地解决了颜色失真及光晕现象。对于低照度的电力设备图片增强效果明显。图像评价函数指标表明，Retinex 算法相对于其他几种算法在均值、均方差、计算效率等方面具备一定的优势。本节所提出的理论和技术可进一步提升已有图像增强算法的图像处理效果及效率，为电力设备图像识别技术、电力智

能巡检机器人技术以及电力设备故障诊断技术奠定了基础，因此具有较好的实际意义。

3.1.3 视觉效果提升

在变电站设备图像摄取、传输及处理过程中，除了噪声还有许多因素会使图像变得模糊。图像模糊也是常见的图像降质问题，大量的研究表明，变电站设备图像模糊的实质是图像受到了求和、平均或积分运算。所以，我们在研究时可以不必考虑图像模糊降质的物理过程及其数学模型，而是根据图像模糊都有相加或积分运算这一共同点，运用相反的运算来减弱和消除模糊，这一类增强方法称为视觉效果提升。

3.1.3.1 图像锐化

我们在对变电站设备图像进行预处理时，进行图像锐化的主要目的就是加强变电站设备图像中的目标边界和图像细节。一般都是先进行前面图像平滑的步骤，去除或减轻变电站设备图像中的干扰噪声，然后才进行锐化处理。本节开展了基于微分算子算法的图像锐化方法，微分算子包括 Sobel(索贝尔)算子、Laplace(拉普拉斯)算子。经过锐化处理的设备红外图像如图 3 - 22 所示。

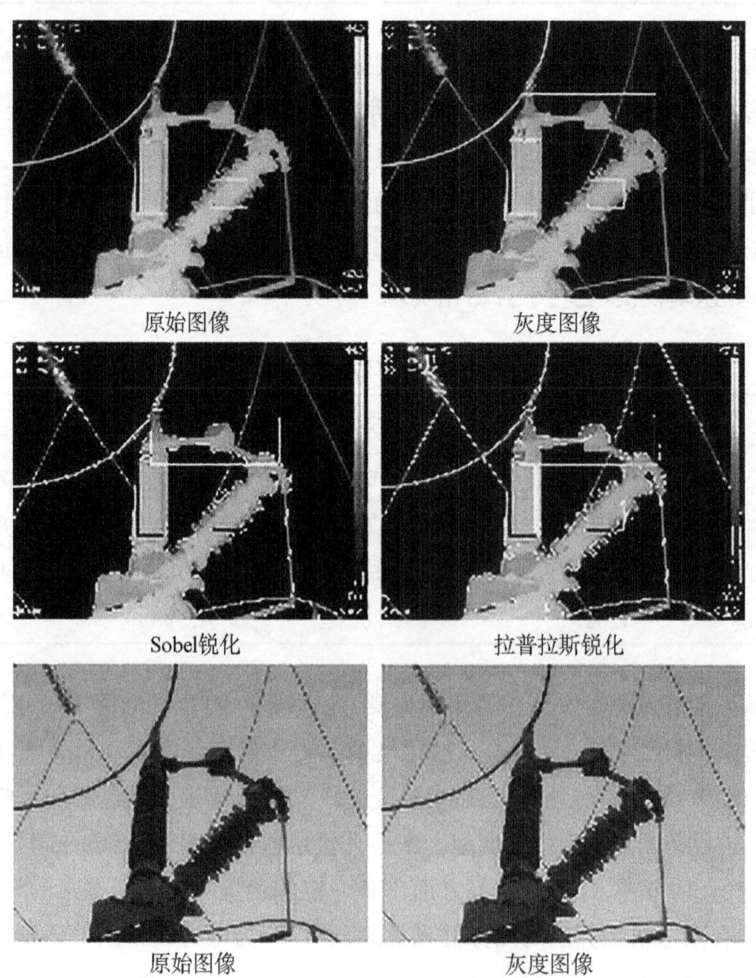

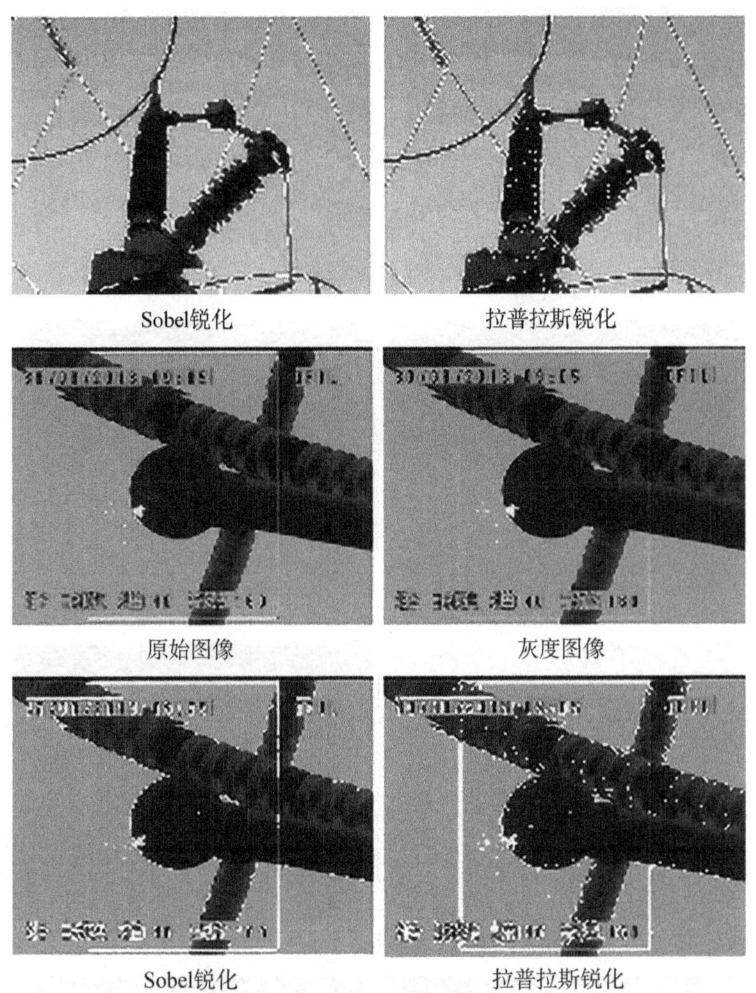

图 3-22 电力设备图像锐化

由图 3-22 可以看出，对于边缘需要增强的图像，我们可以对原图进行灰度化处理，再通过上述微分算子算法对电力设备图像进行增强。相比较而言，Sobel 算子边缘增强锐化的效果更好，对图像模糊的边缘有一定的增强效果。

3.1.3.2 图像边缘检测

变电站设备图像的边缘也是图像的基本特征之一，主要存在于目标与目标、目标与背景、区域与区域（包括不同色彩）之间，是图像分割、纹理特征提取和形状特征提取等图像分析的重要基础。本节开展了电力设备状态图像边缘检测算法的研究，其中算法包括基于梯度的 Robert 算子、Gauss-Laplacian 算子、Prewitt 算子，以最大程度提取图像边缘。对不同的电力变压器的图像进行边缘检测，效果如图 3-23 所示。不对原图做任何处理，直接进行边缘检测，用 Prewitt 算子和 Sobel 算子取得的效果更好一些，进行边缘检测的目的就是找出电力设备的边缘，也就是找出设备图像的边缘点。

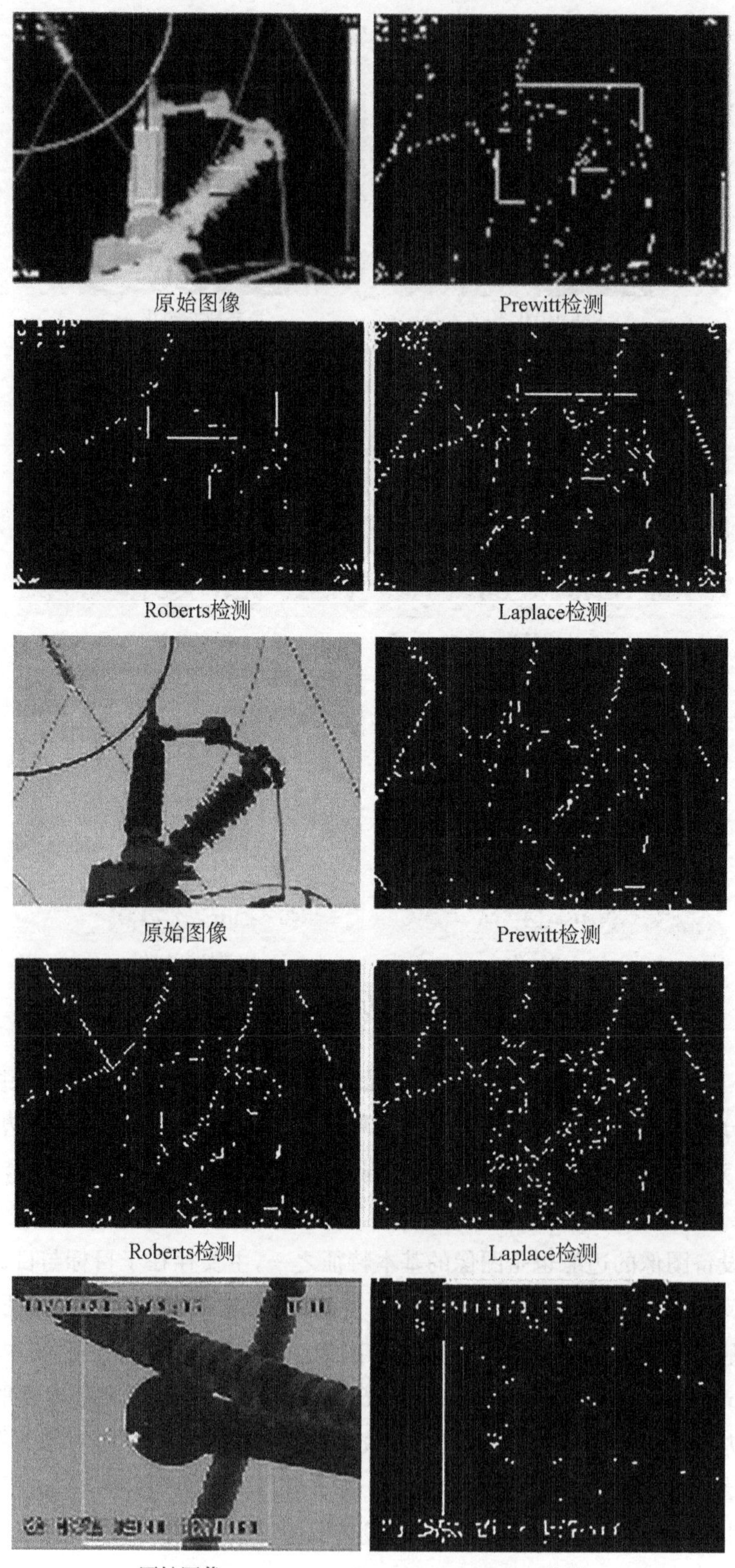

原始图像　Prewitt检测

Roberts检测　Laplace检测

原始图像　Prewitt检测

Roberts检测　Laplace检测

原始图像　Prewitt检测

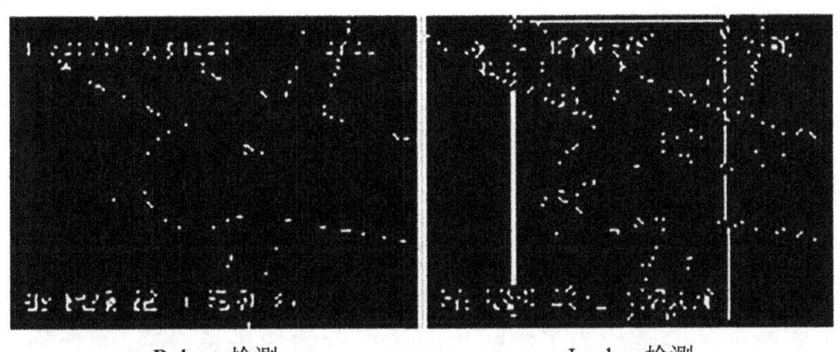

Roberts检测　　Laplace检测

图 3-23　电力设备边缘检测

3.2 电力设备图像的分割提取

目前，在电力设备故障检测领域中，图像分割技术已成为故障检测重要的步骤之一[33-34]。针对电力设备分割精度差和分割时间久的问题，本节开展了基于二维信息熵的蝙蝠算法的图像分割方法研究，实验结果表明，本研究所选取的方法分割精确性更高，分割速度更快，更适用于后续电力设备图像特征状态提取分析以及故障智能诊断的要求[35-36]。

3.2.1 基于蝙蝠算法的二维信息熵图像阈值分割方法

3.2.1.1 蝙蝠算法

蝙蝠算法是模拟蝙蝠捕食过程，通过判断所处的整个空间环境调节声波频率 f 进行全局搜索，判断与食物的距离来不断调节发出的声波响度 A 和脉冲频度 r 进行局部搜索。设蝙蝠以响度 A、脉冲频度 r 和声波频率 f 在空间中随机飞行，t 时刻蝙蝠群中各蝙蝠发出的声波频率 f_i^t、速度 v_i^t 和位置 p_i^t 表示为[37-38]

$$\begin{cases} f_i = f_{\min} + (f_{\max} - f_{\min})\beta \\ v_i^t = v_i^{t-1} + (p_i^{t-1} - p^*) f_i \\ p_i^t = p_i^{t-1} + v_i^t \end{cases} \tag{3-25}$$

其中，$f_{\min}$、$f_{\max}$ 分别为最低、最高声波频率，β 为[0, 1]范围内的随机变量，p^* 为最优位置。若选取一个随机数大于脉冲频度 r，则给蝙蝠群带来扰动，产生蝙蝠的位置更新

$$p_{\text{new}} = p_{\text{old}} + \varepsilon A^t \tag{3-26}$$

其中，ε 为[−1, 1]范围内的随机值，A_t 为蝙蝠群在时间为 t 时的平均响度，全局与局部寻优之间的平衡通过改变响度 A 与脉冲频度 r_i 来实现

$$\begin{cases} A_i^{t+1} = \xi A_i^t \\ r_i^{t+1} = r_i^0 [1 - \exp(-\theta t)] \end{cases} \tag{3-27}$$

其中，ξ 为取值为[0, 1]的响度递减系数，θ 是脉冲频度递增系数，r_i^t 为 t 时刻蝙蝠发出的脉冲频度。

3.2.1.2　基于二维信息熵图像阈值分割方法

二维信息熵阈值分割算法采用传统的遍历方式，使得二维信息熵的计算过程过于复杂，分割的速度明显低于其他算法。本节引入蝙蝠算法，以二维信息熵判别函数 H(S, T)作为蝙蝠算法的适应度函数快速寻找红外图像最优分割阈值。蝙蝠的位置 p 用来表示图像分割阈值，不断改变的频率代表了蝙蝠逐渐接近食物的步长，蝙蝠的食物表示二维信息熵分割图像的最优阈值。在基于蝙蝠算法的二维信息熵阈值分割过程中，对蝙蝠优劣评估的公式为二维信息熵判别函数 H(S, T)，全局最优蝙蝠位置即为最佳分割阈值(S^*, T^*)，蝙蝠群的平均适应度函数 Fitness(N)则为每次算法迭代后蝙蝠群中蝙蝠二维信息熵的平均值。具体步骤如图 3-24 所示。

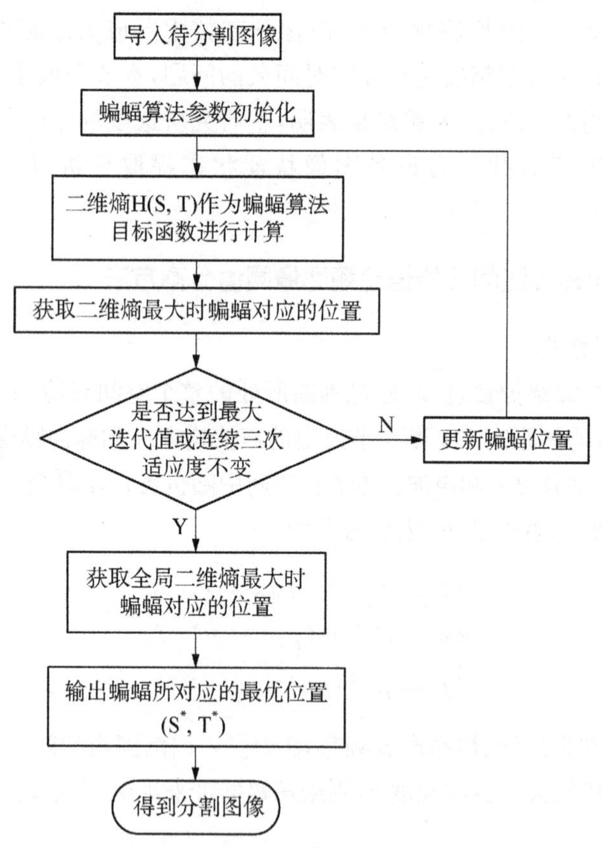

图 3-24　基于蝙蝠算法的二维信息熵图像阈值分割方法流程

本节选取如图 3-25 所示的图像尺寸为 320 mm×240 mm 的电流互感器、阻波器、刀闸间引上线接头和刀闸四幅红外图像作为实验对象进行分割实验。

采用基于蝙蝠算法[39-40]的二维信息熵阈值分割方法分别对 4 幅电力设备图像进行二

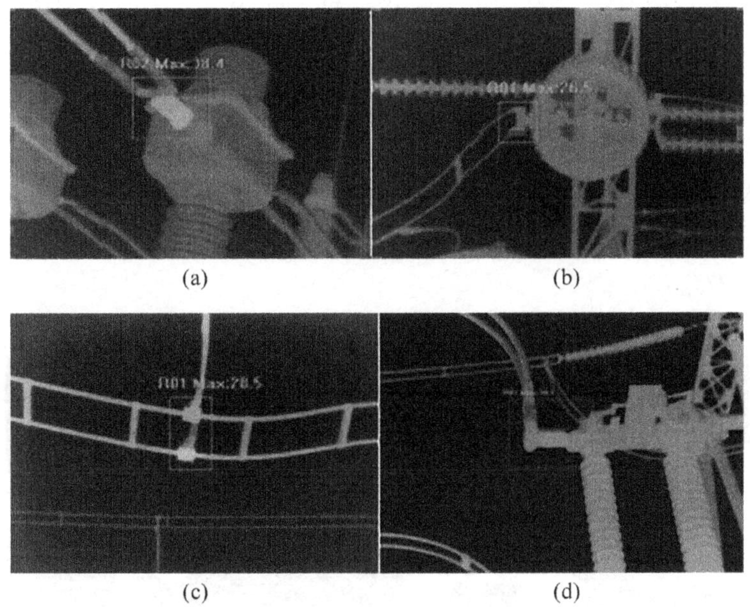

图 3-25 待分割电力设备红外图像

(a) 电流互感器；(b) 阻波器；(c) 刀闸间引上线接头；(d) 刀闸

值化分割处理(见图 3-26)。蝙蝠算法中参数设置如下：蝙蝠数量 $n=20$；脉冲频率范围为[0，1]；初始脉冲频度 $r_0=0.75$；脉冲频度递增系数 $\theta=0.05$；初始响度 $A_0=0.5$；响度递减系数 $\xi=0.9$；蝙蝠群最大进化代数 $N=50$。将蝙蝠算法与 PSO+Otsu 法、Kapur 法和 Kittler 法的分割结果进行对比分析。各算法分割结果如图 3-26 所示，从上至下各行

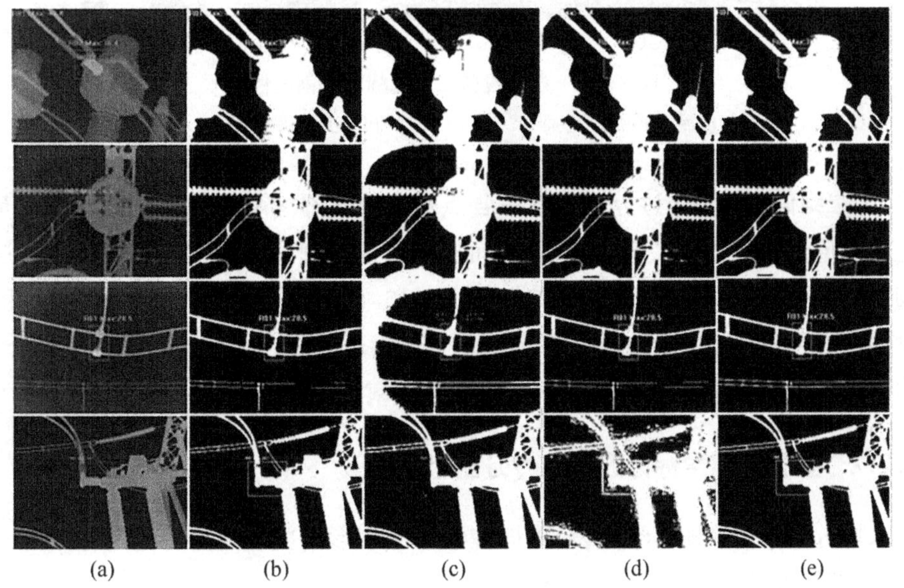

图 3-26 设备红外原图与四种二值化分割结果图像

(a) 设备红外原图；(b) PSO+Otsu 法；(c) Kapur 法；(d) Kittler 法；(e) 蝙蝠算法

分别为电流互感器、阻波器、刀闸间引上线接头和刀闸，从左至右各列图像依次为设备红外原图、PSO＋Otsu 法、Kapur 法、Kittler 法及蝙蝠算法的二值化分割结果。由图 3－26 可见，采用 Kapur 法有明显的过分割现象，其中 3 幅设备图像均有较为严重的部分信息丢失；Kittler 法在电流互感器图像的左上角和左下角部分产生过分割现象，在刀闸红外图像上的分割效果也较差。PSO＋Otsu 法未能正确分割出阻波器和刀闸间引上线接头红外图像中的细缆线。相比而言，此次采用的方法对 4 幅电力设备红外图像的细节分割效果均良好(见图 3－27)。

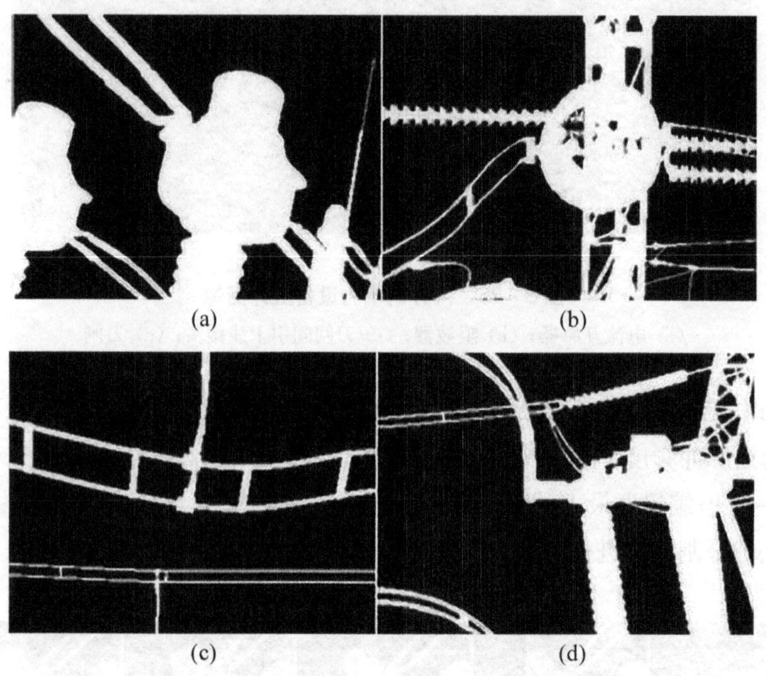

图 3－27　电力设备二值化标准分割图像

(a) 电流互感器；(b) 阻波器；(c) 刀闸间引上线接头；(d) 刀闸

综上，二维信息熵法通过分析图像中各点灰度值和邻域平均灰度值的综合分布特征选取全局阈值对图像进行二值化分割，从而提高图像分割的精确度。然而传统的遍历方式使阈值选取的过程过于冗余，采用蝙蝠算法对二维信息熵进行改进大大减少了图像分割的时间。经过对比可以看出，蝙蝠算法相较于 PSO＋Otsu 法、Kapur 法和 Kittler 法，不仅在图像分割误分率上有了明显改善，而且耗时大幅降低，分割效果明显占优。

3.2.2　基于形态学标记的分水岭分割方法

分水岭分割法借鉴地理学知识，将地理学中的地形高度应用到图像的像素点灰度值上，采用模拟浸水过程，进行分水岭分割。

本节采用了一种基于形态学标记的改进分水岭算法，具体算法流程如图 3－28 所示。

3.2.2.1 形态学梯度

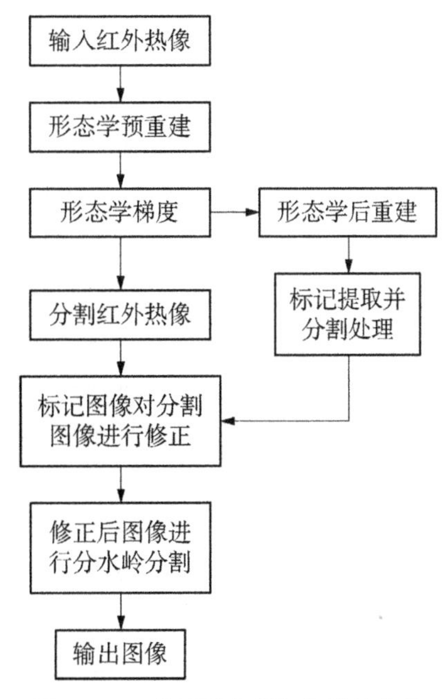

图 3-28 基于形态学标记的分水岭分割算法主要流程

形态学梯度是一种通过检测目标图像中某点的梯度值大小来确定这一点是否存在轮廓边缘的方法。在形态学梯度中，利用结构元素 b 对目标图像分别做膨胀和腐蚀，求出 f 的局部极大值和局部极小值，所以我们用数字差分定义的梯度来与之相对应，其形态学梯度图像可表示为

$$g(x,y)=f(x,y)\oplus b(x,y)-f(x,y)\Theta b(x,y) \tag{3-28}$$

其中，$\oplus$表示形态学的膨胀；Θ 表示形态学的腐蚀；$b(x,y)$表示圆盘状元素。为了更好地提高边缘检测的质量，一般将形态学梯度和阈值法结合起来使用。

3.2.2.2 形态学重建

对于形态学梯度图像来说，虽然对噪声进行了去除，但不可能去除得十分彻底，图像当中仍然含有噪声。因此，这里就需要进行形态学重建，通过把开、闭重建组合在一起，进一步消除目标图像中含有的噪声以及那些无法包含结构元素的像素点。

形态学开重建和闭重建运算是通过结合形态学膨胀和腐蚀两个运算方法实现的。对于形态学梯度图像 $g(x,y)$、参照图像 $p(x,y)$与结构元素 b，形态学膨胀可定义为

$$\begin{cases} D_b^{(1)}(g,p)=(g\oplus b)\wedge p \\ D_b^{(n+1)}(g,p)=(D_b^{(n)}\oplus b)\wedge p,\ n=1,2\cdots \end{cases} \tag{3-29}$$

其中，b 为圆盘状结构元素，表示逐点求最小值。形态学膨胀为迭代性的运算，当迭代的次数达到预设值时终止。因此，形态学重建定义为

$$R_b^{(rec)}(g,p)=D_b^{(rec)}[(g\oplus b),p] \tag{3-30}$$

式(3-30)表示测地学膨胀收敛的结果。形态学开、闭重建是互为对偶的。因此，形态学腐蚀及闭重建可定义为

$$\begin{cases} E_b^{(1)}(g,p)=(g\Theta b)\vee p \\ E_b^{(n+1)}(g,p)=(E_b^{(n)}\oplus b)\vee p,\ n=1,2\cdots \end{cases} \tag{3-31}$$

$$C_b^{(rec)}(g,p)=E_b^{(rec)}[(g\oplus b),p] \tag{3-32}$$

其中，$\vee$表示的是逐点求最大值，$E_b^{(rec)}$ 表示形态学腐蚀时的结果。因此，形态学重建的定义为

$$g_b^{(rec)}=C_b^{(rec)}[R_b^{rec}(g,p),p] \tag{3-33}$$

3.2.2.3 标记提取

经过形态学重建处理后，虽然减少了噪声，但无可避免会含有许多伪极小值点。本节利用 Soille 提出的扩展最小变换技术。扩展最小变换技术的工作方法是：给出一个图像阈值 H，通过比对，消去局部区域中小于 H 的极小值点，这样就可以大大减少过分割区域的数目。所以，H 值的确定非常重要。如果 H 值太小，去除的极小值点相对较少，也就不能发挥显著作用；如果值太大，把大多数事实存在的极小值点给去除了，又会出现欠分割的现象。H 值的选择一般都是根据先验知识来确定的，并没有特定的选择方法。这里可以表示为

$$\nabla I_{\text{mark}}=H_{\min}(\nabla I_{\text{low}},H) \tag{3-34}$$

其中，$H_{\min}$ 为扩展最小变换，∇I_{mark} 为二值标记图像，也就是经扩展最小变换后的图像。

3.2.2.4 分水岭分割

通过 H-minmax 变换提取极小值后，用极小值强制标记运算修改，即可得到∇I，可表示为

$$\nabla I=I_m\min(\nabla I,\nabla I_{\text{mark}}) \tag{3-35}$$

下面对传统的分水岭分割算法和基于形态学的分水岭分割算法进行分析对比。首先，对配网变压器套管的原始红外热像图进行传统的分水岭分割处理，如图 3-29 所示，我们的分割目标是热异常区域，但图 3-29 中存在严重的过分分割现象。

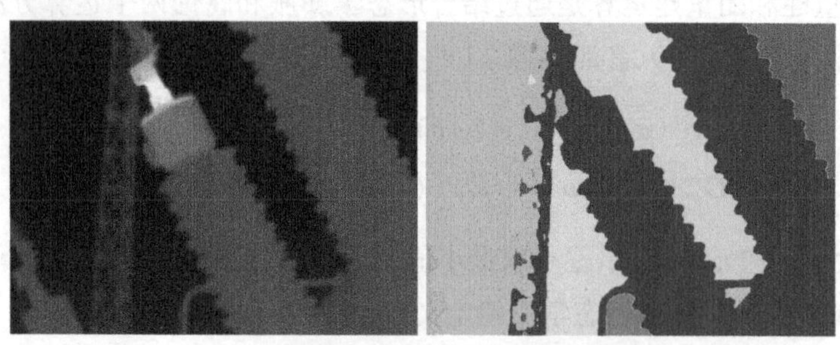

图 3-29 原始热像图及传统分水岭处理后的彩色标记

然后，采用基于形态学的分水岭分割算法对配网变压器套管的原始红外热像图进行分割处理，按照分割步骤，可依次获得调整后的区域最大值分割图，如图 3-30(a)所示；形态学开、闭重建后的分割图，如图 3-30(b)所示；标记边界后的分割图，如图 3-30(c)所示；分割后的彩色标记分割图，如图 3-30(d)所示。

从图 3-30 可以看出，在采用基于形态学标记的分水岭分割方法处理后，配网变压器套管的红外热像图的过分割现象明显减少，由传统分水岭方法分割的 24 个区域，减少为 3 个区域，图像中目标区域轮廓更清楚，有效地减少了分水岭变换后的个数，证明了这种分割方法可行性，并且顺利提取出图像的热异常区域。

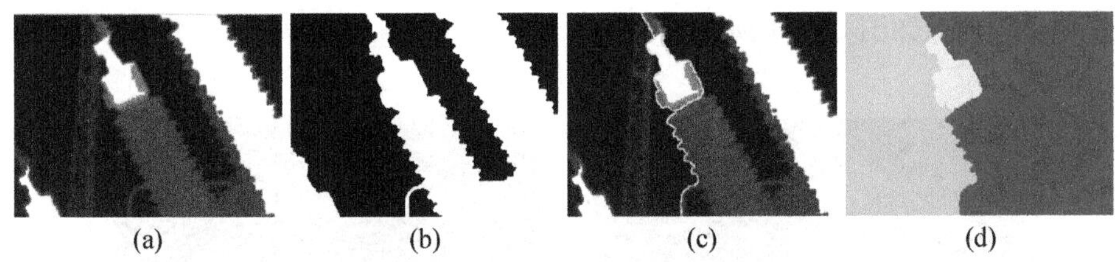

图 3－30 形态学标记的分水岭分割

综上，本节先介绍了传统的红外热像分割方法，如基于阈值的分割方法和基于灰度的分割方法，传统的阈值分割算法会出现提取的目标区域过大以及不能准确定位红外热像异常区域的问题。故本节提出了一种基于蝙蝠算法的二维信息熵阈值分割方法，在图像误分率、处理耗时以及分割效果上都得到较大的改善。此外，采用分水岭算法进行图像分割，由于传统分水岭算法存在过度分割的问题，故从基本原理出发采用了一种基于标记的改进分水岭算法，可以顺利地分割出设备红外热像故障区域。

3.3 电力设备状态图像的配准与融合

在电力设备状态监测与缺陷诊断中，越来越多地采用红外成像技术对设备的过热问题进行处理。红外热像基于温差构建图像，故存在轮廓信息不明显，在温度相同的部分不能显示该部分的几何形状，难以分辨出电气设备具体的问题。而可见光图像可以反映实时的物体细节信息，故二者获取的信息互为补充，可以利用红外热像与可见光图像进行融合，实现电气设备中高温部分的定位功能。

3.3.1 红外热像与可见光图像的配准

红外与可见光镜头在视场角、空间分辨率及拍摄过程中的空间位置等方面往往不能保持一致，因此这两种图像不可避免地会出现平移、旋转、比例缩放等差异，只有在图像配准的基础上才能进行融合[41-42]。配准方法一般分为基于区域和基于特征两种。基于区域信息的配准通用性虽好，但不能满足实时处理的要求；基于特征的图像配准靠图像中的角点、直线等一些较稳定的几何元素进行配准，其所需要的计算量小，对复杂场景适应度高。其中经典的算法包括 Harris 角点检测、尺度不变特征变换(SIFT)算法、加速壮健特征(SURF)算法等。其中，SURF 算法的性能优于 SIFT 算法，且运算速度也有很大的优势。本章在模板匹配的基础上，利用 SURF 算法对已匹配的可见红外模块再次进行特征点配准，用以最后的融合处理。

3.3.1.1 基于 Harris 特征点的图像配准方法

C. Harris 提出一种基于信号的角点特征提取算子，即 Harris 算子。Harris 算子采用自相关计算和微分计算来检测和定位特征点[43]。以一组配网设备中的出线架空线路红外热像为例，所得结果如图 3-31 所示。

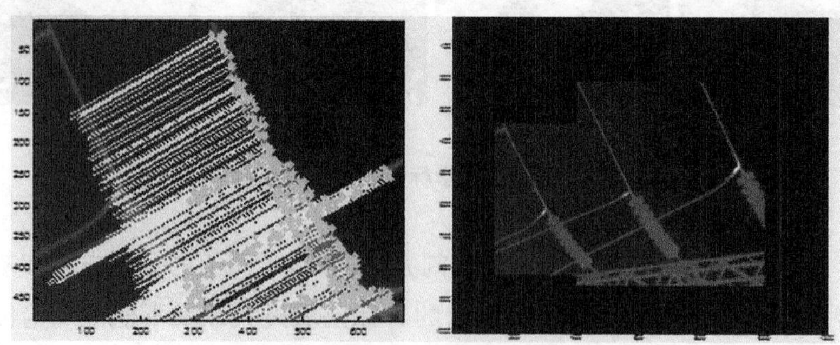

图 3-31　出线架空线路红外热像配准

将两幅红外热像的 Harris 特征角点进行匹配，以红外热像图为基础图像，可以得到，红外热像图需经过标记的黄色轨迹转换，才能得到配准后的整体红外热像图。最终得到拼接后的整体红外热像图，即配准图像，如图 3-31 所示。但是运用 Harris 特征角点进行配准的仅是同源图像，即均是红外热像，在进行红外热像与相应可见光图像进行配准时，无法找到合适的匹配点，难以进行多源图像的配准，需要进一步研究。

3.3.1.2　基于 SIFT 特征点的图像配准方法

SIFT(Scale-invariant feature transform，尺度不变特征变换)是 David Lowe 提出的局部特征描述子，SIFT 算法的基础是高斯尺度空间理论，需要通过差分算子(DoG)求出差分图像尺度空间，再提取尺度空间的极值点，然后加入旋转不变特性，最终得到尺度不变特征点旋转特性算法。基于 SIFT 特征点的图像配准对一组配网设备中的出线架空线路图像进行了融合。

根据相似性准则，共获得 21 对匹配点来建立红外热像图和可见光图像之间的变换关系(见图 3-32)。根据两幅图像之间的匹配特征点(通过黄色直线连接)，得到最终的 SIFT 特征配准多源图像(见图 3-33)，可以发现，右侧出线分支基本配准正确，误差较小，而左侧出线分支并未准确对应，出现了较大的偏差，影响配网设备故障检测的准确性，配

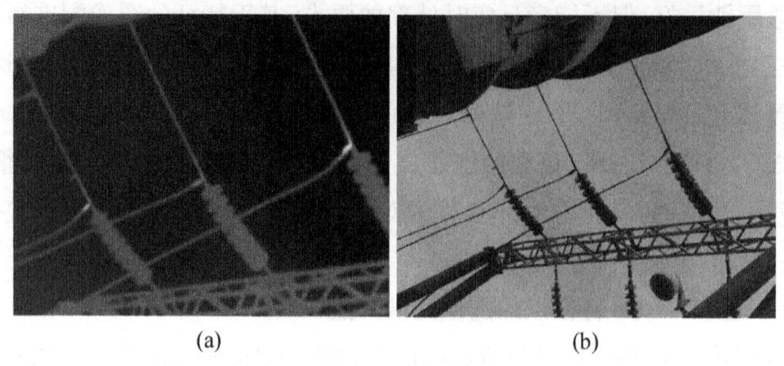

(a)　　　　(b)

图 3-32　出线架空线路红外热像图及可见光图像

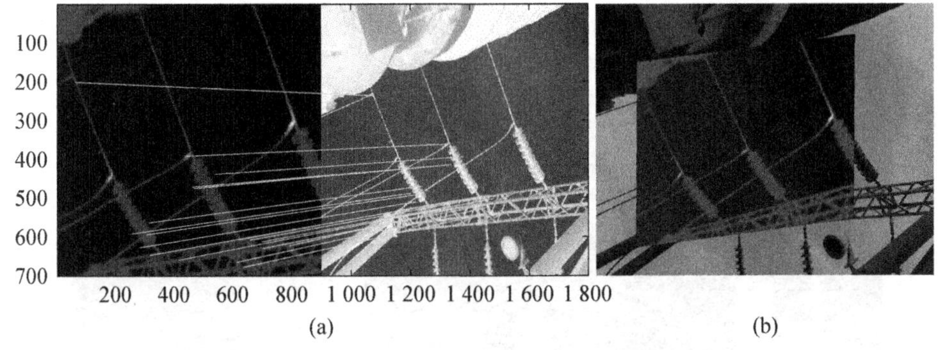

(a) (b)

图 3-33 基于 SIFT 特征配准的多源图像

准方法仍需进一步改进。

3.3.1.3 基于模板匹配与 SURF 特征点匹配的图像配准方法

模板匹配是一种最原始、最基本的模式识别方法,是用于研究目标设备在图像中所处位置,进而识别设备的。它是图像处理中最基本、最常用的匹配方法之一。模板就是一副已知的小图像,而模板匹配就是在一副大图像中搜寻目标,已知该图中有要找的目标,且该目标同模板有相同的尺寸、方向和图像元素,通过一定的算法可以在图中找到目标,确定其坐标位置[44]。

1) 相关法

以 8 位灰度图像为例,模板 $T(m, n)$ 叠放在被搜索图 $S(W, H)$ 上平移,模板覆盖被搜索图的那块区域叫子图 S_{ij},i,j 为子图左下角在被搜索图 S 上的坐标,搜索范围是:$1 \leqslant i \leqslant W-n$,$1 \leqslant j \leqslant H-m$。可以用式(3-36)衡量 T 和 S_{ij} 的相似性

$$D(i, j)=\sum_{m=1}^{M}\sum_{n=1}^{N}[S_{ij}(m, n)-T(m, n)]^2 \tag{3-36}$$

将其归一化,得模板匹配的相关系数

$$R(i, j)=\frac{\sum_{m=1}^{M}\sum_{n=1}^{N}[S_{ij}(m, n)-T(m, n)]^2}{\sqrt{\sum_{m=1}^{M}\sum_{n=1}^{N}[S_{ij}(m, n)]^2\sum_{m=1}^{M}\sum_{n=1}^{N}[T_{ij}(m, n)]^2}} \tag{3-37}$$

当模板和子图一样时,相关系数 $R(i, j)=1$,在被搜索图 S 中完成全部搜索后,找出 R 的最大值,其对应的子图即为匹配目标。显然,用这种公式做图像匹配运算量最大、速度最慢。但一般的图像中有较强的自相关性,因此,进行模板匹配计算的相似度就在以对象物存在的地方为中心形成平缓的峰。这样,即使在模板匹配时从图像对象物的真实位置稍微离开一点,也表现出相当高的相似度。

2) SURF 算法

SURF 算法是对 SIFT 算法的改进,该算子保持了 SIFT 算子优良性能特点的同时,解

决了计算复杂度高、耗时长的缺点,对兴趣点提取及其特征向量描述方面进行了改进,且计算执行效率得到提高。

相比较前面的算法,可以看出 SURF 与模板匹配相比较,有着更高的精确度。SURF 比 SIFT 要快数倍,并且在不同图像变换方面比 SIFT 更加稳健(见图 3-34)。

图 3-34 与 SURF 特征配准的多源图像

综上,本节开展了配电网设备的图像配准方面的研究,针对配电网设备的实际检测,运维人员需要在了解设备热异常的同时,希望能够获取设备轮廓、位置、外观等可见光图像的相关信息,但红外热像与可见光图像属于非同源图像,配准困难的问题,首先,运用 Harris 特征匹配方法进行配准,实验证明,该方法只能够处理统一的红外热像配准,然后,运用 SIFT 特征配准方法对可见光图像和红外热像进行配准操作,但实验结果有一定的偏差,难以满足日常检测工作的需求,最终采用模板匹配与 SURF 算法相结合,相对传统的 SIFT 特征匹配方法,实验效果提高显著,匹配精度有提高较大,能够满足日常检测工作的需要,便于运维人员分析,及时进行热异常的初步定位并观察相应位置的可见光图像信息。

3.3.2 基于非多尺度变换的红外与可见光图像融合

图像融合的主要目的是通过对多幅图像间冗余数据的处理来提高图像的可靠性,通过对多幅图像间互补信息的处理来提高图像的清晰度。根据融合处理所处的阶段不同,图像融合通常可以划分为像素级、特征级和决策级[45]。融合的层次不同,所采用的算法、适用的范围也不相同。在融合的三个级别中,像素级作为各级图像融合的基础,尽可能多地保留了场景的原始信息,提供其他融合层次所不能提供的丰富、精确、可靠的信息,有利于图像的进一步分析、处理与理解,进而提供最优的决策和识别性能。本节利用非下采样的 Contourlet 变换方法融合经配准的红外与可见光图像,如图 3-35 所示。

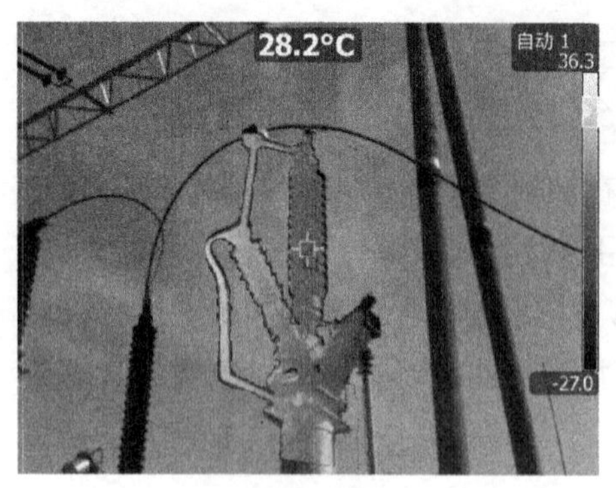

图 3-35 基于模板匹配与 SURF 特征配准的多源图像

3.4 电力设备图像特征提取与识别

特征提取是电力设备分类识别的关键环节，提取的特征能否有效地描述目标设备信息对于设备识别和故障诊断非常重要。红外图像处理提取热点温度分布、局部过热区域、异常部位等特征参数，实现红外热像核心区域分割和特征提取；可见光图像处理可以提取出设备外观缺陷等，识别出设备的结构完整性；紫外图像处理则可以得到设备放电位置信息等。不同种类的电力设备的故障原因和表现有很大差别，因此在进行故障诊断之前需要识别设备的种类。可提取电力设备图像的各种特征，并运用颜色、形状、纹理等特征相结合对电力设备进行识别。

3.4.1 特征提取与识别的机器学习方法

在人工智能等概念出现之前，研究人员通常通过图像直接包含的信息特征，如目标颜色、轮廓等特征进行提取再进行识别。这种提取与识别研究对于目标设备的特征在图像中表现清晰的情况较为适用，且其运算时间成本较低，在电力设备特征提取与识别中存在一定优势。

3.4.1.1 电力设备图像颜色特征的提取

本节采用颜色矩法[46-47]开展电力设备图像表面颜色特征分析。图像中任何的颜色分布均可以用矩来表示，认为图像的大部分信息一般集中在颜色分布的低阶矩上，因此只需采用颜色的一阶矩、二阶矩和三阶矩就可近似表达图像的颜色分布特征了。

由相机采集的电力设备图像采用 RGB 颜色模型，首先，将 RGB 颜色空间转换为 HSV 颜色空间；然后，分别对 3 个级别电力设备图像求其颜色矩特征参数，由于每个电力设备样本图像有 3 个颜色分量，每个颜色分量包括 3 个颜色矩，这样就一共得到了 9 个特征向量；最后，用 $\boldsymbol{C}_i=[\mu_{si}, \mu_{hi}, \mu_{vi}, \sigma_{hi}, \sigma_{si}, \sigma_{vi}, s_{hi}, s_{si}, s_{vi}]$，$i=1, 2, 3, \cdots, N$ 表示颜色特征量，其中 N 为样本总数，这样把原图像 $100\times100\times3$ 降低为 1×9 维。一幅图像只需要 $3\times3=9$ 个值来表征，显然这是一种非常简洁、紧凑而有效的低层特征。

对于变压器图像，得到的颜色矩特征量如表 3-4 所示，有存储空间少、无须量化等优点。该变压器的颜色特征可用如下矩阵表示：$C=[0.550, 0.381, 0.189, 0.012, 0.228, 0.067, 0.044, 0.451, 0.012]$。

表 3-4 变压器的颜色矩特征量

颜色矩	μ	σ	s
H	0.550	0.012	0.044
S	0.381	0.228	0.351
V	0.189	0.067	0.012

3.4.1.2 电力设备图像纹理特征的提取

对于预处理后的电力设备图像，进行纹理特征提取，选择灰度共生矩阵，灰度共生矩阵是用于描述在方向 θ 上，像素间相距 d 的距离，一对像素分别具有灰度 i 和 j 的概率。方向 θ 和距离 d 选择时，d 一般选择 1；θ 一般为 0°、45°、90°、135°。距离为 d，θ 为 0°、45°、90°、135°的公式分别为

$$P(i,\ j\mid d,\ 0)=\#\begin{cases}[(k,\ I),\ (m,\ n)]\in(Z_r\times Z_c)\\ \mid k-m\mid=0,\ \mid l-n\mid=d,\ f(k,\ l)=i,\ f(m,\ n)=j\end{cases} \tag{3-38}$$

$$P(i,\ j\mid d,\ 90)=\#\begin{cases}[(k,\ I),\ (m,\ n)]\in(Z_r\times Z_c)\\ \mid k-m\mid=d,\ \mid l-n\mid=0,\ f(k,\ l)=i,\ f(m,\ n)=j\end{cases} \tag{3-39}$$

$$p(i,\ j\mid d,\ 45)=\#\begin{cases}[(k,\ I),\ (m,\ n)]\in(Z_r\times Z_c)\\ (k-m)=d,\ (l-n)=-d,\text{或},(k-m)=-d,\ (l-n)=d\\ f(k,\ l)=i,\ f(m,\ n)=j\end{cases} \tag{3-40}$$

$$p(i,\ j\mid d,\ 135)=\#\begin{cases}[(k,\ I),\ (m,\ n)]\in(Z_r\times Z_c)\\ (k-m)=d,\ (l-n)=d,\text{或},(k-m)=-d,\ (l-n)=-d\\ f(k,\ l)=i,\ f(m,\ n)=j\end{cases} \tag{3-41}$$

其中，k、m 和 l、n 分别是在所选取的计算窗口中的变化；# 指满足该条件成立的像素的对数。同理，也能够确定出其他方向的 $P(i,\ j|d,\ \theta)$。

通过灰度共生矩阵，计算 4 个不相关的特征，公式为 $p(i,\ j)=P(i,\ j)/R$，灰度共生矩阵的第 $(i,\ j)$ 项经过归一化后的结果。

(1) 能量(角二阶矩)：
$$f_1=\sum_i\sum_j p(i,\ j)^2 \tag{3-42}$$

(2) 对比度：
$$f_2=\sum_{n=0}^{N_g-1}n^2\sum_{i=1}^{N_g}\sum_{j=1}^{N_g}p(i,\ j),\ \mid i-j\mid=n \tag{3-43}$$

其中，N_g 是灰度级数。

(3) 相关性：
$$f_3=\frac{\left[\sum_i\sum_j ijp(i,\ j)-\mu_x\mu_y\right]}{\sigma_x\sigma_y} \tag{3-44}$$

其中，μ_x，σ_x 是 p_x 均值和方差。

(4) 逆差矩：
$$f_4=\sum_i\sum_j\frac{p(i,\ j)}{1+(i+j)^2} \tag{3-45}$$

其中,能量能够反映纹理的粗细及灰度均匀分布程度;对比度能够反映清楚程度,对比度大,相邻的像素灰度差别则越大;相关性能够反映数字图像的行列方向的相似度;逆差矩能够反映图像纹理的局部变化程度,逆差矩大则表明越有规则。

本节分别计算电力设备图像距离为 1,统计四个方向 ($\theta=0°, 45°, 90°, 135°$) 上的灰度共生矩阵,计算每一个灰度共生矩阵的 4 种纹理特征量参量,包括能量、惯量、相关性和逆差矩,最后可以用各纹理特征量的均值 u_i 和σ_i 标准差作为该图像的纹理特征,可以记为 $\boldsymbol{T}_i$,即 $\boldsymbol{T}_i=[\mu_1, \mu_2, \mu_3, \mu_4, \sigma_1, \sigma_2, \sigma_3, \sigma_4]$ 表示电力设备图像的纹理特征向量。在 N 幅图像的情况下,就能获得 $N\times 8$ 基于关键点的电力设备纹理特征矩阵。

3.4.1.3 电力设备图像形状特征的提取

现场采集到的电力设备图像,可观察出不同类别的电力设备之间的形状有较大差别,本节选择基于 Hu 不变矩的形状特征,进行形状特征提取,每幅图像在预处理后都得到 7 个不变 Hu 矩作为形状特征[48]。我们采用图像的 7 个不变矩,把特征向量定为 $\boldsymbol{\varphi}=[\varphi_1, \varphi_2, \varphi_3, \varphi_4, \varphi_5, \varphi_6, \varphi_7]$,我们用$A_1, A_2, \cdots, A_n$ 来表示图像库中对应着的N 幅图像,这样就获得了 $N\times 7$ 图像特征矩阵为 $\boldsymbol{A}=a_{i,j}$,矩阵的每列相对应的是长度为 N 的特征序列。

基于 Hu 不变矩的形状特征,可以直接作为能反映图像形状的全局特征量来进行图像分类和识别,不变矩算法针对整幅图像像素,计算量大,对于大量图像需要的处理时间较长。针对这个问题,提出了基于关键点的 Harris 角点不变矩算法,该算法能够把点特征转化为特征向量,减少了角点匹配的维度,并由原来针对整幅图像计算 Hu 不变矩减小到只针对角点来计算不变矩。角点指的是图像中具有特殊性质的像素点,选择局部灰度变化最大的点作为特征点,实际图像中,角点特征能够适应环境光照的变化,信息量丰富,仅包含图像中大约 0.05%的像素点,具有旋转不变性,也受到广泛的研究和应用,角点不变矩算法大大减少了不变矩的计算量。

3.4.1.4 基于关键点的不变矩形状特征表示

设备的局部特征包括直线、孔、角点等,通常包含了很多重要信息[49]。而且这些局部特征包含的内容重要,但在图像中占像素很少,这样能极大地提高运算速度。关键点(角点)指图像中那些较特殊的点,使用关键点信息不仅减少计算量,而且还可以保留重要信息,是检测图像局部特征提取的重要手段。目前,基于关键点的提取方法主要分基于图像的局部灰度值和基于边界信息两种方法。

Harris 角点检测方法典型属于基于图像的局部灰度值的提取方法,具有稳定、可靠的优点。角点不变矩算法能够把点特征转化为特征向量,减少了角点匹配的维度及计算量,并把原图像可以降低为 1×6 维特征量,记 $H=[\beta_1, \beta_2, \beta_3, \beta_4, \beta_5, \beta_6]$,表示每幅电力设备图像基于关键点的不变矩形状特征。

Harris 角点的检测原理为:把处理窗口 w(通常是一个矩形区域)向图像任意方向进行微小的位移(x, y),则其灰度的改变量为

$$E_{x,y}=\sum w_{u,v}[I_{x+u,y+v}-I_{u,v}]=\sum_{u,v} w_{u,v}[xX+yY+O(x^2,y^2)]^2 \\ =Ax^2+2Cxy+By^2=(x,y)M(x,y)^{\mathrm{T}} \tag{3-46}$$

通过对图像卷积处理，计算出图像的一阶灰度梯度为

$$X=\frac{\partial I}{\partial x}=I\otimes(-1,0,1) \tag{3-47}$$

$$Y=\frac{\partial I}{\partial y}=I\otimes(-1,0,1) \tag{3-48}$$

同时选取高斯窗口进行高斯平滑，提高抗噪声的鲁棒性

$$w_{u,v}=\mathrm{e}^{-(u^2+v^2)/2\sigma^2} \tag{3-49}$$

另外定义

$$A=X^2\otimes w,\ B=Y^2\otimes w,\ C=(XY)\otimes w \tag{3-50}$$

以及矩阵

$$\boldsymbol{M}=\begin{bmatrix} I_x^y & I_xI_y \\ I_xI_y & I_y^2 \end{bmatrix}=\begin{bmatrix} A & C \\ C & B \end{bmatrix} \tag{3-51}$$

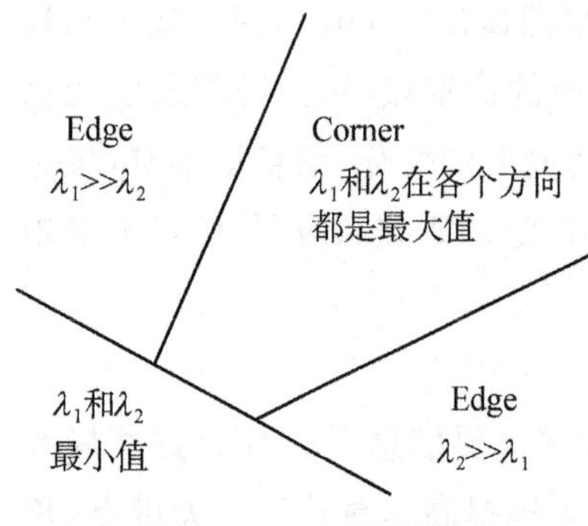

图 3-36　Harris 检测的原理

通过观察可以发现，灰度改变量与局部自相关函数十分相似，$\boldsymbol{M}$ 表示该函数在原点处的形状。把 $\boldsymbol{M}$ 的 2 个特征值设为 λ_1，λ_2。λ_1，λ_2 与主曲率成比例关系，可作为旋转不变描述算子。此时，我们可以根据 λ_1，λ_2 判断图像中的平坦区、边缘和角点情况。Harris 检测的原理如图 3-36 所示。

Harris 角点作为局部像素区的最大值，可以被定义为

$$R=\mathrm{Det}(\boldsymbol{M})-kT_r{}^2(\boldsymbol{M}) \tag{3-52}$$

其中，$T_r(\boldsymbol{M})$是矩阵 $\boldsymbol{M}$ 的迹，$\mathrm{Det}(\boldsymbol{M})$是矩阵 $\boldsymbol{M}$ 的行列式，k 在计算中一般选择 0.04。具体计算：

$$T_r(\boldsymbol{M})=\lambda_1+\lambda_2=A+B;\ \mathrm{Det}(\boldsymbol{M})=\lambda_1\lambda_2=AB-C^2 \tag{3-53}$$

角点的响应函数为

$$R=AB-C^2-k(A+B)^2 \tag{3-54}$$

R 取决于$\boldsymbol{M}$的特征值，对于角点R很大，平坦的区域R很小。Harris 角点检测的过程如下：

(1) 对待处理的图像，用差分算子进行图像滤波，计算水平梯度 I_x，垂直梯度 I_y，及两者乘积 I_{xy}，再使用高斯模板进行高斯平滑，得到 $\boldsymbol{M}$。

(2) 原图像上每个像素按下式计算兴趣 R 值，如下：

$$R = I_x^2 \times I_y^2 - (I_x I_y)^2 - k(I_x^2 + I_y^2)^2 \tag{3-55}$$

(3) 选取局部极值点，就是那些局部范围内变化最大的像素。

(4) 通过阈值，获得图像的角点。从数量较多的局部极值点中，通过合适的阈值门限，并获取到期望的图像角点。

按上述 Harris 角点检测后的角点效果如图 3-37 所示。

图 3-37 Harris 角点检测后的关键点

基于关键点的不变矩的构建方法如下：

设(x_1, y_1), (x_2, y_2), …, (x_n, y_n)分别为 Harris 角点，且角点处的灰度值记为$f(x, y)$，根据上述 Hu 不变矩的定义可知，离散化的原点矩和中心矩为

$$m_{pq} = \int_{-\infty}^{\infty} x^p x^q f(x, y) \mathrm{d}x \mathrm{d}y \quad p, q = 0, 1, 2, \cdots \tag{3-56}$$

$$\mu_{pq} = \int_{-\infty}^{\infty} \int_{-\infty}^{\infty} (x - \bar{x})^p (y - \bar{y})^q f(x, y) \mathrm{d}x \mathrm{d}y \tag{3-57}$$

同样构建出 7 个不变矩 $\varphi1 \sim \varphi7$，但是这 7 个不变矩在离散情况下仅有旋转及平移不变性，我们需要讨论尺度、对比度变化对角点不变矩的影响。消除缩放比例ρ，对比度变化因子 k 后，得到对于平移、旋转、尺度、对比度均保持不变的角点不变矩为

$$\beta_1 = \frac{\varphi_2}{\varphi_1^2},\ \beta_2 = \frac{\varphi_3}{\varphi_1 \varphi_2},\ \beta_3 = \frac{\sqrt{\varphi_4}}{\sqrt{\varphi_3}},\ \beta_4 = \frac{\sqrt{\varphi_5}}{\varphi_4},\ \beta_5 = \frac{\varphi_6}{\varphi_1 \varphi_4},\ \beta_6 = \frac{\varphi_7}{\varphi_5} \tag{3-58}$$

每幅电力设备图像的基于关键点的不变矩可用 $H = [\beta_1, \beta_2, \beta_3, \beta_4, \beta_5, \beta_6]$ 来表示。共 N 幅图像，这样就获得了 $N \times 6$ 基于关键点的电力设备形状特征矩阵。分别对五类图像进行颜色特征提取实验，并计算这几类图像空间对应的九个颜色矩，得到的部分特征值如表 3-5 所示。

表 3-5 图像 HSV 空间的颜色矩值表

颜色空间	颜色矩								
	μ			σ			s		
图像	(a)	(b)	(c)	(a)	(b)	(c)	(a)	(b)	(c)
H	0.550	0.561	0.560	0.012	0.011	0.012	0.044	0.045	0.043
S	0.381	0.383	0.389	0.228	0.222	0.224	0.351	0.353	0.352
V	0.189	0.187	0.186	0.067	0.066	0.065	0.012	0.013	0.012

从表 3-5 看到，这三张图像所求出 HSV 空间的颜色在一阶、二阶、三阶的矩值上相差不大。但是通过人的肉眼观看(a)和(c)颜色更加接近，而仅根据 HSV 的颜色矩难以区分这几种图像，颜色矩有一定的局限性。

根据灰度共生矩阵，分别计算这 5 类电力设备图像在 0°、45°、90°、135°四个方向的灰度共生矩阵，得到了四个灰度共生矩阵的关键特征：能量、对比度、相关度和逆差矩，并用 4 个方向均值 μ_i 和标准差 σ_i 作为该图像的纹理特征，以此作为每幅图的纹理特征，部分样本的纹理特征值，如表 3-6 所示。

表 3-6 电力设备图像纹理特征值

关键特征	设备				
	变压器	断路器	电能表	刀闸	电流互感器
能量	0.074 8	0.003 7	0.002 8	0.002 1	0.003 3
对比度	46 922	95 388	10 030	97 919	97 905
相关度	1.456 3	1.874 5	1.001 3	1.029 6	1.508 5
逆差矩	0.461 6	0.481 7	0.417 2	0.426 8	0.435 6

我们从表 3-6 可以看出，电力设备图像在纹理特征量的相对变化并不十分明显，纹理特征作为统计特征的一个明显缺点，是受图像分辨率影响较大。另外，光照、反射等因素造成的采集到的图像也可能导致立体设备真实纹理出现差别。本节中对电力设备图像的形状特征提取，首先，提取 5 类设备的 7 不变矩作为电力设备图像形状特征量，部分样本值如表 3-7 所示。

表 3-7 电力设备图像 7 不变矩

类别	Hu 不变矩 $\varphi_1 - \varphi_7$						
变压器	6.719 3	15.747	30.149	25.722	54.323	33.788	53.848
断路器	6.840 7	16.145	26.146	28.635	56.670	36.856	56.275
电能表	6.859 6	20.488	27.913	28.237	57.110	38.498	56.451
刀闸	6.696 6	19.179	24.477	25.374	50.770	35.108	50.547
互感器	6.301 3	14.662	22.184	21.994	44.286	29.634	45.088

然后，又对原图像提取合适的关键点，其中，Harris 角点检测中参数 k 选取，并采集图像的 Harris 角点不变矩，作为基于关键点的不变矩形状特征，部分样本数据如表 3-8 所示。

最后，预处理后的 400 幅电力设备图像通过特征提取过程后，获得了 400 × 30 的电力设备图像特征矩阵，每类图像中选取 50%样本进行支持向量机(support vector machine, SVM)训练，剩余 50%样本进行待分类样本测试。

采用前面提取到的电力设备图像 HSV 空间的颜色矩，将其作为特征量，进行 SVM 分类，分类结果及参数如表 3-9 所示。

表 3-8 表角点不变矩特征值

类别	Harris 角点不变矩特征值					
变压器	0.094 0	0.099 3	1.016 6	0.172 7	0.067 0	1.005 0
断路器	0.090 2	0.097 5	1.000 8	0.181 2	0.067 2	0.994 2
电能表	0.093 1	0.084 8	1.000 0	0.190 7	0.071 5	1.044 5
刀闸	0.092 7	0.098 7	1.014 7	0.177 2	0.067 0	0.999 9
互感器	0.098 7	0.094 9	1.180 6	0.180 6	0.071 6	1.025 2

表 3-9 颜色矩分类结果

	σ	C	准确率/%
交叉验证	0.125	8	51
PSO	0.275 1	46.78	60.5

从表 3-9 看出，SVM 训练时，参数不进行优化，选择交叉验证来进行 SVM 模型训练，再进行分类，所得出的分类准确率较低，平均准确率只有 51%；而选择粒子群优化算法(particle swarm optimization, PSO)为寻优后，准确率则有了更大幅度的提高。

根据前面提取到的能量、对比度、相关性及逆差矩这些纹理特征，进行 SVM 分类，分类结果及参数如表 3-10 所示。

表 3-10 灰度共生矩阵特征分类结果

	σ	C	准确率/%
交叉验证	0.032 3	2 134	45.5
PSO	0.033	1 567	48

我们从表 3-10 结果看出，对于电力设备图像来说，使用提取到的纹理特征作为样本数据进行分类，准确率较低，选取 PSO 算法参数寻优后，分类的准确率虽然有一定的提高，但也仅有 48%。

根据前面提取到的 Hu 不变矩形状特征量，把这 7 个不变矩作为特征量，进行 SVM 分类，分类结果及参数如表 3－11 所示。

表 3－11 不变矩特征分类准确率

	σ	C	准确率/%
交叉验证	0.056 9	2 028	68
PSO	0.032 7	15.98	77

从表 3－11 结果看出，对于电力设备图像来说，由于不变矩具有旋转、平移和缩放等不变性，且电力设备图像有较明显的形状特征，对电力设备图像分类，选择 Hu 不变矩作为形状特征量，值得更加广泛的应用及研究。根据提取到的角点不变矩，即把各角点不变矩作为形状特征，进行分类，分类结果及参数如表 3－12 所示。

表 3－12 角点不变矩特征分类结果

	σ	C	准确率/%
交叉验证	0.031 12	1 834	72.5
PSO	0.034 9	17.55	77

从表 3－12 可以看出，由于 Harris 角点和不变矩都有旋转、平移和缩放等不变的特性，因而统一角点和 Hu 不变矩特征后，利用角点不变矩作为图像目标提取的特征向量，进行 SVM 分类，达到了较好的分类效果。

通过单特征分类比较，使用提取到的纹理特征作为样本数据进行分类，准确率较低，对分类的影响较小；并且使用 PSO 算法进行 SVM 训练模型参数寻优后的分类准确率均高于使用交叉验证法获取的参数进行分类的准确率。所以最终选择颜色和形状特征作为综合特征，进行分类训练，并直接选取 PSO 算法进行参数寻优。如图 3－38 所示的是基于颜色矩和 Hu 不变矩综合特征的电力设备图像分类结果，整体分类准确率达到了 89.5%，此时 σ 和 C 分别为 0.75 和 37.25。

从实验的分类结果上看，单个特征作为分类的特征向量，比较单一，准确率低，并通过比较 SVM 的 2 种参数选择方法(交叉验证法、PSO 算法)，最终选择 PSO 算法，找到 SVM 更加合适的参数；而选择综合特征作为分类的特征向量，即选择单一性较好的颜色和形状特征组合向量进行 SVM 学习和分类，分类准确率高；实验结果表明基于组合特征的分类，平均分类准确率均可达到 85%以上，而基于关键点的不变矩只针对图像中的关键点计算，减少了不变矩的计算量，值得深入研究和推广。从上面的实验结果来看，对 5 类电力设备图像的分类识别都达到了较为理想的结果，但由于实验中使用的图像大都来自工厂现场，有不同程度磨损、消耗等，这在一定程度上也影响了图像特征提取，存在分类准确率的误判。

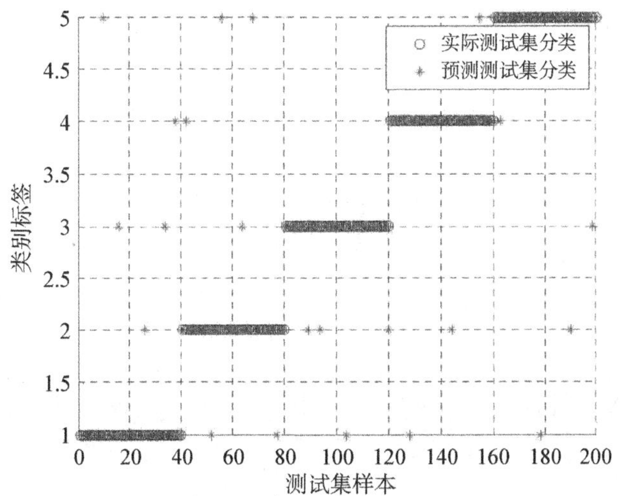

图 3-38 基于颜色矩和 Hu 不变矩综合特征的分类结果

综上,本节分别提取了颜色矩、灰度共生矩阵、Hu 不变矩、基于关键点的不变矩特征作为单一及组合特征,并选取支持向量机分类器,来进行图像的分类实验,通过比较分析,我们最后选择了颜色矩和基于关键点的不变矩结合的综合特征来作为特征提取向量,具有很好的分类准确率,并通比较 SVM 的 2 种参数选择方法,最终选择 PSO 算法寻找最优参数,使得电力设备图像的分类准确率有了大大的提高。

3.4.2 基于深度学习理论的设备提取与识别研究

为了实现电力系统海量图像数据的智能化分析,解决复杂背景下传统方法不能对电力设备目标进行有效识别的问题,本节提出基于深度学习理论的方法来对电力设备图像进行分析处理,以实现电力设备的分类识别,为后续电力设备状态的智能检测提供可靠的依据。

深度学习的概念源于人工神经网络研究,其高识别率与高匹配度等优点使得其在电力设备状态检测图像的设备识别领域中具有极强的实用前景[50]。深度学习理论解决了人工神经网络在发展过程中遇到的重要瓶颈,通过引入“贪心逐层预训练”机制,采用无监督学习机制预训练网络,对原始输入自行提取特征形式,并用深层次的结构发现输入数据的深层次特征,克服了人为提取特征计算中的存在较大主观性的问题,故特别适合处理大规模的图像数据。

3.4.2.1 电力设备图像特征提取

提取图像特征是图像识别的关键步骤。当图像背景简单且电力设备特征突出时,传统的手工特征提取可以获得比较理想的识别率。电力设备往往种类众多,但颜色单一,且受拍摄角度、距离、光照和阴影变化的影响,同一种电力设备在不同图像中可能存在较大差距。这使得传统手工特征提取技术难以满足电力设备识别需求。

AlexNet[51]模型是一种典型的深度学习算法中卷积神经网络(Convolutional Neural Networks, CNN)模型,其结构如图 3-39 所示。图 3-39 采用了两台 GPU 服务器,故存在两个流程。AlexNet 模型包括 5 个卷积层(Convolution Layer, CL)和 3 个全连接层(Full Connection Layer, FCL)。其中,最后 1 个全连接层后面接着标签层(Labeled Layer, LL)。AlexNet 模型每个卷积层的输出都可以很好地描述图像的局部特征;3 个全连接层中的前 2 个全连接层的输出能够很好地描述图像的全局特征。与局部特征相比较,全局特征的抽象程度更高,表达能力更强,因此,选择将前 2 个全连接层的输出作为图像的特征向量。

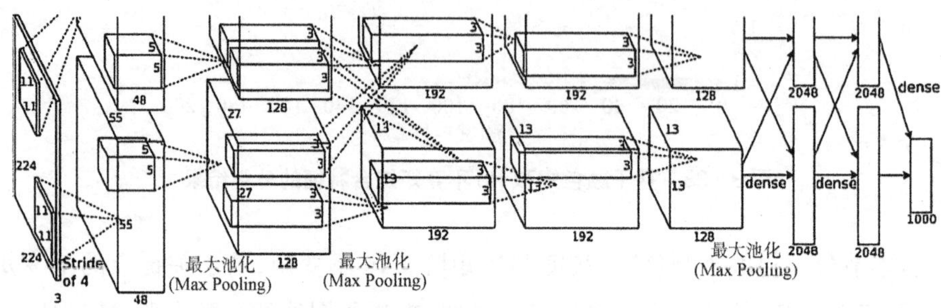

图 3-39 AlexNet 模型结构

3.4.2.2 电力设备图像识别

深度学习中常用的 Logistic 分类器[52]和 Softmax 分类器[53]可以很好地解决图像识别问题,但是对于复杂的、易混淆的物体,识别准确率不高。电力设备场所环境复杂,所获取的图像中除了关键电力设备外,往往还存在很多干扰目标,如树木、房屋、部分电杆以及杂乱无序的电力线等。大量实验结果表明,电力设备图像中复杂的背景对电力设备的识别准确率造成了较大影响。

尽管深度学习在语音、图像、自然语言等领域取得了令人震惊的突破,但是深度学习所取得的良好效果并不能否定传统机器学习理论。随机森林(random forest, RF)[54]方法具有很高的预测准确率,对异常值和噪声具有很好的容忍度,且不容易出现过拟合,因此,电力设备图像识别将深度学习与传统机器学习方法结合在一起,在获取电力设备图像的深度特征后,通过构建多颗由随机选取的样本子集和特征子向量生成的决策树来组成决策森林,最后在分类阶段以投票方式输出分类结果。

电力设备识别流程框图由训练阶段和测试阶段两个部分组成(见图 3-40)。在训练阶段,从电力设备图像数据集中随机选取图像并基于 AlexNet 模型来提取图像的深度特征,对提取的特征进行分析,并选择合适的特征子集作为最终的特征向量;在测试阶段,使用 AlexNet 模型来提取测试图像的特征,选择在训练阶段中所选择的特征子集来表示图像特征,用训练好的随机森林来对测试图像进行分类。

1) RF 训练

设随机森林 $F=\{T_t\}$ 为 1 组树,随机选择训练子集矩阵 $\boldsymbol{S}=\{\boldsymbol{s}_i=(X_i, y_i)\}$ 来对 F

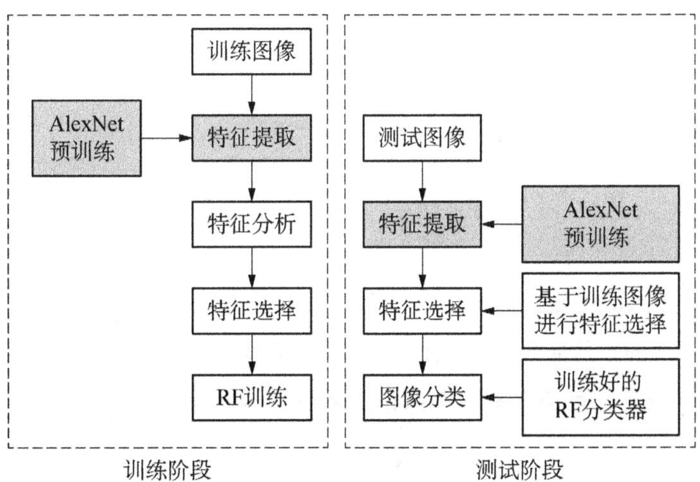

图 3-40 电力设备识别流程

中的子树 T_t 进行训练($\boldsymbol{X}_i \in \mathbf{R}_d$ 为训练样本向量$\boldsymbol{s}_i$ 的特征向量，亦为$\boldsymbol{S}$ 的特征矩阵$\boldsymbol{X}$ 的元素；$\mathbf{R}_d$ 为 d 维实数集，y_i 为 $\boldsymbol{s}_i$ 的类标签)。给定 $\boldsymbol{X}_i$，则分裂函数定义为

$$\mathrm{Split}(X, j, \gamma) = \begin{cases} \boldsymbol{X}_i^{(j)} \geqslant \gamma, \text{发送到左子树} \\ \text{其他，发送到右子树} \end{cases} \tag{3-59}$$

其中，$\boldsymbol{X}_i^{(j)}$ 为 X_i 的j 维特征子向量；γ 为阈值。

分裂函数决定了训练子集矩阵$\boldsymbol{S}$ 中的每个样本会被划分到左子树还是右子树，并将$\boldsymbol{S}$ 划分成 $\boldsymbol{S}_l$ 和$\boldsymbol{S}_r$ 这 2 个子集矩阵。若分裂参数(j, γ)不一样，则样本划分的结果也不一样，通过计算最大化分裂后子节点中样本类纯度可以得到最优分裂参数(j^*, γ^*)。本节选择使用 Gini 系数来计算类纯度。设训练子集矩阵 $\boldsymbol{S}$ 中的样本来自 m 个不同的类 $C_i(i=1, \cdots, m)$。$\boldsymbol{S}$ 的 Gini 系数定义如下

$$G(S) = 1 - \sum_{i=1}^{m} p_i^2 \tag{3-60}$$

其中，p_i 为类别C_i 在$\boldsymbol{S}$ 中出现的概率。若$\boldsymbol{S}$ 被分成 2 个子集矩阵$\boldsymbol{S}_l$ 和$\boldsymbol{S}_r$，则此次划分的 Gini 系数为

$$G_{\mathrm{split}}(\boldsymbol{S}) = \frac{|\boldsymbol{S}_l|}{|\boldsymbol{S}|}G(\boldsymbol{S}_l) + \frac{|\boldsymbol{S}_r|}{|\boldsymbol{S}|}G(\boldsymbol{S}_r) \tag{3-61}$$

在每个节点，对维度 j 和阈值γ 进行随机测试，当 Gini 系数值最小时即可得到最优参数(j^*, γ^*)。

2) 特征选择

为了能够用较小的维度来表示图像特征，同时确保特征的类辨别力，本节提出使用类似 Fisher 准则的方法来对深度特征进行选择，以获得最有效的特征子向量。对特征向量 $\boldsymbol{X}_i$ 的 k 维特征子向量，训练子集矩阵 $\boldsymbol{S}$ 的类内散度矩阵计算式如下：

$$\boldsymbol{A}_W^{(k)} = \sum_{i=1}^{m} A_i^{(k)} \tag{3-62}$$

$$\boldsymbol{A}_i^{(k)} = \sum_{X \in D_i} (\boldsymbol{X}^{(k)} - \boldsymbol{\mu}_i^{(k)})^2 \tag{3-63}$$

$$\mu_i^{(k)} = \frac{1}{n_i} \sum_{X \in \boldsymbol{D}_i} \boldsymbol{X}^{(k)} \tag{3-64}$$

其中，$\boldsymbol{A}_W$ 为总的类内散度矩阵；$\boldsymbol{A}_i$ 为类别 i 的类内散度矩阵；m 为类别总数；k 为特征维度；$\boldsymbol{X}^{(k)}$ 为训练样本的 k 维特征向量；$\boldsymbol{\mu}_i^{(k)}$ 为类别 i 的 k 维特征均值向量；$\boldsymbol{D}_i$ 为类别 i 的样本集矩阵；n_i 为类别 i 的样本个数。类间散度矩阵计算式如下

$$\boldsymbol{A}_B^{(k)} = \sum_{i=1}^{m} n_i (\boldsymbol{\mu}_i^{(k)} - \mu^{(k)})^2 \tag{3-65}$$

$$\mu^{(k)} = \frac{1}{n} \sum_{X \in \boldsymbol{D}_i} \boldsymbol{X}^{(k)} = \frac{1}{n} \sum_{i=1}^{m} n_i \boldsymbol{\mu}_i^{(k)} \tag{3-66}$$

其中，$\boldsymbol{A}_B$ 为总类间散度矩阵；m 为类别总数；n_i 为类别 i 的样本总数；$\boldsymbol{\mu}^{(k)}$ 为训练子集矩阵 $\boldsymbol{S}$ 中所有样本的 k 维特征均值向量；n 为样本总数。将类间散度与类内散度的比值 $f(k)$ 作为评价特征子集类辨别力的标准，即

$$f(k) = \frac{\boldsymbol{A}_B^{(k)}}{\boldsymbol{A}_W^{(k)}} \tag{3-67}$$

对于一个特征子向量，若样本的类内方差很小且类间不相似性很大，表明该特征子向量的类辨别力很强，更容易将样本分成较纯的子集。为了减少所选特征子向量之间的相关性，本研究顺序地执行特征选择，从而使得每个新选择的特征子向量与先前选择的特征子向量相关性最小。

3）图像类别预测

训练完毕之后，$F=\{T_t\}$ 的每棵子树 T_t 都具有 1 组叶子节点。首先，使用 AlexNet 对测试图像进行深度特征提取；然后，连接 AlexNet 的第 1 个和第 2 个全连接层的输出，将它们作为图像特征向量；接着，使用训练过程中所得到的特征选择方法对所得到的深度特征进行选择，获得具有最高类辨别率的特征子向量；最后，使用该特征子向量对随机森林 F 中的所有子树进行分类测试，并将每棵子树的结果汇总，所得票数最多的分类结果即为最终的输出结果。

3.4.2.3 实验结果及分析

对电力系统常见的绝缘子、变压器、断路器、输电线电杆和输电线铁塔这 5 种电力设备进行分类识别测试。测试时所用的图像数据集中有 8 500 幅电力设备图像，图像尺寸均为 640 像素×480 像素，其中绝缘子、变压器、断路器、输电线电杆均为 2 000幅图像，输电线铁塔有 500 幅图像。训练时，随机选择的绝缘子、变压器、断路器、输电线电杆图像数量

均为 1 900 幅，输电线铁塔图像数量为 400 幅，其余的作为测试样本。

整个测试过程中用的操作系统为 Centos 7.2.1151，深度学习框架为 Caffe，开发软件为 MATLAB 和 Python，GPU 为 NVIDIA C2070。

1）特征提取与选择结果分析

从图像数据集中随机挑选出 1 幅电力设备图像并使用 AlexNet 模型来获取其深度特征。如图 3-41 所示为该电力设备图像第 1 个和第 5 个卷积层的前 9 个输出特征图。比较图 3-41(a)和 3-41(b)可以看出：第 1 个卷积层输出结果可以分辨出电力设备轮廓；但是到第 5 个卷积层时，从其输出中完全无法分辨出图像中是什么电力设备；这充分表明，AlexNet 后面卷积层的输出特征与前面的相比较，抽象程度更高。

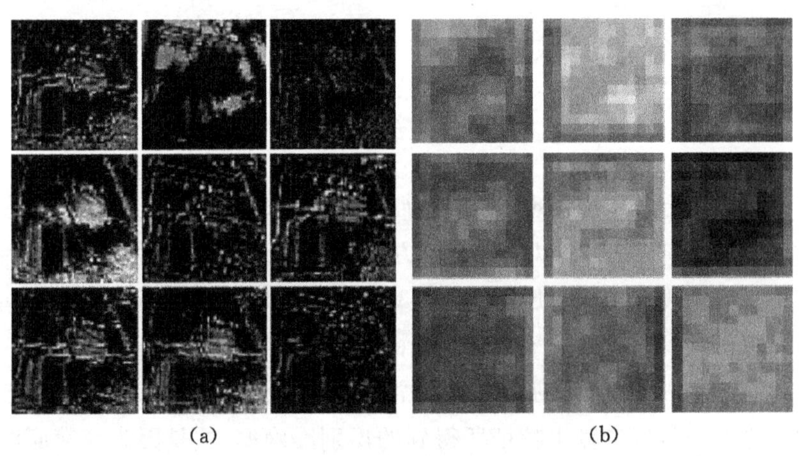

图 3-41　卷积层的输出特征图

(a) 第 1 个卷积层输出结果；(b) 第 5 个卷积层输出结果

如图 3-42 所示为电力设备图像的第 1 个全连接层的输出特征，该层通过整合第 5 个卷积层中具有类别区分性的局部信息，获得能描述图像全局特点的特征，该特征对输入的大部分局部变化具有不变性，与卷积层输出特征相比较，抽象程度更高。

为了测试特征选择方法的效果，在随机森林分类器的基础上，对单独使用第 1 个全连

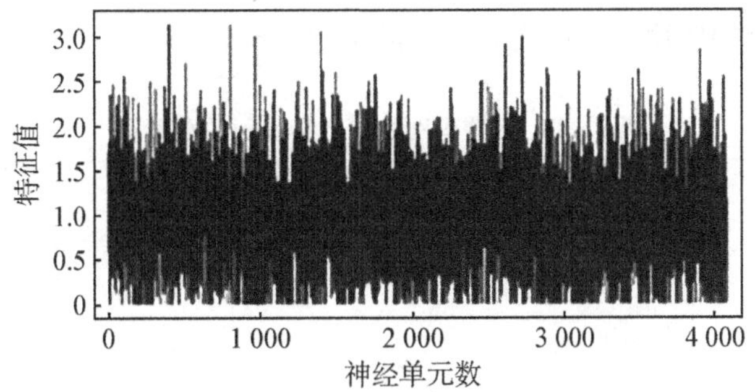

图 3-42　第一个全连接层输出结果

接层的输出特征(FCL1)方法、单独使用第 2 个全连接层的输出特征(FCL2)方法、同时使用前 2 个全连接层的输出特征(FCL1＋FCL2)方法、使用特征选择(CNN-RF)方法这 4 种方法进行了比较。在测试时,随机森林子树个数为 100。如图 3－43 所示,给出了 4 种不同特征组合及其特征选择方法的测试结果。

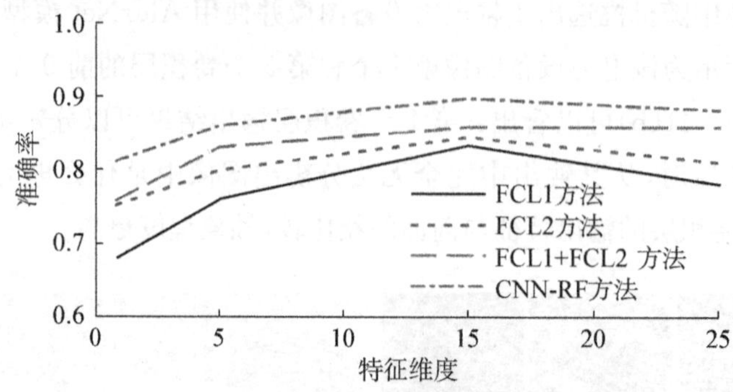

图 3－43 不同特征组合所得识别准确率结果

对图 3－43 进行分析可以发现:使用特征选择方法对特征进行选择,可以获得最高的识别准确率;特征选择方法之所以优于其他方法,是因为其在进行特征维度选择时,充分考虑了样本的类间散度和类内散度,而其他 3 种方法则是使用传统的序列后向选择法进行特征选择;因此,特征选择方法最后获取的特征子集类辨别力最强。

从图 3－43 还可以看出:单独使用第 2 个全连接层的输出特征所得识别准确率,高于单独使用第 1 个全连接层的输出特征所得到的识别准确率,这是因为与前面层的特征相比较,CNN 后面层的特征抽象层度更高,类辨别力更强;而同时使用前 2 个全连接层的输出特征所得识别准确率,高于单独使用第 1 个或第 2 个全连接层的输出特征所得到的识别准确率,这是因为不同层的特征之间可以形成互补;与单独使用某一层的特征相比较,多层特征能够更全面地表征图像特征。

2) 不同识别方法比较及结果分析

为了验证 CNN-RF 方法的有效性,分别对卷积神经网络＋Softmax 分类器(CNN-Softmax)方法、传统随机森林分类器(RF)方法、卷积神经网络＋随机森林分类器(CNN-RF)方法进行了分类识别测试,测试结果如表 3－13 所示。

表 3－13 3 种识别方法进行识别的准确率

识别方法	识别准确率/%				
	绝缘子	变压器	断路器	电杆	铁塔
CNN-Softmax 方法	78	86	87	93	70
RF 方法	72	76	76	80	81
CNN-RF 方法	89	92	93	96	78

分析表 3-12 可以发现：使用 CNN-Softmax 方法和 CNN-RF 方法对电力设备图像进行识别，平均识别准确率均可达到 80%以上，这说明卷积神经网络所提取的图像特征抽象程度高，表达能力强，在电力设备图像识别上可获得较高的识别准确率。从表 3-13 还可以发现：3 种识别方法中，RF 的平均识别准确率最低，只有 77.6%，这是因为传统随机森林分类器使用颜色、纹理、方向等手工特征进行分类识别，无法完全刻画电力设备的本质特征，而深度学习比传统特征提取方法性能更好，因此最终平均识别准确率也远远高于传统方法。但是对于输电线铁塔图像，CNN-Softmax 方法和 CNN-RF 方法的识别准确率低于 RF 方法，主要原因是铁塔数据集太小，只有 500 幅图像，在小样本的情况下，深度学习的表现不如传统的特征提取方法。这也说明了深度学习算法对训练样本的要求较高，但是如果有足够多的训练样本，深度学习算法就会大大提高识别准确率。

综上，本节采用 CNN-RF 的方法对电力设备图像进行特征提取与识别，通过实验对比发现与颜色特征、几何特征和形状特征等手工提取的特征相比较，卷积神经网络所提取的图像特征抽象程度高，表达能力强。并且，与序列后向选择法相比较，使用类似 Fisher 准则的方法对深度特征进行特征选择可以获得更高的识别准确率。卷积神经网络+随机森林分类器的电力设备识别方法，相比于常规卷积神经网络+Softmax 分类器和传统随机森林分类器，平均识别准确率分别高出了 6.8%和 12.6%，能够有效解决电力系统海量非结构化图像数据智能分析和识别这一问题，并为后续电力设备状态检测奠定理论基础。

3.5 电力设备状态特征参数提取与诊断

在电力系统中，电力设备缺陷大都通过设备相关部位的温度或者热状态表现出来的，故结合红外检测技术与智能诊断方法，对设备进行热故障检测，可以了解设备的工作状态如正常或出现隐患等，并极大地提高了电力设备故障诊断的效率和准确率。红外热像处理中的重要研究内容之一就是提取热像特征，这也是电力设备红外热像诊断的关键操作和必要步骤，是否能够提取准确、有效的热像特征，将严重影响电力设备红外热像故障诊断环节。特征提取主要是将原始红外热像图的信息进行变换，从而获取体现有利于故障诊断的数据，因此，设计电力设备故障诊断模型的关键就是要提取最佳的特征。

3.5.1 基于红外图像的设备特征提取

变电设备红外图像反映的是变电设备的表面温度，由于周围环境的温度、设备材质的发射率及设备运行状态不同，导致相同设备的表面温度不存在一致性的规律，因此在一些常用的图像目标特征如颜色、纹理等不适用于作为变电设备红外图像目标分类的特征向量[55]。变电设备的形状具有一定的稳定性，因此使用变电设备的形状特征作为分类的特征向量。根据前述图像分割方法对变电设备进行分割，然后提取变电设备的形状特征。

不同种类的变电设备的故障原因和表现有很大差别，因此在进行故障诊断之前需要识别设备的种类。特征提取是目标识别和分类的关键环节，本节选用具有一定稳定性的形状特征作为设备类型识别的特征。分别使用傅里叶描述子、Hu 矩和 Zernike 矩作为变电设备分类的特征向量，针对变电设备分类情况，设计了基于 BP 神经网络的分类器。最后通过实验验证了实际的变电设备红外图像在设计的分类器中的分类效果。

傅里叶描述子虽然在理论上具有平移、尺度和旋转不变性，但由于图像边界采样的原因导致其具有一定的误差。Hu 矩和 Zernike 矩对平移、旋转尺度变化都有较好的不变性，尤其是对平移和旋转 90°时不变性可达 100%。三种形状特征构成的特征向量间的距离反映了其形状差别的变化，因此三种特征均具有较好的类间区分度。可以将傅里叶描述子、Hu 矩阵和 Zernike 矩作为电力设备识别检测的特征向量[56]。

3.5.1.1 基于红外图像的设备状态特征提取

(1) 红外热像的温度特征。根据配网电气设备温度发生畸变的物理特性，首先提取的电力设备红外热像温度特征为区域温度最大值 $t_{\max}$、平均温度值 t_{mean}、背景温度值 t_{B}、温度分布方差 t_{var} 等 4 个参数。因为红外成像过程中，外界温度、光线强度、风速等因素都会产生干扰，导致显示温度值将会有一些偏差，有些情况下，难以非常准确地体现设备的温度分布情况。因此需要进一步研究电力设备的温度分布发生畸变的本质特征，并尽可能地减少外界环境因素干扰、降低红外热像仪自身的误差对红外热像的影响，增加红外热像的纹理特征和形状特征作为电力设备故障诊断的特征参量，并作为故障诊断模型的输入[57-63]。

(2) 红外热像的纹理特征。纹理特征主要反映红外热像的细致、均匀、粗糙等特点，体现自身属性。尤其是灰度化处理后的红外热像灰度等级的变化，可有助于红外热像的处理和识别。本研究提取电力设备红外热像的纹理特征，采用对边界信息敏感的灰度-梯度共生矩阵纹理分析方法，通过图像灰度和梯度综合信息提取纹理特征。

(3) 红外热像的形状特征。矩特征体现了图像区域的几何特征，对图像的形状识别的重要参数，具有平移、旋转和尺度的不变性。代数不变量引入矩不变量，然后对几何矩进行非线性组合，最终得到一组对平移、旋转和尺度变化不变的矩，再进行图像矩分析。

二维连续函数的 $f(x, y)$ 的$(p+q)$ 阶矩的定义为

$$\boldsymbol{m}_{pq}=\int_{-\infty}^{\infty} x^{p} x^{q} f(x, y) \mathrm{d}x \mathrm{d}y \quad p, q=0, 1, 2, \cdots \tag{3-68}$$

对于二维离散图像有

$$\boldsymbol{m}_{pq}=\sum_{x} \sum_{y} x^{p} x^{q} f(x, y) \tag{3-69}$$

图像的零阶矩体现图像目标像素的总和，物体的质量或面积只有一个 m_{00}，根据式(3-68)，图像的零阶矩为

$$m_{00}=\sum_{x} \sum_{y} f(x, y) \tag{3-70}$$

图像的一阶矩能够计算目标的质心，包括 m_{10}，m_{01}，如下

$$\bar{x}=\frac{m_{10}}{m_{00}},\ \bar{y}=\frac{m_{01}}{m_{00}} \tag{3-71}$$

图像的二阶矩能够计算图像目标的方向和大小，包括 m_{20}，m_{11} 和 m_{02}，称为惯性矩。对于三阶或三阶以上的矩，一般情况下，通过图像目标在 x 轴或 y 轴上的投影得到。三阶矩中 m_{30} 和 m_{03} 体现图像投影的扭曲程度。四阶矩中 m_{40} 和 m_{04} 体现图像投影的峰度。中心矩通过目标质心作为原点分析，具有位置无关性，可以定义为

$$\mu_{pq}=\int_{-\infty}^{\infty}\int_{-\infty}^{\infty}(x-\bar{x})^p(y-\bar{y})^q f(x,\ y)\mathrm{d}x\,\mathrm{d}y \tag{3-72}$$

对于二维离散数字图像，其中心矩为

$$\mu_{pq}=\sum_x\sum_y(x-\bar{x})^p(y-\bar{y})^q f(x,\ y) \tag{3-73}$$

归一化的中心矩为

$$\eta_{pq}=\frac{\mu_{pq}}{\mu_{00}^{\gamma}} \tag{3-74}$$

其中

$$r=\frac{p+q}{2}+1 \tag{3-75}$$

Hu 矩可由以下 7 个公式表示

$$\phi_1=\eta_{20}+\eta_{02} \tag{3-76}$$

$$\phi_2=(\eta_{20}+\eta_{02})^2+4\eta_{11}^2 \tag{3-77}$$

$$\phi_3=(\eta_{30}-3\eta_{21})+(3\eta_{21}-\eta_{03})^2 \tag{3-78}$$

$$\phi_4=(\eta_{30}+\eta_{12})^2+(\eta_{21}+\eta_{03})^2 \tag{3-79}$$

$$\begin{aligned}\phi_5=&(\eta_{30}-3\eta_{12})(\eta_{30}+\eta_{12})[(\eta_{30}+\eta_{12})^2-3(\eta_{21}+\eta_{03})^2]\\&+3(\eta_{21}-\eta_{03})(\eta_{21}+\eta_{03})[3(\eta_{30}+\eta_{12})^2-(\eta_{21}+\eta_{03})^2]\end{aligned} \tag{3-80}$$

$$\phi_6=(\eta_{20}-\eta_{02})[(\eta_{30}+\eta_{12})^2-(\eta_{21}+\eta_{03})^2]+4\eta_{11}(\eta_{30}+\eta_{12})(\eta_{21}+\eta_{03}) \tag{3-81}$$

$$\begin{aligned}\phi_7=&(3\eta_{21}-\eta_{03})(\eta_{30}+\eta_{12})[(\eta_{30}+\eta_{12})^2-3(\eta_{21}+\eta_{03})^2]+\\&(3\eta_{21}-\eta_{30})(\eta_{21}+\eta_{03})[3(\eta_{30}+\eta_{12})^2-(\eta_{21}+\eta_{03})^2]\end{aligned} \tag{3-82}$$

因为 Hu 矩计算的 7 个不变矩 $\phi_1\sim\phi_7$，不但具有正负值，而且量级差别较大，采用对数函数来缩小数量级差别，通过绝对值消除正负，变换后 Hu 矩为

$$\phi' = |\lg^{\phi}| \tag{3-83}$$

因为 Hu 矩对噪声敏感，冗余信息也较多，且随着矩阶数的提高，计算量太大。经过大量分析，科研人员研究发现，信息冗余现象在正交矩中不存在，而且抗噪声的能力比 Hu 矩优异，更适合于红外热像图中目标区域的描述，尤其是 Zernike 矩效果显著。

Zernike 提出的一组多项式 $\{V_{pq}(x, y)\}$，在单位圆 $\{x^2 + y^2 \leqslant 1\}$ 内正交，如式(3-84)所示：

$$V_{pq}(x, y) = V_{pq}(r, \theta) = R_{pq}(r)e^{jq\theta} \tag{3-84}$$

其中，x 轴与 r 的夹角为 θ，$r = \sqrt{x^2 + y^2}$ 表示点 (x, y) 到坐标原点的矢量长度，R_{pq} 为径向多项式

$$R_{pq}(r) = \sum_{s=0}^{(p-|q|)} (-1)^s \times \frac{(p-s)!}{s!\left(\frac{p+|q|}{2}-s\right)!\left(\frac{p-|q|}{2}-s\right)!} \tag{3-85}$$

其中 $[V_{pq}(r, \theta)]^*$ 是 $V_{pq}(r, \theta)$ 的共轭，对于离散图像，

$$A_{pq} = \frac{p+1}{\pi}\sum_x \sum_y [V_{pq}(r, \theta)]^* f(x, y) \tag{3-86}$$

设极坐标下的原图像为 $f(r, \theta)$，若旋转 α 角度，则图像为 $g(r, \theta)$，即

$$g(r, \theta) = f(r, \theta - \alpha) \tag{3-87}$$

原图像与旋转后图像的 Zernike 矩转换式为

$$A'_{pq} = A_{pq}e^{-jq\alpha} \tag{3-88}$$

由式(3-88)可知，Zernike 矩具有旋转不变性，即在旋转时幅值不变，仅复系数相位变化。为了减少红外热像离散所带来的误差，采用方法对 Zernike 矩进行归一化处理，如

$$\widetilde{A}'_{pq} = \frac{A_{pq}}{m_{00}} \tag{3-89}$$

在实际应用中，Zernike 矩的模 A_{pq} 为形状特征。设计模式识别分类器的关键是提取有效的特征信息，常见的红外图像特征有 Hu 矩，但其包含许多冗余信息，计算量随矩阶数的增加而迅速增长。而正交矩没有信息冗余，抗噪声能力强，更适合图像目标的描述。在正交矩的分析方法中，Zernike 矩对噪声的灵敏度好，冗余信息和对图形的描述能力等方面都具有较好的性能。

3.5.1.2 状态特征提取实例分析

电力设备红外故障图像诊断系统性能很大程度上取决于图像特征参数的提取以及 SVM 参数的配置，是红外热成像诊断的关键环节。一般而言，电力设备故障程度与温升

参数密切相关。为准确提取设备温升特征，如设备的最高温升 x_1、最低温升 x_2、平均温升 x_3，需要降低非均匀辐射背景及噪声对温度参数提取的影响。

电力设备红外图像诊断过程中，由于红外热像图的二维特性，以及设备间的相互交叉与重叠，复杂背景下设备的分割与识别是较为困难的。另一方面，非均匀背景对设备的分割也将造成干扰，并严重影响特征的提取，本研究重点解决非均匀背景下批量设备红外图像的分割问题。为此，引入 Niblack 算法，首先采用权重法将设备红外图像进行灰度化处理，将单幅图像均匀分成 n 个不重叠矩形邻域，以便每个矩形背景光照都近似均匀的，再按照每个邻域灰度均值 m 和标准方差 s 以及阈值公式 $\boldsymbol{X}=m+k\times s$ 计算该域的灰度分割阈值。为获得较好的图像分割质量，k 在$[-1,\ 1]$范围以 0.05 等步长取值，由此可构建 n 维阈值寻优空间 $\boldsymbol{X}$，即

$$\begin{matrix} & 1\text{维} & 2\text{维} & 3\text{维} & \cdots & n\text{维} \end{matrix}$$
$$\boldsymbol{X}=\begin{bmatrix} X_{1,1} & X_{1,2} & X_{1,3} & \cdots & X_{1,n} \\ X_{2,1} & X_{2,2} & X_{2,3} & \cdots & X_{2,n} \\ X_{3,1} & X_{3,2} & X_{3,3} & \cdots & X_{3,n} \\ \vdots & \vdots & \vdots & & \vdots \\ X_{41,1} & X_{41,2} & X_{41,3} & \cdots & X_{41,n} \end{bmatrix} \tag{3-90}$$

以类间方差为适应度函数，采用粒子群算法可在寻优空间 $\boldsymbol{X}$ 上搜寻出各域的最优分割阈值：

$$\{x_1^*,\ x_2^*,\ \cdots,\ x_n^*\}=\max_{1\leqslant i\leqslant 41}\{\sigma_1^2(x_i);\ \sigma_2^2(x_i);\ \cdots;\ \sigma_n^2(x_i)\} \tag{3-91}$$

采用最优分割阈值[64]对相应邻域进行二值化处理，并计算 ROI 最高灰度值 g_1、最低灰度值 g_2、平均灰度值 g_3，以及背景区域灰度均值 g_4。由于红外图像中存在的大量椒盐噪声和细长的条纹噪声斑点面积较小，本节采用 5×5 均值模板计算 g_1、g_2，以消除噪声干扰的影响。再通过文献四灰度值与实际温度线性映射公式即可得到 ROI 最高、最低和平均温度值 T_1、T_2、T_3，以及背景温度均值 T_4，线性映射公式为

$$T_i=\frac{T_{\max}-T_{\min}}{L}g_i+T_{\min},\ i=1\sim 4 \tag{3-92}$$

其中，L 为图像最高灰度值，$T_{\min}\sim T_{\max}$ 为红外热像仪设置的测温范围。利用 $x_1=T_1-T_4$，$x_2=T_2-T_4$，$x_3=T_3-T_4$ 计算温升参数，并通过每幅红外图像提取的$\{x_1、x_2、x_3\}\in R_3$ 特征参量批量构建图像的样本特征空间，如公式(3-93) 所示，标签项 $y_i\in\{0,\ 1,\ 2,\ 3\}$ 依次代表正常、一般、严重和危急四种故障类型，其中 $i=1,\ 2,\ \cdots,\ N$，N 为样本量。

$$
\boldsymbol{S}=\begin{array}{c} \begin{matrix} x_1 & x_2 & x_3 & y \end{matrix} \\ \begin{bmatrix} x_{1,1} & x_{1,2} & x_{1,3} & y_1 \\ x_{2,1} & x_{2,2} & x_{2,3} & y_2 \\ \vdots & \vdots & \vdots & \vdots \\ x_{N,1} & x_{N,2} & x_{N,3} & y_N \end{bmatrix} \end{array} \tag{3-93}
$$

3.5.2 电力设备状态缺陷的红外诊断方法

因为智能神经网络处理能够模仿人类大脑，应用神经网络技术进行变电站运行状态诊断可以优化计算和知识推理。因此，神经网络在变电站运行状态诊断中被广泛使用。传统 BP 神经网络存在要求训练样本大、训练时间长、预测精度受隐层神经元数据限制等缺点。自组织神经网络(SOM)算法在使用过程中能有效克服上述缺点。本研究利用 OTSU 分割红外图像和 SOM 神经网络模型相结合的方法来实现变电站运行状态的诊断。利用红外热像仪采集相应的变电站设备红外图像，并过图像 OTSU 分割等预处理后，提取设备的相对温度分布特征、Hu 不变矩、Zernike 不变矩等参数作为识别设备状态的信息特征量，通过 SOM 神经网络智能诊断，输出设备的状态信息，以得到电力设备诊断结果。

3.5.2.1 基于 PSO-Niblack 及 BA* -SVM 的电力设备红外诊断实例

针对电力设备红外图像批量诊断中故障特征参量提取及参数配置难题，采用粒子群算法(PSO)与 Niblack 算法相结合的方法，将设备热像从背景中分割出来并提取出设备的最低、最高及平均温度等参量，通过计算设备各温升特征，构建支持向量机(SVM)样本特征空间[65-70]。采用优化的蝙蝠算法(BA)对 SVM 参数进行寻优，并利用最优参数配置下的 SVM 实现设备故障诊断。在已有电力设备红外热像的基础上，需要精确提取设备红外特征参数作为分类器输入量，并为分类器配置最优参数。考虑到设备热缺陷损耗功率越大，温升越高，设备故障的严重程度越高，在故障分析诊断中有必要将温升参量考虑进来，并将其作为分类器的输入特征，由此将产生分类器参数优化问题[71-74]。

SVM 中 C、g 参数选取对分类精度影响较大为达到最高分类精度，引入了 K-折交叉验证与改进响度因子的蝙蝠算法(BA*)获取 C、g 值。K-折交叉验证中，将矩阵中训练样本集分成大小大致相同的 K 组子集，每组子集数据做一次验证集，其余的 $K-1$ 组子集作为训练集，将上述过程重复 K 次。响度因子按照 Logistic 函数模型更新。全局搜索和局部寻优之间的平衡通过改变响度 A 和脉冲发生率 ri 来实现。采用上述改进脉冲响度因子的蝙蝠算法优化 SVM 参数，使用优化后的分类模型对提取的测试样本进行测试实验。

以电力设备的红外图像为例，对 ROI(Region of Interest)区域进行分割，从上至下分别对应刀闸引线接头、刀闸和阻波器，图像像素尺寸均为 320 mm×240 mm。邻域窗口大小设置为 90×80。粒子群算法中，解空间维度 $n=12$，加速常数 $c_1=c_2=2$，粒子数量设为 10，最大迭代次数为 25。

如图 3-44 所示，二值化图像从左至右分别为 Otsu、Niblack、Kapur、PSO-Otsu[75]和本研究方法的分割结果，由图可知本研究算法能够较好地将 ROI 从红外图像中提取出来，分割效果明显优于前三种分割方法，验证了 PSO-Niblack 算法[76]的实用性，并为准确提取各区域温升特征奠定了基础。

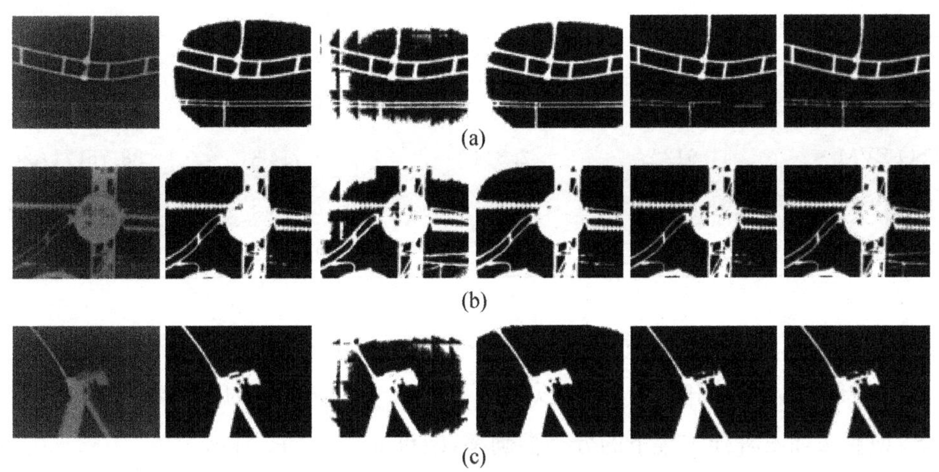
(a)
(b)
(c)

图 3-44 红外图像 ROI 及背景提取

采用 140 组特征数据作为训练样本，包括 32 组正常状态样本、36 组一般故障状态样本、31 组严重故障状态样本、41 组危急故障状态样本。将剩余的 80 组数据作为测试样本，包括 17 组正常状态样本、19 组一般故障状态样本、24 组严重故障状态样本、20 组危急故障状态样本。

为评价 BA*-SVM 算法的参数优化的性能，分别与 BA-SVM、GA-SVM[77-85]、PSO-SVM[86-92]三种常见的算法进行对比。由于这四种算法皆为概率搜索算法，参数均设置为：种群数量 20，最大迭代次数 50，SVM 参数 C 范围[10^{-2}, 10^{3}]，参数 g 范围[10^{-2}, 10^{3}]，交叉验证中 $K=10$。尽管四种算法参数设置相同，但是由于每种算法种群的寻优策略不同，达到最优解的迭代过程也都不相同。

在收敛速度方面，BA*-SVM 算法在 15 次迭代后即收敛，而传统 BA-SVM 算法则需要 25 次迭代才能开始收敛，这说明本研究方法比传统 BA-SVM 算法收敛速度更快。这可归因为引入的 Logistic 响度因子更新函数在算法搜索前期降幅较小，使得群体能很快进入局部搜寻[93-94]。因此，BA*-SVM 算法在最优解搜寻能力和收敛速度方面表现均为最优。

利用提取的 220 组温升样本测试 BA*-SVM 分类性能，将该算法的分类结果与 BA-SVM、GS-SVM、PSO-SVM 和 GA-SVM 等四种传统算法分类结果进行对比。选择前 140 组样本作为训练样本，剩下的样本作为测试样本，实验结果如表 3-14 所示。由表可得，本研究提出的 BA*-SVM 算法的分类精度远高于 GA-SVM 与 GS-SVM 算法，略高于传统 BA-SVM 算法。测试分类准确率方面达到了 97.5%，高于未经优化的 BA-SVM

算法，且明显优于其他三种故障诊断算法。因此，本研究提出的 BA* 算法能较好地优化分类器参数，提升分类器性能，在电力设备故障诊断领域具有良好的应用前景。

表 3－14　算法优化参数选取及分类准确率

算法名称	C	g	训练分类精度/%	测试分类准确率/%
GA-SVM	31.269 5	4.693 0	92.857 1	91.25(73/80)
GS-SVM	32.000 0	2.800 0	94.285 7	93.75(75/80)
PSO-SVM	44.912 2	2.314 1	95.714 3	88.75(71/80)
BA-SVM	67.886 7	6.895 0	97.142 9	95.00(76/80)
BA*-SVM	63.946 2	1.627 3	99.099 1	97.50(78/80)

鉴于样本特征参数的选取对分类器分类准确率影响较大，本研究分别选取{T_1、T_2、T_3、T_4}、{x_1、x_2、x_3}和{T_1、T_2、T_3、T_4、x_1、x_2、x_3}作为样本特征参数，测试了 BA*-SVM算法在三种样本集下的分类准确率，结果如表 3－15 所示：

表 3－15　不同特征对算法诊断结果的影响

特征选取	温度特征	温升特征	温升＋温度特征
测试准确率/%	92.50%(74/80)	97.50%(78/80)	87.50%(70/80)

根据上述数据可知，当选取温升作为 BA*-SVM 分类器输入特征时，算法的故障诊断准确率更高。

综上，本节通过 PSO-Niblack 算法精确地提取出了电力设备红外图像特征，结合交叉验证和改进蝙蝠算法（BA*）对 SVM 进行参数优化。利用基于 PSO-Niblack 及 BA*-SVM 电力设备故障红外图像自动诊断系统对 220 组红外图像进行仿真对比实验，得出以下结论：

(1) 对特征提取性能，本研究对电力设备红外图像进行仿真实验，提出的 PSO-Niblack 算法平均误分率达 8.2×10^{-3}，平均耗时为 22 ms，为特征的精确提取奠定良好基础。

(2) 对 SVM 参数优化，经 BA* 算法参数优化后的分类器的故障分类精度更高，收敛速度比传统 BA 算法更快。

(3) 对样本分类精度，本研究提出的 BA*-SVM 算法分类精度达 99.099 1%。分别高于 GA-SVM 的 92.857 1%、GS-SVM 的 94.285 7%、PSO-SVM 的 95.714 3%和传统 BA-SVM 的 97.142 9%。

(4) 对样本测试准确率，本研究提出的 BA*-SVM 算法故障识别率达 97.5%，而

GA-SVM、GS-SVM、PSO-SVM、BA-SVM 算法分别为 91.25%、93.75%、88.75%、95.00%。综合考虑，本研究提出的 PSO-Niblack 及 BA* -SVM 电力设备故障红外图像自动诊断方法，在特征提取和故障诊断方面均具有较高精度。这一优势使其适用于电力大数据中非结构化红外图像的批量化分析与自动处理，因此具有较好的实际应用价值。

3.5.2.2 基于 SOM 神经网络的电力设备红外诊断实例

红外检测技术提高了电力系统的故障检测水平，但目前的检测方法仍然需要人工诊断，分析效率较低[95-99]。根据变电站电气设备故障问题，研究了采用数字图像处理技术在变电站自动检测电气设备故障。在应用神经网络技术进行变电站运行状态诊断时，因为智能神经网络处理能够模仿人类大脑，非精确的自适应功能，非规则结构，具有自组织学习的特点，可以优化计算和知识推理。因此，神经网络在变电站运行状态诊断中被广泛使用，以 BP 神经网络算法为代表，也应用最广。

将采集得到的红外热像特征参数作为 SOM 神经网络的输入样本，并获得可视化的聚类效果图。每组数据共有 12 个数据，包含 4 个温度特征参数即电力设备红外热像中区域温度最大值 t_{max}、平均温度值 t_{mean}、背景温度值 t_B、温度分布方差 t_{var}，8 个 Zernike 矩特征参数，在不同的环境温度，不同的运行状态下，以变压器套管为例，共采集 56 组。为了获得良好的视觉效果，通常 SOM 网络的输入层节点数稍大于输入样本的数量，从而定义了 SOM 网络输出节点数为 7×7。输出层的拓扑结构为层状的六边形网格，部分输入参数如表 3-16 所示。

表 3-16 变电设备的特征参数及运行状态

SOM 神经网络输入								诊断结果	
T_{max}	t_{mean}	t_B	t_{var}	Z_1	Z_2	…	Z_8	输出	实际
84.2	66.6	14.2	1 157.4	1.500 9	0.026 4	…	0.009 1	1	1
66.6	51.4	14.8	550.5	1.350 7	0.035 4	…	0.011 6	2	2
96.6	81.5	12.6	1 259.4	5.304 7	0.029 5	…	0.011 7	1	1
……									
14.5	11.4	5.0	40.9	5.835 0	0.006 6	…	0.005 3	2	2

诊断结果分为故障和正常两种情况，输出分别由 1，2 代表，得到 SOM 神经网络映射图，如图 3-45 所示，其中输出结果映射到粉红色区域的表示设备运行正常，映射到蓝色区域的表示设备运行有故障，还有粉红色和蓝色重叠的紫色部分，映射到紫色部分的既可能是正常又可能是故障的状态，是由于 SOM 神经网络诊断误差引起的，此类输入将列入可疑状态，与故障状态都需要进一步跟踪处理，另外，还有白色区域为没有输入数据映射到此区域，本研究暂忽略不计，随着样本数量的增加，算法的改进，将会不断完善。

根据采集的红外热像图数据，进行 SOM 神经网络诊断的准确率达到 85.7%，如果将

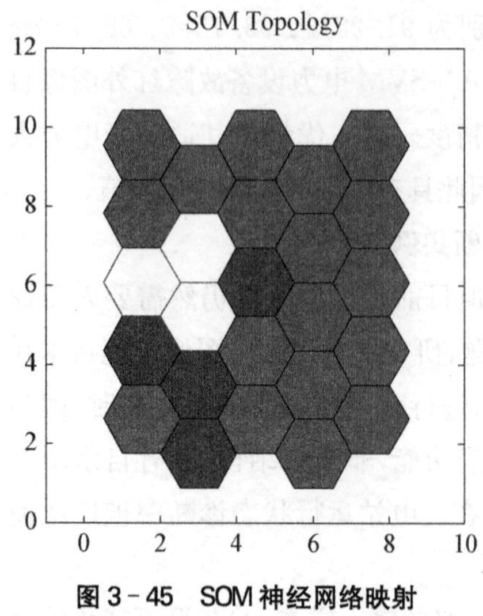

图 3-45 SOM 神经网络映射

可疑状态列入故障状态，则故障的诊断率能够到达95%以上。

综上，通过对电力设备红外图像进行 OTSU 分割等预处理后，提取设备的相对温度分布特征、Hu 不变矩、Zernike 不变矩等参数作为识别设备状态的特征量，经 SOM 神经网络输出设备状态信息，用于对电力设备进行故障诊断分析，提出的方法能够对电力设备故障进行有效诊断，有利于智能电网的进一步发展。但由于提供的特征参数有限，且针对室外变电设备，未考虑加入设备的负荷状态、湿度、设备使用年限等参数，需进一步研究 SOM 神经网络诊断模型的优化，以提高诊断的准确率和运算效率。

3.5.2.3 基于改进 BP 神经网络的电力设备红外特征提取及诊断实例

目前，针对电力设备的红外热像识别主要存在四种主流方法：人工神经网络(ANN)模式识别法、多传感器信息融合模式识别法、专家系统模式识别法，以及模糊模式识别法。与其他方法相比较而言，人工神经网络具有强大的非线性映射能力，已经被广泛应用于图像的模式识别。BP(Back Propagation)神经网络仍是目前应用最为广泛的神经网络模型之一。

根据设备故障对设备运行的影响程度，可将热缺陷分为：一般缺陷、严重缺陷、危机缺陷三类[100-104]。一般情况下红外热像某一像素点对应的亮度值与温度成正比关系。本研究在进行电力设备热缺陷自动诊断时依据设备红外热像图和相对温差依据判断设备是否存在热缺陷[105-110]。根据相对温差判断依据确定三个相对温差阈值为35%、80%和95%。当相对温差小于35%时，设备运行正常；当相对温差在35%～80%之间，设备处于一般缺陷状态；当相对温差在80%～95%之间，设备处于严重缺陷状态；当相对温差超过95%时，设备处于危机缺陷状态。若存在缺陷，根据缺陷类型给出相应处理方案。设备缺陷框架如图 3-46 所示，电力设备识别系统样本训练库如图 3-47 所示，采集的需要识别的设备红外热像如图 3-48 所示，BP 神经网络训练界面如图 3-49 所示。

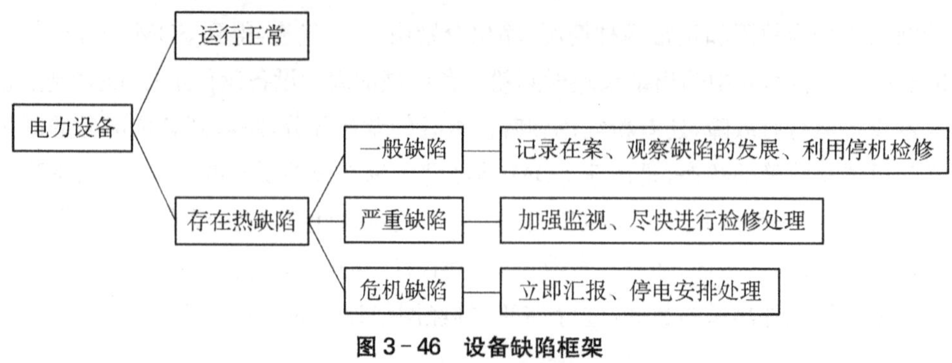

图 3-46 设备缺陷框架

图 3-47 设备样本训练库

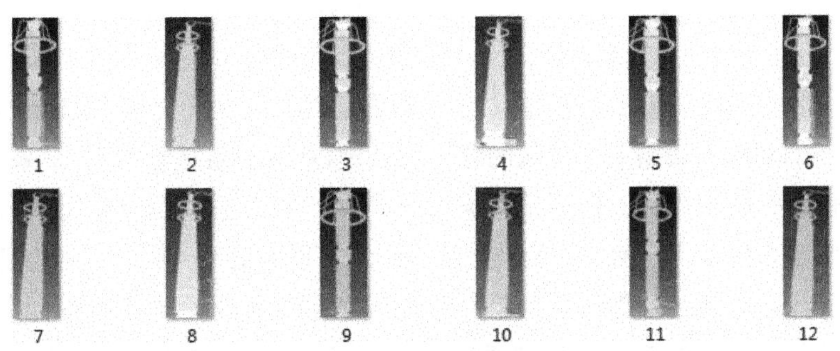

图 3-48 设备识别库

提取的特征点个数为 1 024 个，网络中包含两个隐层，分别有 40 个神经元和一个神经元。神经网络训练时当迭代次数达到 3 917 次时，即可满足设定性能函数最小梯度要求。电力设备识别部分结果展示，如图 3-49 所示。

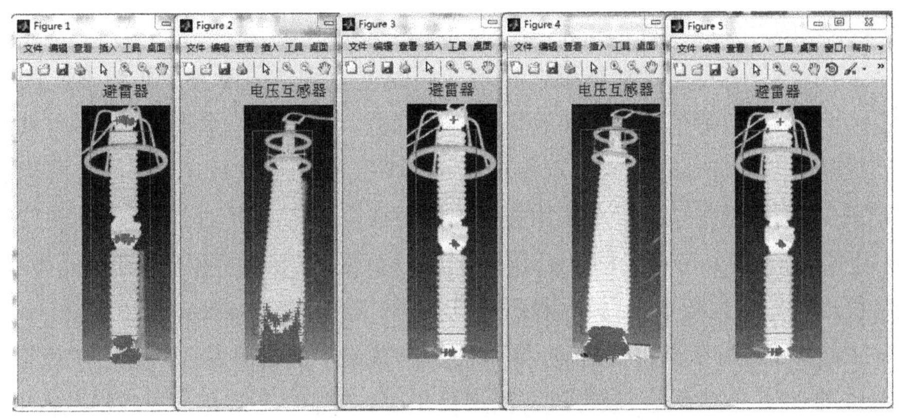

图 3-49 BP 神经网络训练结果

上述的仿真结果表明，能实现对电力设备的红外热像进行识别，并在此基础上能够对设备的温度状态做出评估，从而实现了设备的故障诊断。但在实际的使用过程中，所采用的是设备的图像的灰度值作为特征点，使用 BP 神经网络训练测试样本，最后实现了设备红外热像的批量识别，这就要求需要识别设备红外热像图在像素质量高、拍摄角度一致等严苛要求，从而在实际使用过程中仍有待将其性能进一步提高，融合更适合电力设备红外热像识别的算法，提高红外热像识别软件的实用性。

综上，针对电力设备红外热像数量繁多、信息量巨大，人工识别成本较高，准确度不够的问题，采用了 BP 神经网络进行电力设备识别，将设备库中的设备特征提取出来，通过 BP 神经网络训练提取的设备的特征值，从而进行后续设备识别，再根据相对温度阈值进一步进行故障类型判别。与传统人工识别的方法相比大大提高了故障判别的效率，减少故障诊断成本，提高了判别精确度。但是，由于神经网络自身存在一些缺陷，不能百分之百保证故障判别的精确性，因此处理效果仍需要进一步提高。

3.5.2.4 基于红外-可见图像特征融合的电力设备故障演化实例

故障演化分析的有效性是保障电网安全稳定运行亟待解决的关键技术问题，其主要难点在于如何高效利用多源信息提取运行参数，以克服传统诊断方法信息孤岛等不足[111-118]。目前，对电力设备状态图像的分析和处理，获取设备运行参数，常采用红外热像和可见光图像融合的方式。虽然可采用通过分束探测的方法达到图像间的像素级融合，但其对双光轴重合度要求严格，且分束造成了红外辐射的衰减[119-121]。因此，利用光学特征匹配融合相比于物理融合仍具备一定的优势。然而，在复杂背景环境下，电力设备的可见光和红外热像的精确匹配融合往往受限于视角差异、场景噪声，以及灰度相关性的影响，致使图像融合仍存在较大的困难，进而造成热缺陷难以定位、温度信息难以提取。

另一方面，对获得的运行参数，进行精确、客观的设备状态诊断时，由于全新的机器视觉检测手段在实际应用中缺乏故障训练样本，导致主动机器学习方法诊断准确率难以保证；传统的 K-means 聚类方法虽然不用训练，但是分类结果受模糊的初始分类影响，聚类结果准确率有待提高；Kernel K-means 将核函数代替 K-means 距离作为相似性衡量标准，提高了数据的可分性，但是不能区分不同故障样本的重要性。

本节采用红外-可见图像特征融合技术开展的电力设备故障发展趋势演化的进行分析，该模型主要包括故障信息提取和故障演化两部分。在故障信息提取过程中，采用归一化模板匹配算法（Normalized cross correlation, NCC）获取了去除背景的红外图像及相应的可见光图像，以降低复杂背景对采用加速稳健特征算法 SURF 对红外-可见图像融合干扰，并利用 K 最近邻（k-Nearest Neighbor, KNN）算法对得到的特征点进行分类和匹配，以提高特征点的正确匹配数量；最后利用随机抽样一致算法（Random Sample Consensus, RANSAC）对已配对特征点进行提纯，得到代价函数最小的内点集，实现了与背景分离的目标设备红外-可见图像融合，获得设备温度信息、故障部位等信息。故障演化时，将获得的故障信息作为加权核 K 均值（Weighted Kernel K-means, WKK）聚类样本得到故障诊断结果，再根据自回归积分滑动平均模型(Autoregressive Integrated Moving Average Model, ARIMA)预测出的电力负荷得出故障演化结果。对不同电力设备进行了识别、融合、缺陷定位和故障演化实验，结果表明本模型具有较高的设备识别率、故障定位精度以及更有效的故障演化能力。

设备信息的精准提取决定故障诊断的准确性、演化的有效性，然而在获取设备类型、温度信息、热缺陷部位等样本时，易受背景等干扰。为此，本模型利用 NCC 算法以最大相关系数为依据，实现设备识别和背景分离。红外模板 $T(x', y')$ 先从可见光图像 $I(x', y')$ 左上角以一个像素点 (x, y) 为单位进行移动，计算模板和当前位置图像块的相似程度，直到找出相关系数 $R(x, y)$ 最大值的位置，实现设备识别，并获得到可见光模板 $I'(x', y')$。为避免非均匀光照对匹配结果造成影响，本研究先对模板图像和目标图像进行标准化，并对标准化图像求取相关系数：

$$R(x, y)=\sum_{x'=1}^{w}\sum_{y'=1}^{h}\left[\frac{T(x', y')-1/(w\cdot h)\cdot\sum_{x''=1}^{w}\sum_{y''=1}^{h}T(x'', y'')}{\sqrt{\sum_{x'=1}^{w}\sum_{y'=1}^{h}\left[T(x', y')-1/(w\cdot h)\cdot\sum_{x''=1}^{w}\sum_{y''=1}^{h}T(x'', y'')\right]^2}}\cdot\frac{I(x+x', y+y')-1/(w\cdot h)\cdot\sum_{x''=1}^{w}\sum_{y''=1}^{h}I(x+x'', y+y'')}{\sqrt{\sum_{x'=1}^{w}\sum_{y'=1}^{h}\left[I(x', y')-1/(w\cdot h)\cdot\sum_{x''=1}^{w}\sum_{y''=1}^{h}I(x+x'', y+y'')\right]^2}}\right] \tag{3-94}$$

式中，w 为图像宽度；h 为图像长度；$1/(w\cdot h)\cdot\sum_{x''=1}^{w}\sum_{y''=1}^{h}T(x'', y'')$ 为像素平均灰度。

热缺陷定位时，由于传统 SURF 受红外图像和可见光像差干扰、以及原匹配准则的缺陷，使得设备故障点定位失准。本研究从特征点生成和特征匹配策略两方面进行优化和改进，将 NCC 获得的模板图像代替原图，以减少背景对特征点生成的干扰，并提高匹配效率；在利用 KNN 算法对 SURF 匹配策略进行优化，将极大值 Det(Happrox)、Harry 小波水平响应 $\sum_w \mathrm{d}_x$、Harr 小波垂直响应 $\sum_w \mathrm{d}_y$、Harry 小波响应值 m_w 作为特征值，采用欧氏距离算法对不同属性的特征点进行分类，避免原图特征点与目标图像中多个特征点的误匹配。使用 Henssian 矩阵变换求取极大值 Det(Happrox)，获得红外模板图像 $T(x', y')$ 的特征点为

$$H(x, y, \sigma)=\begin{bmatrix}L_{xx}(x, y, \sigma) & L_{xy}(x, y, \sigma)\\ L_{xy}(x, y, \sigma) & L_{yy}(x, y, \sigma)\end{bmatrix} \tag{3-95}$$

$$\mathrm{Det}(\mathrm{H_{approx}})=L_{xx}(x, y, \sigma)L_{yy}(x, y, \sigma)-(0.9L_{xy}(x, y, \sigma))^2 \tag{3-96}$$

其中，$L_{xx}(x, y, \sigma)=G(x, y, \sigma)\cdot T(x', y')$，$\sigma$ 为图像的尺度，$G(x, y, \sigma)$ 为尺度可

变的高斯函数，由此方法得到 $L_{xy}(x, y, \sigma)$、$L_{yy}(x, y, \sigma)$，0.9 为加权系数；以获得的特征点为圆心，计算半径为 6s(s 为特征点尺度)的圆形区域内的 Harr 小波响应值 m_w、水平响应 $\sum_w d_x$、垂直响应 $\sum_w d_y$，以克服图像视角差异，其中

$$m_w = \sum_w d_x + \sum_w d_y \tag{3-97}$$

以式(3-96)和(3-97)获得的极大值 Det(Happrox)、小波响应值 m_w、水平响应 $\sum_w d_x$、垂直响应 $\sum_w d_y$ 为特征样本，分别计算与待分类特征点距离最近的 k 个训练数据的距离。如图 3-52 中待分类点(黑色点) $X=(X_1)$ 和已知类别特征点(蓝色) $Y_1=(Y_{11}, Y_{12}, \cdots, Y_{1n})$、已知类别特征点(红色) $Y_2=(Y_{21}, Y_{22}, \cdots, Y_{2n})$，选取距离 D 最小的 k 个点，确定前 k 个点所在类别的出现频率，返回前 k 个点中出现频率最高的类别作为测试数据的预测分类，将待识别特征点判给 k 个最近邻中出现最多的一类。

$$D = \sqrt{\sum_{k=1}^{n} (X_{1_{(\mathrm{Det})}} - Y_{k_{(\mathrm{Det})}})^2 + (X_{1_{\sum_w d_x}} - Y_{k_{\sum_w d_x}})^2 + (X_{1_{\sum_w d_y}} - Y_{k_{\sum_w d_y}})^2 + (X_{1_{m_w}} - Y_{k_{m_w}})^2} \tag{3-98}$$

为获取偏差较小的红外和可见光图像的有效特征点子集 $T(x_i', y_i')$、$I'(x_i', y_i')$，采用 RANSAC 代价函数最小原则，筛选配对特征点

$$\begin{bmatrix} I'_{x_i'} \\ I'_{y_i'} \\ 1 \end{bmatrix} = S \cdot \begin{bmatrix} h_{11} & h_{12} & h_{13} \\ h_{21} & h_{22} & h_{23} \\ h_{31} & h_{32} & h_{33} \end{bmatrix} \cdot \begin{bmatrix} T_{x_i'} \\ T_{y_i'} \\ 1 \end{bmatrix} \tag{3-99}$$

$$f(x, y) = \sum_{i=1}^{n} \left[\left(I'_{x_i'} - \frac{h_{11} T_{x_i'} + h_{12} T_{y_i'} + h_{13}}{h_{31} T_{x_i'} + h_{32} T_{y_i'} + h_{33}} \right)^2 + \left(I'_{y_i'} - \frac{h_{21} T_{x_i'} + h_{22} T_{y_i'} + h_{23}}{h_{31} T_{x_i'} + h_{32} T_{y_i'} + h_{33}} \right)^2 \right] \tag{3-100}$$

$f(x, y)$为代价函数、S 为比例尺、$h_{11} \sim h_{33}$ 为两幅图的变换关系。实现在可见光背景里显示热像信息，定位热缺陷点。根据设备类型，对融合后的设备温度、热缺陷点等故障信息特征进行提取，利用故障现象与故障类型的相关程度，进行权重分配以降低 WKK 聚类误差和无关数据对聚类的影响。WKK 聚类为

$$f_0 = \sum_{k=1}^{k} \sum_{p \in \pi_c} W_{(p)} \| \varphi_{(p)} - m_c \|^2 \tag{3-101}$$

其中 $W_{(p)}$ 和 $W_{(q)}$ 为非负权重，k 为类数，π_c 代表第 c 个聚类，$\varphi(p)$ 和 $\varphi(q)$ 为故障信息，聚

类中心 $m_c = \frac{\sum_{q \in \pi_c} w_{(q)} \varphi_{(q)}}{\sum_{q \in \pi_c} w_{(q)}}$。

在设备故障诊断结果的基础上，结合 ARIMA 模型预测的周期性非稳定电负荷，预估未来一周设备运行状态，从而对故障演化做一定的预判。ARIMA 模型为

$$(1-\sum_{i=1}^{p}\phi_i L^i)(1-L)^d Z_t = (1+\sum_{i=1}^{q}\theta_i L^i)\varepsilon_t \tag{3-102}$$

其中，L 为滞后数字，$\sum_{i=1}^{p}\phi_i$ 为自回归系数，θ_i 为滑动平均系数，ε_t 为白噪声，d 为差分次数(用来获取平稳序列)、Z_t 为电负荷预测值。

分别以 2017 及 2018 年某变电站拍摄的红外图像为实验数据，从设备识别、缺陷定位及故障演化验证本研究方法的有效性。其中，将 2017 年拍摄的部分可见光图像和红外图像(人工处理方式)建成标准库。从剩下的 500 幅电力设备图像中随机选择 6 幅不同场景下的 5 种设备图像进行实验；故障诊断、故障演化阶段，以 2018 年电压互感器 CT 为故障样本进行分析。

如图 3-50 所示为拍摄设备红外状态图像的识别，结果表明：尽管在拍摄视角、背景差异影响下，不同时期同一设备的相关系数发生相应变化，但本模型所采用的 NCC 模板匹配方法对灰度差异较大图像，可有效实现设备识别、目标定位，平均识别率为 86%，并为下一步 SURF 匹配减少背景噪声。然而该模型对形貌较为相似的开关和避雷器等设备的识别准确率为 65%，准确率还有待提高。

在匹配融合阶段，本研究首先利用 KFCM(核模糊 C 均值)聚类算法[17]对已识别设备中性点、母线 PT、避雷器、放电间隙、CT＃1、CT＃2 进行图像分割，再进行匹配融合。融合后的图像如图 3-51 所示，可以直观准确地反映设备各部位以及环境温度等信息，精确定位热缺陷点，从而提高了下一步诊断的准确率。

如图 3-52 所示，通过匹配精确率、匹配速度、匹配稳健性三个评价指标对 SURF、SIFT、以及本研究改进的 SURF 算法进行定量分析。在中性点、母线 PT 匹配融合中得益于设备自身较明显的局部边缘特征，利于特征点生成，本研究改进 SURF 算法的平均准确率高于 SURF 算法 20%、SIFT 算法 18%；在避雷器及放电间隙匹配融合中，由于设备边缘特征不明显导致 SURF 生成的内点数较少，但是本研究算法的平均准确率高于 SURF 算法 19%、SIFT 算法 15%；在 CT＃1 匹配融合中，受到背景噪声以及相似设备干扰，造成内点数相对于 CT＃2 减少，但是本研究算法精确率均高于 SURF 算法 19%、SIFT 算法 14%。简而言之，经 KNN 优化后的 SURF 算法，即使在匹配过程中红外图像和可见光图像存在尺度、视角差异、像差等干扰，但是避免了红外图像的一个特征点与多个可见光图像特征点匹配的错误，精确率相比于传统 SURF 和 SIFT 更高，速度更快。

标准库 / 相关系数 / 拍摄图像	中性点接地	中性点避雷器	母线 PT	放电间隙	CT	获得红外模板
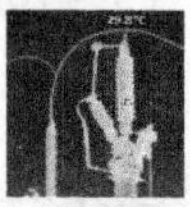	**0.301**	0.101	0.203	0.051	0.012	
	0.162	0.225	**0.441**	0.031	0.269	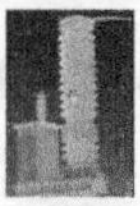
	0.087	**0.523**	0.259	0.062	0.319	
	0.125	0.231	0.251	**0.458**	0.236	
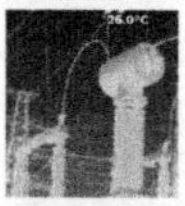	0.181	0.206	0.201	0.032	**0.282**	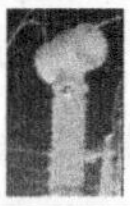
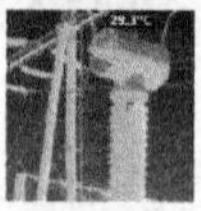	0.156	0.238	0.281	0.047	**0.330**	

图 3-50 设备识别及模板生成

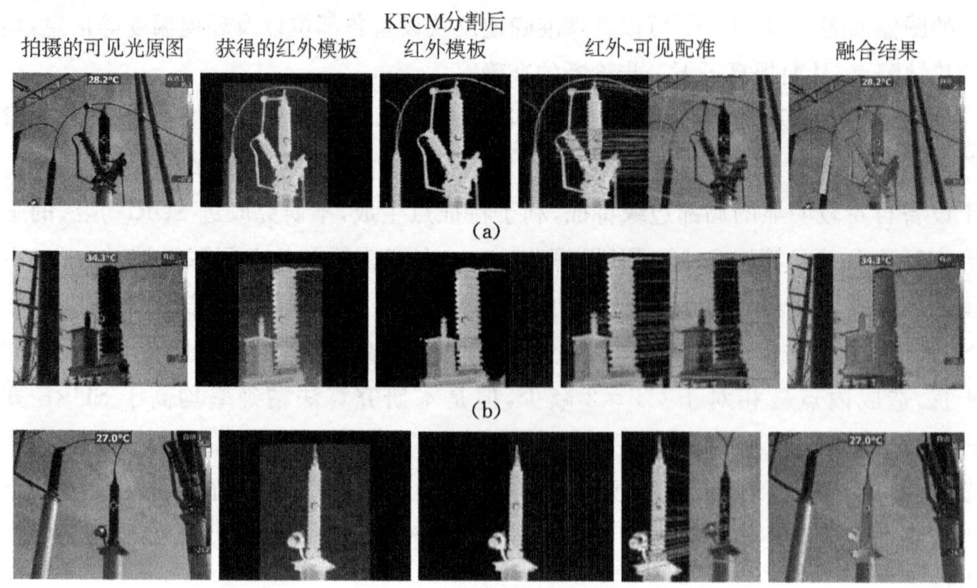

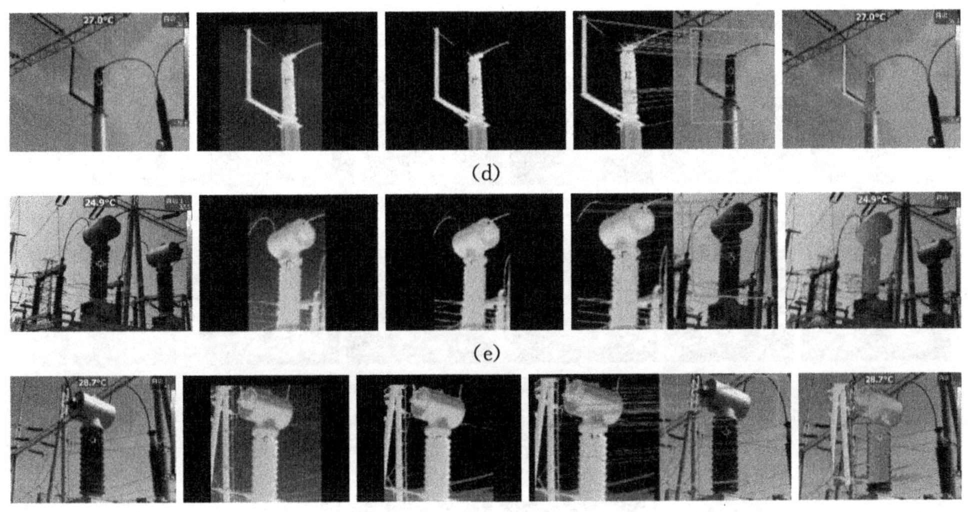

(d)

(e)

(f)

图 3-51 设备匹配融合

(a) 中性点；(b) 母线 PT；(c) 中性点避雷器；(d) 放电间隙；(e) CT＃1；(f) CT＃2

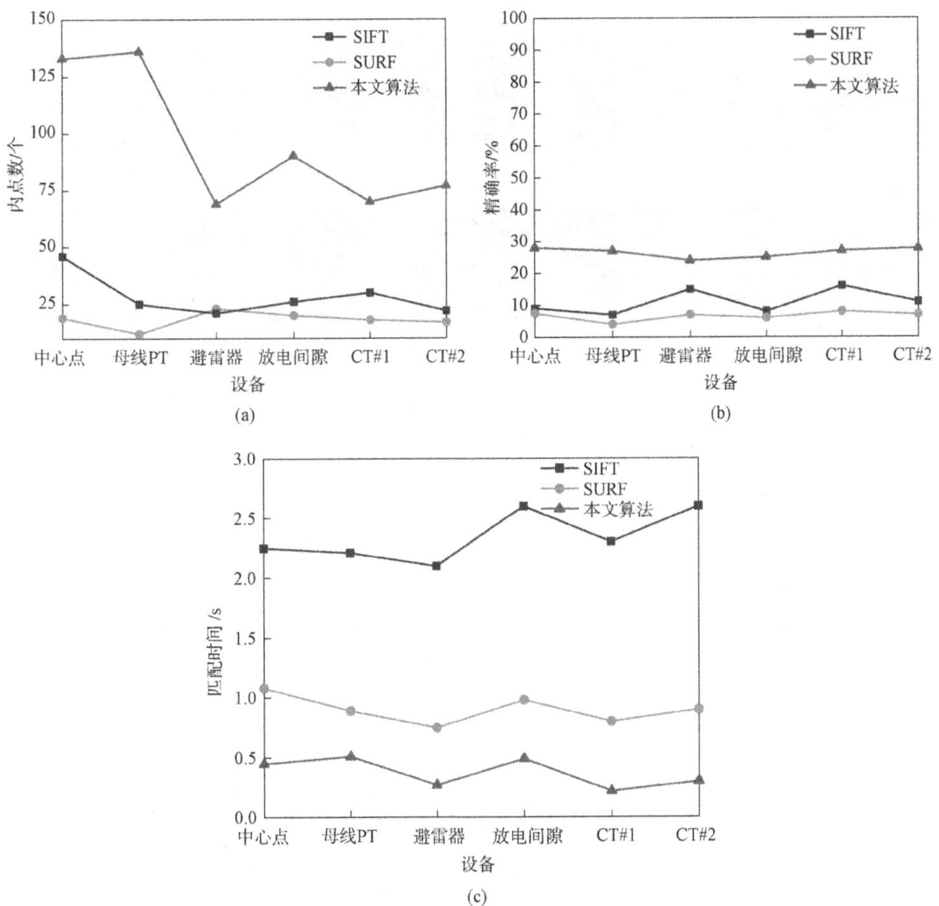

图 3-52 SIFT、SUFF、与本研究算法的性能对比

(a) 匹配精确率；(b) 内点(正确特征点)数；(c) 匹配速度

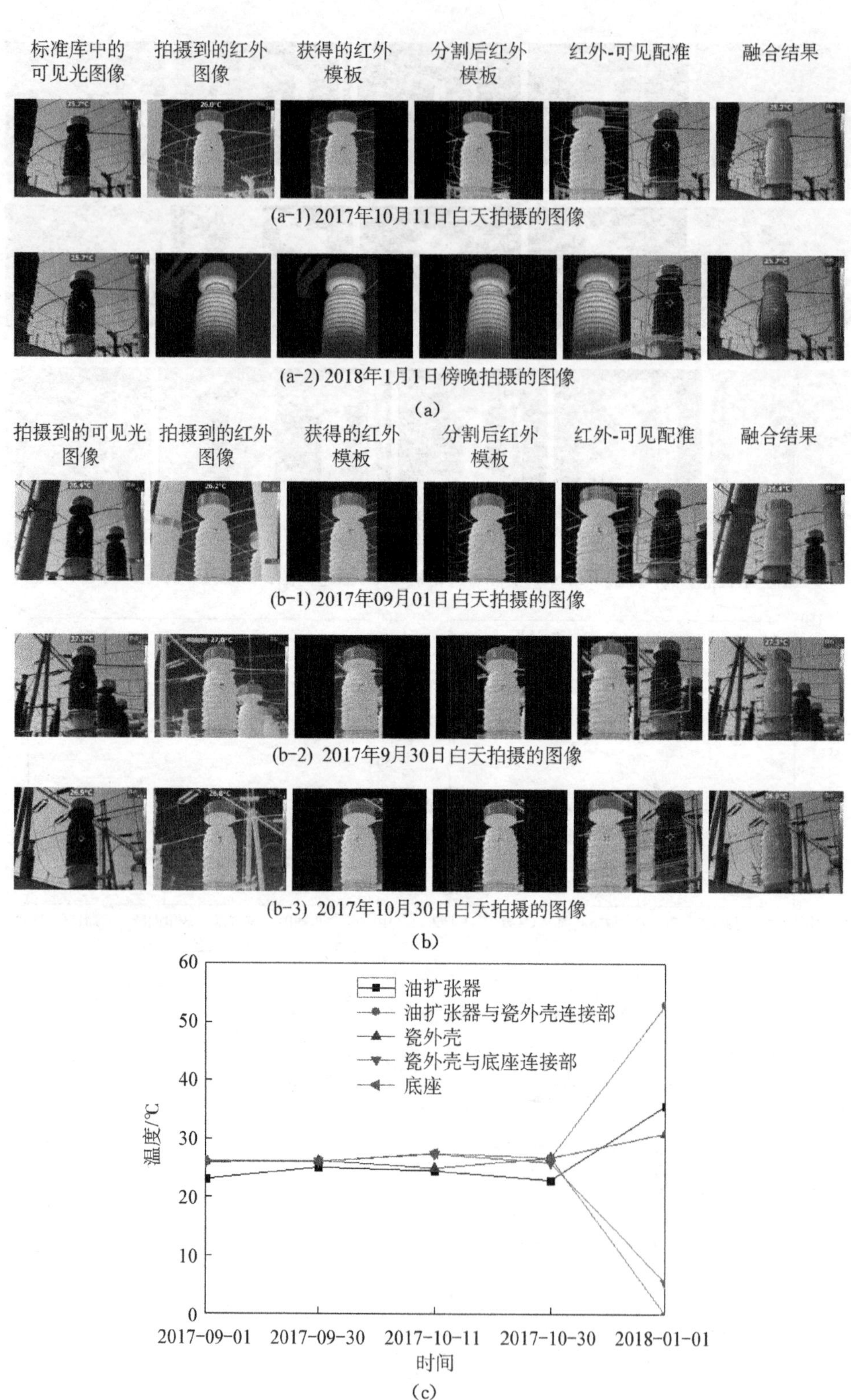

图 3-53 同一电流互感器 CT 不同时期各部位温度

(a) 缺失可见光情况；(b) 不同时期有可见光情况；(c) 不同时间设备各部位温度

图 3－53 所示为本研究故障演化使用的是 2017 年至 2018 年 110 kV 电压互感器 CT 检测图像，图 3－53(a)由于可见光图像缺失，因此将拍摄的红外图像与标准库的匹配融合。将设备最高温、用电负荷、发热部位等运行特征作为样本，使用 WKK 聚类方法对热缺陷进行诊断。

根据融合结果，以图像的灰度值提取设备各部位温度、环境温度等故障样本，结合当时用电负荷以及设备自身热稳定等参数(见表 3－17)，通过聚类方法进行设备故障诊断。为了在获得最优样本权重分配，考虑到各故障样本和故障类型不可割断的联系，采用层次分析法(AHP)[18]，按照联系紧密程度进行权重划分(见表 3－18)。

表 3－17 发现故障时设备状态报表

设备名称	时间	正常温度参考值	设备最高温/℃	发热部位	环境温度/℃	当时用电负荷/kW	热稳定倍数	冒烟	外壳是否完好	放电	起火
电压互感器 CT	2018－01－01，18:50	－5～＋40	**53**	油扩张器和瓷外壳连接部	**0**	**131**	2.5	无	完好	无	无

表 3－18 故障分类

现象	部位(a)	冒烟(b)	放电(b)	高温(c)	外壳完整(c)	环境(d)	电负荷(d)	热稳定(d)
权重/%	20	15	15	10	10	5	5	5

CT 在油扩张器和瓷器连接部温度过高，但电负荷正常、环境温度低、外壳完整(后经运维人员确认)，且未发生放电、起火、冒烟等现象，得出该故障诊断结论为：电流互感器内部导电杆与绕组导线端头板压接板连接不良，设备运行后发生高能量密度的持续过热现象。

使用层次分析法，根据影响、紧急度两个因素对故障权重、指数进行分配。定义故障指数公式：$Y=40\times A+30\times B+20\times(C_1+C_2)+10\times D$，其中故障指数表示设备健康度，临界值反映安全运行极限，式中 A、B、C、D 分别为各指标权重(见表 3－18)。基于上述诊断结果，确定故障类型；差热分析(DTA)和温升(Δt)关系定义故障级别，以及为环境温度权重；根据负荷和热量关系，为负荷分配权重。这里需要指出，差热分析：$Q_r=C_r\dfrac{d_{T_r}}{d_t}=K(T-T_r)$，式中 T 为设备温度；T_r 为参照物温度(环境温度)；K 为传热系数；Q_r 为散热量，即当室温远低于设备温度时利于设备降温减轻故障，Q_r 为负值；当室外温度高于设备温度不利于设备降温加剧故障，Q_r 为正值。温升(Δt)：$\Delta t=\dfrac{(t_h-t_c)}{(t_c-t_0)}$，式中 t_h 为发热部位最高温度、t_c 常态下热稳态温度、t_0 环境温度。电负荷发热公式 $Q=I^2\cdot R\cdot t$，

Q 为发热量、I 为电流、R 为电阻(不变)、t 为时间,因此电负荷权重为 $\left(\frac{Q}{Q_1}\right)^2 \cdot 100\%$。

热故障临界值 Y_r:选故障等级为危险的第三类故障点局部过热等为临界条件,电负荷为发现故障时负荷值,C_1 选晴天,C_2 按春 15%、夏 20%、秋 20%、冬 20%为参考,得到 $Y_r = 0.5 \times 40 + 0.75 \times 30 + 20 \times (0.05 + 0.5 \times (0.2 + 0.2 + 0.2 + 0.15)) + 10 = 61$,一旦故障指数大于 61 则立刻停止运行检修、小于 61 大于 35 可短时间内继续运行(故障指数越高可运行时间越短)、若无维修条件低于 35 可继续长时间运行(见表 3 - 19)。

表 3 - 19 设备参数及故障指数

设备	测量部位	最高容许温度:T_{max}/℃
电压互感器	接线端子	75
	机械结构处	90

	温度(T)	温升(Δt)
破坏性	$T \geqslant 100\% \cdot T_{max}$	$80\% > \Delta t > 50\%$
危险	$100\% \cdot T_{max} > T \geqslant 75\% \cdot T_{max}$	$60\% > \Delta t > 30\%$
临界	$75\% \cdot T_{max} > T \geqslant 50\% \cdot T_{max}$	$40\% > \Delta t > 10\%$
轻微	$50\% \cdot T_{max} > T \geqslant 25\% \cdot T_{max}$	$35\% > \Delta t > 7\%$
安全	$25\% \cdot T_{max} > T$	$7\% > \Delta t$

评分项	故障类型 A (40 分)	故障级别 B (30 分)	环境 C (20 分)	电负荷 D (10 分)
权重	二次开路(100%) 末屏电容击穿(80%) 屏蔽层击穿(80%) 局部放电(50%) 局部过热(50%) 正常(0%)	破坏性(76%~100%) 危险(51%~75%) 临界(26%~50%) 轻微(1%~25%) 安全(0%)	C_1【50%】: 晴(5%) 雨(25%) 雾、潮(20%) C_2【50%】: 故障时设备温度 T_1 故障后的平均温度 T: $\left(\frac{T-T_1}{T_1}\right) * 50\%$	故障发生时 负荷 Q_1:100% 故障后的负载 Q: $\left(\frac{Q}{Q_1}\right)^2 * 100\%$

根据 ARIMA 模型预测的未来一周各时段的用电量,得出故障演化结果未来一周预测的故障指数最高为 45,在可接受范围内,因此不建议立刻停止设备运行,可以故障运行到第 20~28 h 对设备进行断电维修。

由于电动车充电具有间歇性、随机性和波动性特点。虽然本研究模型预测的电负荷误差较大，但是本研究对不同样本进行权重分配，降低了个别突发数据对预测误差的干扰，保证了预测温度和预测故障指数的准确度，有效地反映故障设备后期运行状态。

综上，本节提出可见-红外图像特征融合的电力设备故障演化模型。该模型不仅实现设备识别，还能清晰反映设备温度参量、定位设备热缺陷点，智能化全天候检测设备运行状况，结合预测电负荷对故障建模、分析和预判，可克服人为主观影响，较准确的反映设备状态，具有较好的实用性。本节模型虽然可以通过图像融合实现故障诊断及演化，但不能用于设备内部、气体等故障演化。

3.5.3 紫外放电成像特征参数提取研究

随着高压及特高压设备增多，局部放电（电晕放电、辉光放电、沿面放电、爬电、闪络）事故发生的可能性增加，故对设备绝缘性能要求更高。通过研究紫外成像技术及电晕放电在各个时期的特征，能准确判断电气设备外部运行状态。

3.5.3.1 紫外特征参数提取

研究电气设备的外部运行情况，首先需要提取各状态下的特征参数。以绝缘子为例对其污秽状态进行特征提取，分别对Ⅰ、Ⅱ、Ⅲ、Ⅳ级绝缘子图像，每级分别选择 110 组样本，每组为 10 s 内的视频分帧得到的 250 幅图像，计算每组光子数的均值、中值等 11 个特征。为了提高数据的可比性和分类器的运算速度，需要对每组特征量进行归一化，归一化公式为

$$\overline{r_i^{(k)}}=\frac{r_i^{(k)}-r_{\min}^{(k)}}{r_{\max}^{(k)}-r_{\min}^{(k)}} \tag{3-103}$$

式中，k 表示特征组数；i 表示样本编号。对归一化后的特征计算类间方类内方差和 Fisher 准则函数 J_F，不同相对湿度下 J_F 值对比如图 3-54 所示。

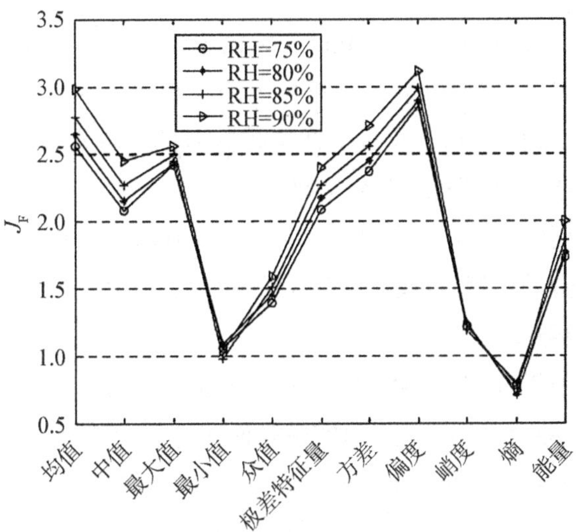

图 3-54 不同相对湿度下 J_F 值对比

通过比较不同 J_F 值,选择均值、中值等 6 个 J_F 大于 2 的特征带作为描述绝缘子污秽状态的特征量。利用 KPCA 对上述 6 组特征进行特征提取,前三个核主元累积贡献率如表 3-20 所示。可以看出,核主元个数为 3 时,各污秽等级的累积贡献率均在 90%以上,在相对湿度为 85%条件下,每级各选 40 个样本绘制三维特征分布如图 3-55 所示。

表 3-20 紫外放电特征核主元累积贡献率

核主元个数	相对湿度			
	75	80	85	90
1	62.08	67.31	65.62	68.10
2	82.79	82.60	84.37	87.39
3	91.33	92.15	92.72	93.94

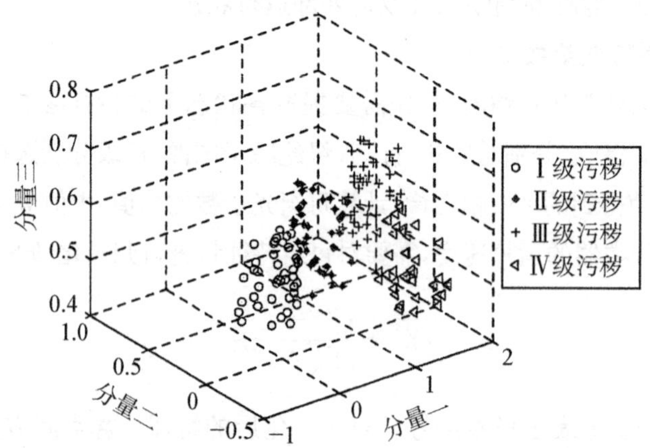

图 3-55 相对湿度 85%时紫外图像三维特征分布

由图 3-55 可以看出,由 KPCA 得到的三维核主元可以区分四个污秽等级,但是不同污秽等级间的分界面较为复杂,分界面附近样本的识别效果会有所下降。以每一污秽等级 60 个训练样本的三维核主元以及每个样本拍摄时的环境湿度为输入,污秽等级为输出,对 RBFNN 分类器进行训练,并对每级 20 个测试样本进行识别,识别正确率为 71.25%。测试结果说明所提取的特征参数存在一定的误差,可以考虑从紫外成像设备自身参数方面对特征参数进行校正,或结合多通道技术获取更加全面的目标信息。

3.5.3.2 特征参数校正

紫外检测结果受外界环境影响较大,王锐、胡伟涛等人分别研究了紫外光子数与温度、湿度、仪器增益及观测距离等关系,以实验验证在一定的观测距离范围内,有效光子数与观测距离之间满足幂函数关系;湖南省电力公司试验研究所与华中科技大学发现在稳定的电晕和相同的增益观测下,紫外光子数与距离基本成反比的关系;王旭光等人通过公式推导和实验验证紫外光子数与检测距离之间的函数关系,并证明了紫外在空气传播中存在衰减现象。华北电力大学基于光子数与距离的幂指数关系提出了光子数的距离修正公式，但其实验仅考虑了局部放电电源为点放射源的情况，光子数与观测角度之间的定量关系尚未研究，因此，本节通过实验研究综合观测距离、观测视角与光子数之间的定量关系，并以此作为参考对测量结果进行修正，提高现场实测的准确性。

实验过程中使用稳定紫外光源，利用紫外成像仪分别测量不同距离、不同视角下的光子数，取每组视频中光子数的极大值平均值作为测量结果以降低测量误差。结果如图 3-56(a)所示，可以看出 0°和 30°曲线在 0～50 m 范围内，随着距离的增大呈减速下降趋势，同以往的文献中得到的结论一致，而 75°曲线近距离呈现下降趋势，远距离时光子数趋于饱和。如图 3-56(b)为不同观测距离和视角下测量得到的光子数曲线，其中，横坐标为观测角度，纵坐标为光子数数量，不同的曲线代表距离。从中可以看出，在相同距离下，随着观测角度的增大，光子数将呈现下降趋势。这表明在光源焦面法线位置的辐射照度最强，若接收端与辐射光源法线呈现某一角度，辐射强度将会衰减、紫外光子数值也将下降。另一方面，随着距离的增大，实测光子数也随之减少，比如在 60 m 与 10 m 相比，即便是正对焦面，也有很大误差，无法达到光子数的准确测量。这种因距离而产生的误差，可以归因于辐射的传输损失，以及目标尺寸相对于仪器视场空间覆盖减小导致的信号减弱所致。

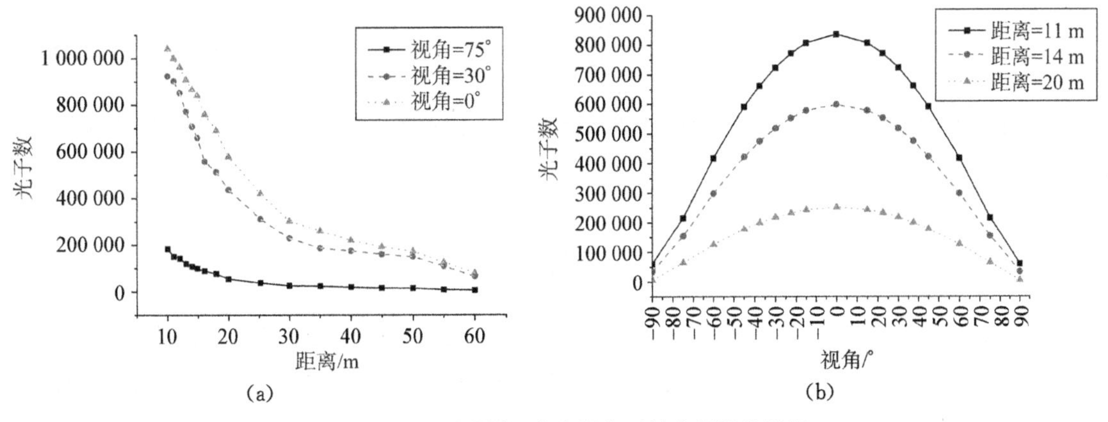

图 3-56 不同观测距离和视角下的光子数曲线图

从上述实验结果与分析可知，光子数随观测距离与视角变化较大，因此，利用紫外成像仪对电气设备进行状态检测时，有必要研究观测视角、距离与光子数之间的定量关系，对测量结果进行修正。对于观测距离而言，采用 $n=\frac{n_0}{2\pi}\times\frac{1}{X^2}$ 对其进行拟合时，拟合优度为 89%，考虑到测量过程中可能存在的传输损失，再利用 $n=\frac{n_0}{2\pi}\times\frac{1}{X^q}$ 通过最小二乘法对距离曲线进行非线性拟合。其中，n 为光子数，n_0 为光子数初值，X 为仪器与辐射源间的距离，q 作为距离常系数，需要拟合得出。

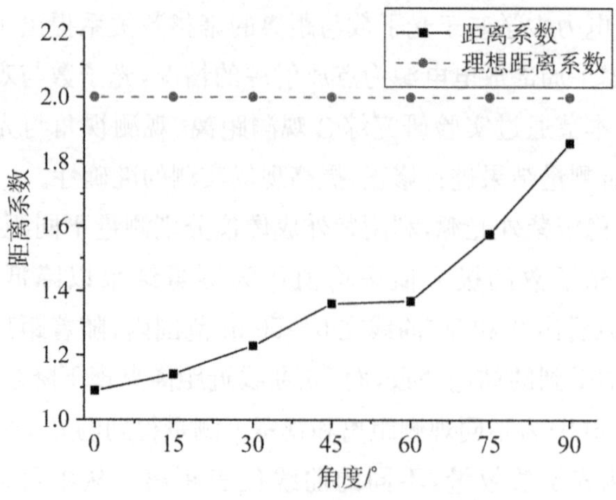

图 3-57　系数 q 随距离变化结果

图 3-57 可以看出，紫外成像仪与光源焦面角度越大，指数系数越接近于 2，但总小于 2。原因在于：①由于设备增益保持不变，测量时可能存在光斑重叠现象，导致测量光子数偏多；②紫外成像仪探测到的电晕能量不仅随着距离的增大而呈减小的趋势，而且存在一定的能量损耗。依据光在传播过程中因介质吸收和散射作用呈指数式衰减，则光子数与距离关系满足

$$n=\frac{n_0}{2\pi}\times\frac{1}{X^q}e^{-aX} \tag{3-104}$$

对于观测角度：若为点辐射源，观测角度对光子数的影响甚微；而对于低压面光源，观测视角为 θ 时的辐照度为

$$E=\frac{\pi}{4}L\cdot\tau\frac{1}{(1-\beta)^2}\cos\theta^4 \tag{3-105}$$

其中，β 光学系统的纵向放大率，D 为出瞳直径，τ 为光学系统透射比。设初始距离为 X_0，根据式(3-104)(3-105)可得紫外光子数随观测距离视角关系式可用余弦幂指函数关系表达

$$n=Bn_0X_0^2\frac{e^{-\mu X}}{X^q}(\cos(\theta))^m \tag{3-106}$$

观测距离和角度与光子数仿真图像如图 3-58 所示，紫外光子数变化趋势与上述实验及分析结果一致，则利用紫外成像仪检测电力设备电晕放电时，其光子数与观测距离及视角满足拟合公式，这就有必要对其相关参数进行确定。将 q、m、Bn_0X_0 作为拟合系数利用公式对实验结果进行拟合，拟合公式为：$n=14\,180\,000\frac{e^{-0.013\,04X}}{X^{1.02}}(\cos(\theta))^{1.637}$，且拟合优度为 98%，则拟合结果相对较好。

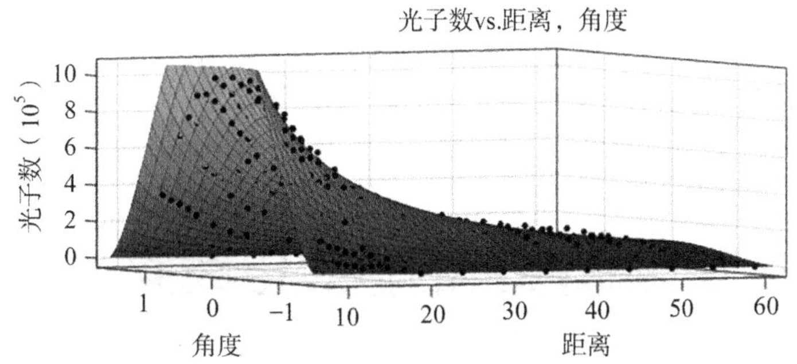

图 3－58　观测距离和角度与光子数仿真图像

利用公式将不同距离及观测视角下的光子数修正到初始距离 X_0 级初始角度进行统一评估，则修正公式应满足：$y_0 = y\dfrac{e^{-0.01304(X-X_0)}}{(X_0/X)^{1.02}}(\cos(\theta_0)/\cos(\theta))^{1.637}$。则利用本节提出的修正公式可以提高紫外成像仪的利用率和效益，有助于今后智能系统的自动评估。

综上，本节用提取紫外成像特征参数的提取方法，基于紫外成像参数获取的不稳定性，研究了影响紫外光子数的影响因素，定性分析了仪器增益、风力、观测距离及观测角与光子数之间的关系，实验结果和理论仿真结果均表明：①单纯依靠光子数对放电状态进行诊断存在一定的风险，可结合多波段信息融合技术获取更加全面的特征信息；②在使用紫外成像仪进行局部放电检测时，可根据本研究提出的修正公式 $y_0 = y\dfrac{e^{-0.01304(X-X_0)}}{(X_0/X)^{1.02}}(\cos(\theta_0)/\cos(\theta))^{1.637}$ 修正不同距离、角度下的光子数，从而便于后续状态评估。

4

基于多源信息融合的输变电线路覆冰检测

输电线路是电力系统的命脉，输电线路覆冰超额将导致输电线路故障、大面积停电等严重后果[122]。目前我国正处于建设智能电网的关键时期，完善的电网检测技术是电网能够安全运行的保证。线路覆冰灾害在我国的南方地区非常普遍，每年冬季都会给人民的生产生活造成一定的危害。输变电线路覆冰是客观存在的，无法从根本上消除，但可通过完善的检测技术，掌握线路覆冰的情况，预测其发展趋势，及时采取除冰措施，从而预防覆冰灾害的发生[123]。

本章主要研究基于图像处理和多源信息融合的输变电线路覆冰检测技术，利用成熟的图像处理技术简化覆冰图像的覆冰厚度提取过程，并提取拉力传感器、倾角传感器、风向传感器、湿度传感器等多源信息采集装置集合输电线路的覆冰状态数据，通过等值覆冰厚度的计算模型定量分析覆冰状态。

4.1 基于图像处理的输变电线路覆冰检测技术

图像描述信息的准确性，能够给工作人员提供直观、丰富的信息，便于作出准确判断，但图像容易受环境影响，在夜间和大雾天气监测结果较差[124-125]；光纤传感器具有精度高、结构简单、能在恶劣条件下工作等优点，常常用于在室外恶劣环境下的机械拉力检测，但监测的布点都以点状布置，不能反映区域的环境信息[126-127]。因此通过航模摄像机、光纤传感器获得输变电线路信息，再将这些信息通过网络送到监控中心，利用软件来分析这些数据并计算得出输变电线路目前的状态及其发展趋势，可以提高电力系统自动化、信息化、智能化程度。

本章研究了覆冰图像处理的具体步骤，设计出从摄像头标定到图像处理，再到覆冰厚度检测的一系列算法过程。调用 OpenCV 视觉库中的函数，编写程序，处理图像，最终算出线路覆冰厚度。

4.1.1 覆冰图像处理流程

基于图像处理的输变电线路覆冰检测是以采集到的覆冰图像为处理对象，利用数字图像处理和图像识别技术，获取线缆覆冰前后的边缘数据，然后进行对比，以此计算出线路覆冰厚度。线缆覆冰图像的处理流程如图 4-1 所示。

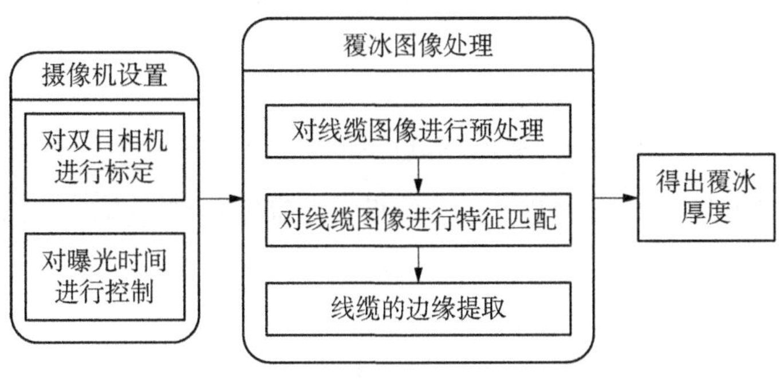

图 4-1 线缆覆冰图像处理流程

1）摄像机的标定

光线进入摄像机透视镜时，会产生一些畸变：主要是径向畸变和切向畸变。对摄像机进行标定，主要是了解摄像机的内参数和畸变系数，以此校正图像。

OpenCV 提供了多种计算摄像机内参数的算法。实际的标定可通过函数 cvCalibrateCamera2()完成。该算法将摄像机对准一个有很多独立可表示点的物体，通过该物体在不同角度的成像计算摄像机的相对位置、方向以及内参数。此函数同时进行大量分解工作以提供所需信息，包括摄像机内的参数矩阵、畸变系数、旋转向量和平移向量。前两个构成摄像机内参数，后两个构成物体位置和方向的摄像机外参数。

2）曝光控制算法

输电线路一般架设于野外，覆冰图像的光源主要是日光。但是太阳的运动轨迹时刻在变化，不同的时间和角度下日光的强度不同，而在所拍摄的输电线路覆冰图像中，覆冰线缆所处的位置是感光区域，摄像机的曝光不足或曝光过度均会使后期线缆图像的提取面临很大困难。因此需要利用曝光控制算法，针对不同日光强度对曝光时间进行控制。

3）线缆图像预处理

相机标定好之后，对输电线缆进行拍摄。输电线缆的图像包含覆冰部分和非覆冰部分，但都可能受到干扰而包含噪声，为使后续图像信息提取更加准确，需要对图像进行预处理。

本节选取 Sobel 算子[128]加强图像的纹理，Sobel 算子是一个离散微分算子，用来计算图像灰度函数的近似梯度，原理如图 4-2 所示，选取水平方向的 Sobel 算子对图像进行卷积，可以加强水平方向上的图像纹理。Sobel 算子结合了高斯平滑和微分求导，过程如下：

(1) 水平变化：将 I 与一个基数大小的内核 $\boldsymbol{G}_x$ 进行卷积。当内核大小为 3 时，$\boldsymbol{G}_x$ 的计算结果为 $\boldsymbol{G}_x=\begin{bmatrix}-3 & 0 & 3\\ -10 & 0 & +10\\ -3 & 0 & +3\end{bmatrix}$

(2) 垂直变化：将 math 与一个基数大小的内核 $\boldsymbol{G}_y$ 进行卷积。比如，当内核大小为 3 时，$\boldsymbol{G}_y$ 的计算结果为 $\boldsymbol{G}_y=\begin{bmatrix}-1 & -2 & -1\\ 0 & 0 & 0\\ +1 & +2 & +1\end{bmatrix}$

(3) 在图像上的每一点，结合以上两个结果求近似梯度 $\boldsymbol{G}=\sqrt{\boldsymbol{G}_x^2+\boldsymbol{G}_y^2}$

当内核大小为 3 时，Sobel 内核会产生比较明显的误差，利用 OpenCV 提供的 Scharr 函数得到更精准的结果。得出内核为 $\boldsymbol{G}_x=\begin{bmatrix}-3 & 0 & 3\\ -10 & 0 & +10\\ -3 & 0 & +3\end{bmatrix}$，$\boldsymbol{G}_y=\begin{bmatrix}-3 & -10 & -3\\ 0 & 0 & 0\\ +3 & +10 & +3\end{bmatrix}$。

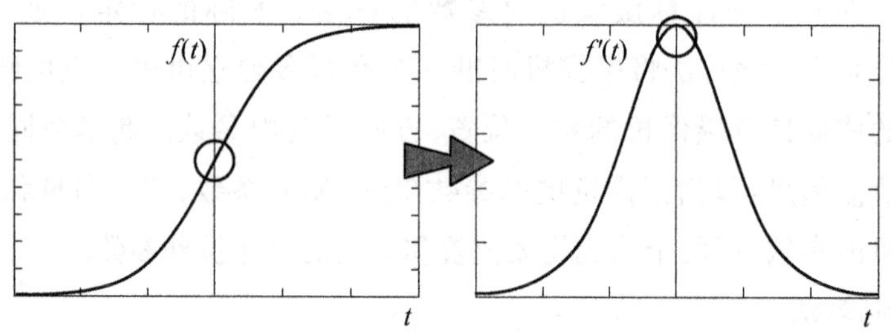

图 4-2 Sobel 算子原理

4) 线缆图像特征匹配

输电线路的纹理特征经过覆冰后会显著减弱，因此获取覆冰图像的准确视差图成为线缆图像特征匹配的关键。由于输电线路结冰过程缓慢，可以把覆冰过程等效为静态过程，因此对匹配算法的运行速度没有很高要求，重点是提高匹配算法的精度。

经过多种算法的调研与实施，本节最终选取 WTA 算法(Winner Take All)，该算法结构如图 4-3 所示。

5) 线缆边缘提取

(1) Laplace 变换。

Laplace 算子的定义：$\text{Laplace}(f)=\dfrac{\partial^2 f}{\partial^2 x}+\dfrac{\partial^2 f}{\partial^2 y}$，Laplace 中二阶倒数如 4-4 所示。

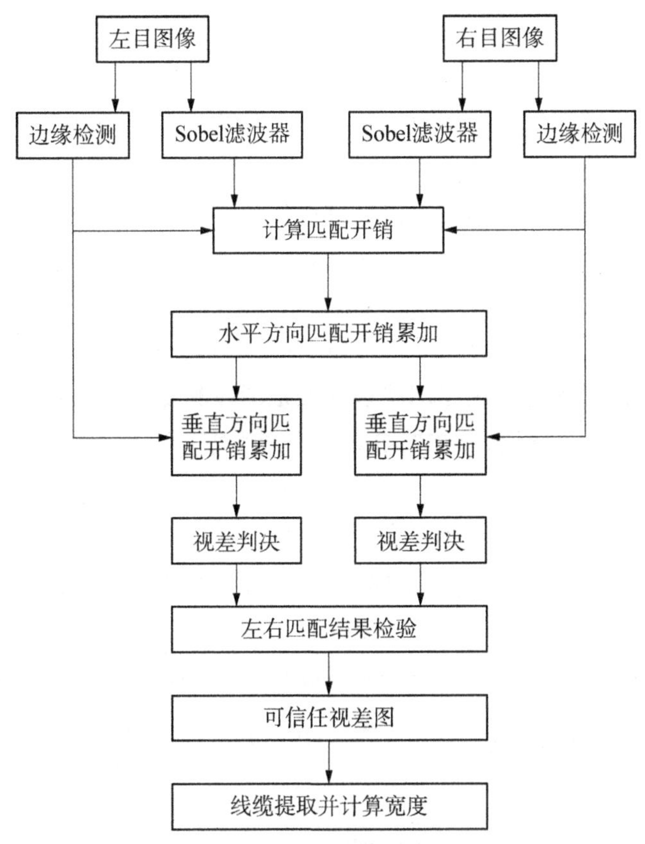

图 4-3 匹配算法结构

图像边缘部分像素值会出现“跳跃”或者较大变化，故此边缘部分的一阶导数会有极值出现。图 4-4 中显示了一阶导数的极值位置，即二阶导数为 0 处，以此作为提取线缆图像边缘的方法。对于二阶导数 0 值不仅出现在边缘处(也可能出现在无意义的位置)的问题，可以过滤掉这些点。

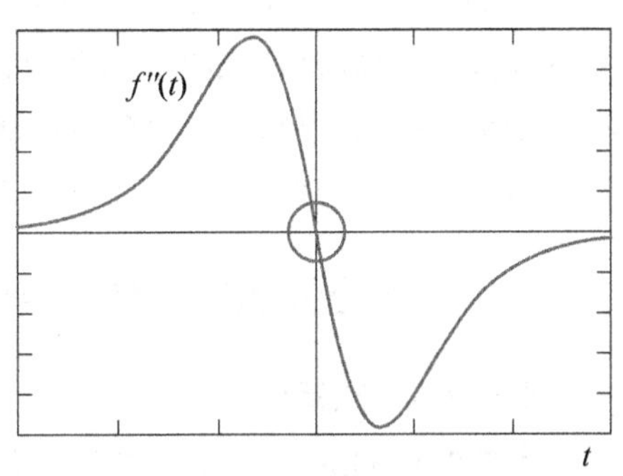

图 4-4 Laplace 算子原理

线缆边缘提取利用二阶导数检测图像边缘，由于图像是“二维”的，在两个方向上用 Laplace 算子求导。在 OpenCV 中用 Laplacian 函数实现，该函数内部调用了 Sobel 算子，即使用了图像梯度。本节利用高斯平滑消除噪声，并将图像转换到了灰度空间，使 Laplace 算子作用于灰度图像，并保输出图像结果。

(2) Canny 边缘检测算法。

由于在整幅图像中覆冰线缆不是视角中最近的图像，所以先对截取的覆冰线缆所在区域的视察图像进行处理，根据场景的远近获取线缆覆冰图像，接着去除背景，根据覆冰处和线缆的线径差得到覆冰的厚度。线缆的提取采用了 Canny 边缘检测法。

Canny 边缘检测算法[129]由 John F. Canny 于 1986 年提出,是一个多级边缘检测算法。最优边缘检测的三个主要评价标准是:低错误率,标识出尽可能多的实际边缘,同时尽可能减少噪声产生的误报;高定位性,标识出的边缘要与图像中的实际边缘尽可能接近;最小响应,图像中的边缘只能标识一次。边缘检测的主要过程如下:

① 用高斯函数对覆冰图像进行平滑处理以消除噪声,再利用高斯平滑滤波器卷积降噪。高斯函数为 $G(x, y)=\frac{1}{2\pi\delta^2}\exp\left(-\frac{x^2+y^2}{2\delta^2}\right)$。用 $G(x, y)$ 对原图像 $f(x, y)$ 进行平滑处理。平滑处理后的图像 $g(x, y)$ 为 $G(x, y)\cdot f(x, y)$。有效消除了尺度小于高斯分布因子 δ 的图像强度变化。由于图像边缘处是图像灰度变化最明显的地方,这种突变会在一阶导数中产生一个峰值,或在二阶导数中产生零点可利用拉普拉斯算子来获取平滑后的图像。

② 拍摄的线缆图像可能由于光线变化产生低对比度的现象,不利于线缆图像覆冰边缘的提取,可采用 Sobel 算子对图像的覆冰边缘进行增强,加强图像的纹理,然后计算 Sobel 滤波后的覆冰图像的像素点之间的相似度。

③ 计算梯度幅值和方向。此步骤按照 Sobel 滤波器步骤,分别作用于 x 和 y 方向的卷积阵列,计算梯度幅值和方向:$G=\sqrt{G_x^2+G_y^2}$,$\theta=\arctan\left(\frac{G_y}{G_x}\right)$,梯度方向向四个可能角度之一靠拢(0, 45, 90, 135)。

④ 抑制非极大值。用于排除非边缘像素,仅保留候选边缘。

⑤ 滞后阈值。滞后阈值需要两个阈值(高阈值和低阈值)。规则为:如果某一像素位置的幅值超过高阈值,该像素被保留为边缘像素;如果某一像素位置的幅值小于低阈值,该像素被排除;如果某一像素位置的幅值在两个阈值之间,该像素仅仅在连接到一个高于高阈值的像素时被保留(高低阈值比在 2∶1 到 3∶1 之间)。

4.1.2 输电线路覆冰厚度计算

4.1.2.1 鼠标事件

本节利用 OpenCV 强大的人机交互功能中的鼠标事件进行输电线路覆冰厚度检测的操作,在采集到的覆冰图像中用鼠标点击覆冰线路的边缘,与未覆冰的线路边缘进行对比,求出覆冰的厚度。

由于图像处理在窗口环境下工作,所以采取 OpenCV 中的 cvWaitKey()命令来捕捉单次出发时间。为响应该鼠标点击时间,我们创立了一个回调函数,在鼠标点击时间发生的同时调用该回调函数,可以满足指定输入参数和返回参数类型的任何函数。

通过比较覆冰前后的线缆厚度,我们设置了 4 次鼠标事件,分别进行在未覆冰时线缆两侧和覆冰后的线缆两侧,可以得到两条线段。根据得到的两条线段每两点的坐标,通过线段的比例计算出覆冰前和覆冰后的厚度。

4.1.2.2 流程展示

对输电线路覆冰情况的拍摄图像经摄像头标定的结果如图 4－5 所示。

图 4－5 经摄像头标定后拍摄到的线路覆冰图像

经 Canny 算子边缘检测后线路覆冰的效果如图 4－6 所示。

图 4－6 Canny 边缘检测后的效果

通过鼠标事件截取输电线缆厚度的覆冰图像得出的未覆冰线缆和有覆冰线缆两侧四个位置的坐标点值分别为点 1(pp1. x，pp1. y)、点 2(pp2. x，pp2. y)、点 3(pp3. x，pp3. y)、点 4(pp4. x，pp4. y)和两条线段的长度 $k1$，$k2$。运行结果如图 4 - 7 所示。

```
C:\Windows\system32\cmd.exe
pp1.x=1170,pp1.y=265
pp2.x=1173,pp2.y=268
pp3.x=1106,pp3.y=329
pp4.x=1146,pp4.y=368
k1=4.242641,k2=55.865911请按任意键继续. . .
```

图 4 - 7　鼠标点击的坐标及两条线段的长度

覆冰后与覆冰前的输电线缆厚度比例为 $k2/k1=55.8/4.2=13.3$，根据该线缆的实际厚度，通过比例计算出实际输电线路覆冰厚度。

4.1.3　实验室环境下的算法测试

本部分根据设计的基于图像处理的算法及覆冰厚度的计算，在实验室环境下模拟制作一系列不同厚度的覆冰线缆，并利用摄像机拍摄覆冰图像，利用上述检测算法验证计算出的覆冰厚度是否与在实验条件下与用标尺测量的模拟覆冰厚度相同，并进行了多次试验。本部分主要介绍测试环境并对实验中可能出现的问题进行分析。

4.1.3.1　实验室环境搭建

本实验选取 7 根不同直径的电线，用软质泡沫覆盖在电线上模拟出不同厚度的输变电线路覆冰情况，用摄像机拍摄出清晰的覆冰照片，按照 2.1 节的图像处理算法进行一系列的摄像机标定、曝光处理、图像预处理、特征匹配和线缆边缘处理。最后得到的图像处理结果如图 4 - 8 所示。

在运用鼠标事件在线缆未覆冰处找出轮廓鲜明的两处，单击鼠标 4 次，得出未覆冰和覆冰后的两条线段 $K1$，$K2$ 的位置坐标和长度数值，运行结果如图 4 - 9 所示。

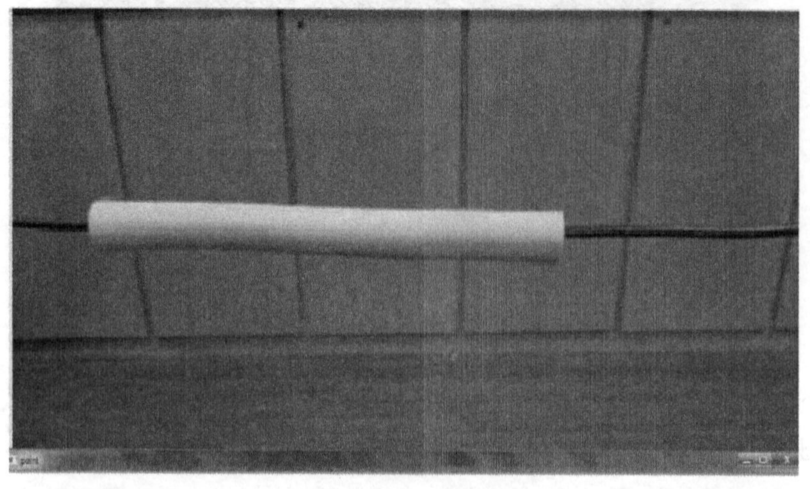

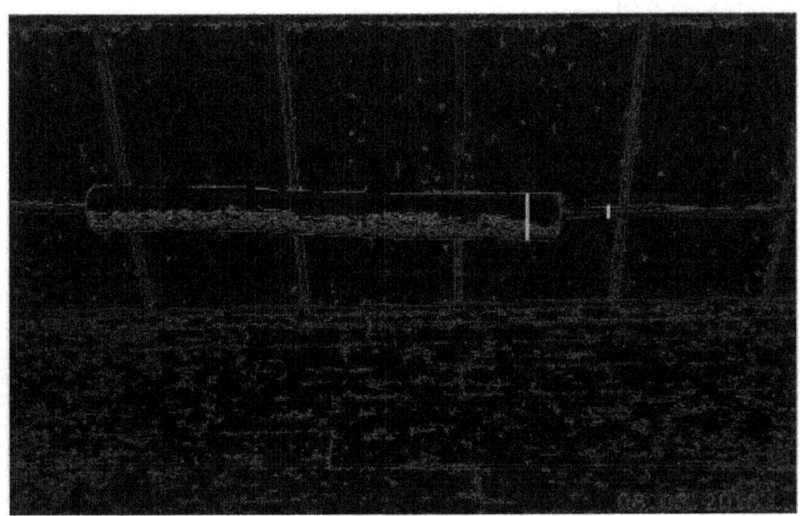

图 4-8 实验室环境下拍摄的覆冰图片及边缘检测效果

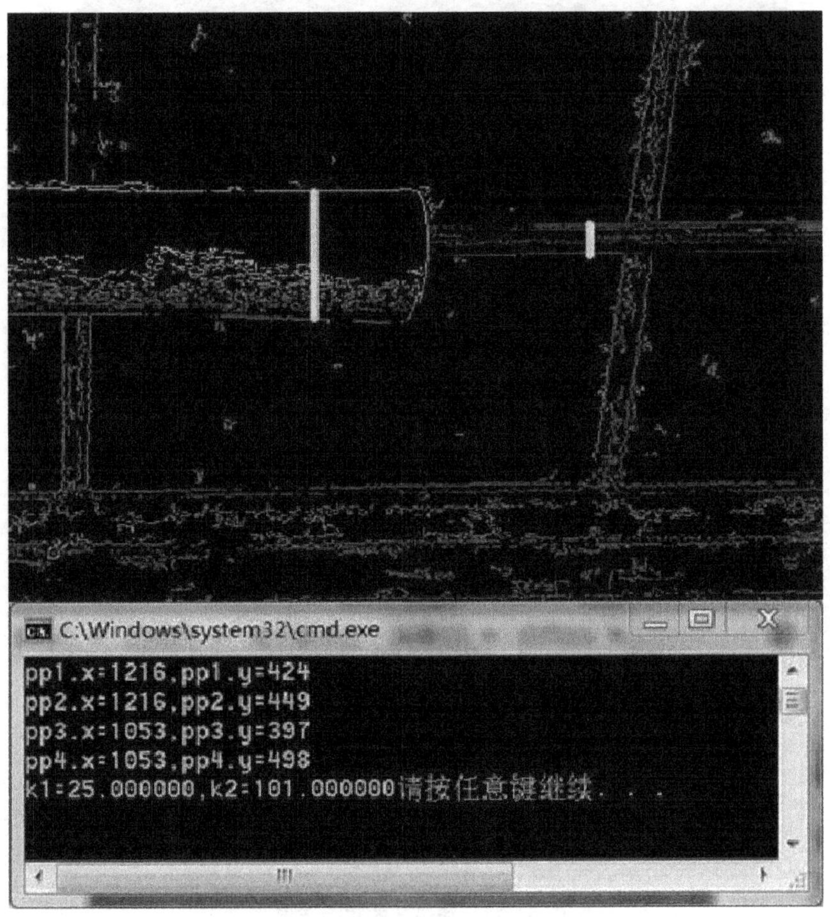

图 4-9 点击鼠标后获得的线缆覆冰前后厚度

4.1.3.2 结果和误差分析

本实验中所用模拟电缆如图 4-10 所示，在实验室条件下实际测得该线缆的直径为 0.7 cm，覆冰之后的厚度为 2.9 cm。由图像处理算法计算出的线缆覆冰厚度为 0.7×101/25=2.828 cm，与实际测量结果具有 0.072 cm 的误差，计算得到误差率为 2.4%。

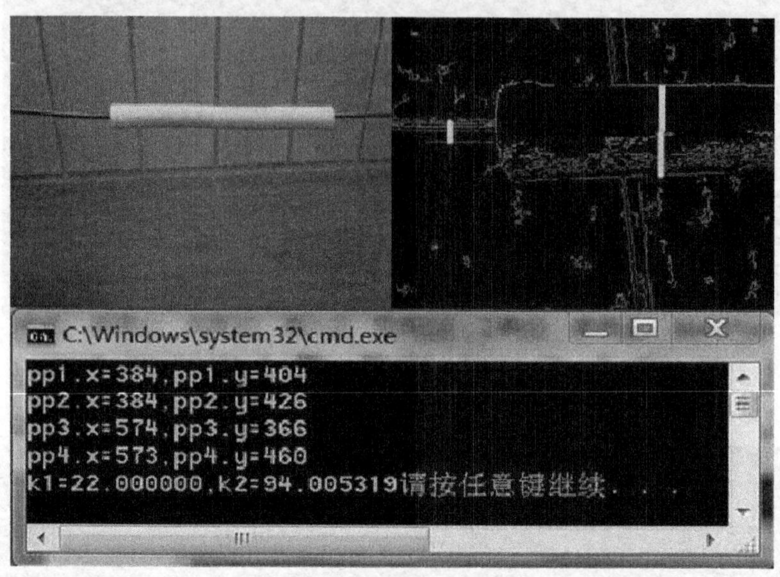

图 4-10 线缆 2 的实验结果

利用上述方法和步骤，本实验对另外 6 根模拟覆冰线缆进行测量计算(见图 4-11)。

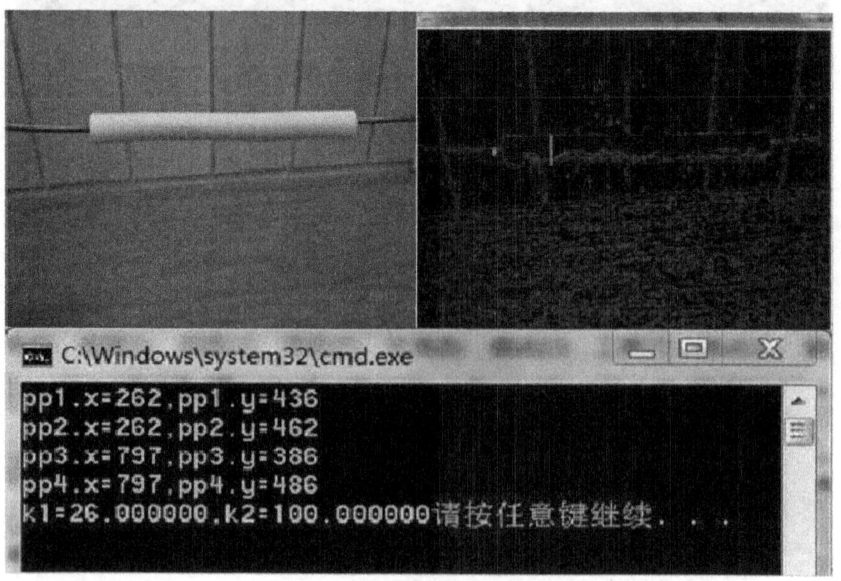

图 4-11 线缆 3 的实验结果

对第 2 根模拟线缆在实验室条件下测试，测得线缆的直径为 0.7 cm，覆冰之后的厚度为 2.7 cm，由图像处理算法计算出的线缆覆冰厚度为 0.7×94/22=2.990 cm，与实际测量结果具有 0.09 cm 的误差，计算得到误差率为 3.1%。

对第 3 根模拟线缆在实验室条件下测试，测得线缆的直径为 0.7 cm，覆冰之后的厚度为 2.7 cm，由图像处理算法计算出的线缆覆冰厚度为 0.7×100/26=2.692 cm，与实际测量结果具有 0.008 cm 的误差，计算得到误差率为 0.2%。

其余 4 根模拟电缆覆冰情况测试过程同上，不再赘述。

针对上述图像处理方法和覆冰厚度计算进行了实验测试和验证，在实验室环境下共制作不同覆冰厚度的覆冰输变电线缆共 7 条，实验结果与实际用标尺的测量值对比结果如表 4-1 所示。其中 $K1$，$K2$ 为覆冰线缆图像在 Canny 边缘检测作用后，用鼠标提取的线路覆冰前后的两条线段的长度，目的是找出线缆覆冰前后厚度的比例，再根据实际线缆厚度计算出线缆的覆冰厚度。设线缆覆冰前的厚度为 $L1$，覆冰后的厚度为 $L2$，则计算覆冰厚度 $L2=L1\cdot(K2/K1)$。

表 4-1 覆冰厚度实验计算结果

覆冰前		覆冰后			覆冰前后对比	
实际直径/cm	$K1$	$K2$	计算值/cm	实际值/cm	误差/cm	误差率/%
0.7	25	101	2.828	2.9	0.072	2.4
0.7	22	94	2.990	2.9	0.090	3.1
0.7	26	100	2.692	2.7	0.008	0.2
0.7	25	99	2.772	2.7	0.072	2.6
0.7	26	95	2.558	2.5	0.058	2.3
0.7	27	94	2.437	2.5	0.062	2.4
0.7	28	98	2.450	2.5	0.050	2.0

基于图像处理的覆冰厚度检测方法平均误差为 2.1%，该方法对覆冰厚度的检测误差较小，对后续的除冰工作有较高的考察价值。但是计算出的覆冰厚度和实际情况还是存在一定的误差，这是由于鼠标操作的时间(人工手动点击)影响造成的，需要进一步改进。

4.2 基于多源传感器信息的输电线覆冰监测

本节主要完成对输电线路覆冰状态监测的关键技术研究，具体包括集成拉力传感器、倾角传感器、超声波一体化气象传感器等多源传感器信息于同一监测终端，对终端数据进行采集与处理；考虑风载荷对线路的影响，综合多源传感信息环境下的线路等值覆冰厚度计算模型，并以此为依据定量分析线路覆冰状况，提高覆冰线路覆冰转台监测的准确性。

4.2.1 多源传感器的选择

本覆冰监测终端基于称重法[130-131]实现覆冰厚度监测，传感器单元主要包括拉力传感器、倾角传感器、气象传感器和温湿度传感器等多源传感器。原始采集数据的准确性，是进行后期数据处理的基础和关键，因此，覆冰在线监测系统传感器的选取应从传感器的测量准确度、测量范围、抗干扰能力和低温性能等方面综合考虑。

1) 拉力传感器

拉力传感器安装在直线杆塔的绝缘子串上，且多以非标准的金具式拉力传感器为主[132]。拉力传感器属于电阻应变式传感器，导线在自身负载的15%范围内为传感器的非线性区，而大多数高压输电线路的绝缘子串重量没有达到线路自重的15%，因此拉力传感器长期工作在非线性区，直接影响测量精度。

高端输电线路覆冰检测专用拉力传感器的优点是响应速度快，性能稳定可靠，直流12 V供电，最小采集周期约80 ms，根据输电线路实际情况量程可选10 T、16 T、21 T、30 T、42 T，采集信号通过RS485总线输出，通信稳定可靠，通过添加非线性补偿将非线性区压缩至允许范围内来保障测量精度。其实物如图4-12所示。

图4-12 输电线路覆冰检测专用拉力传感器

图4-13 数字输出型双轴倾角传感器

2)倾角传感器

输电线路绝缘子串倾角的测量采用双轴倾角传感器，双轴倾角传感器能耐低温、抗干扰，并能在冰雪天气下正常工作[133]，可用于测量悬垂绝缘子串偏斜角 e 和绝缘子串风偏角 n。覆冰在线监测系统选用数字输出型双轴倾角传感器，最小采集周期10 ms，内置高精度16 bitA/D差分转换器，通过5阶滤波算法处理后输出双轴倾角最终测量值，采用直流12 V供电，信号通过RS485总线输出，通信稳定可靠。数字输出型双轴倾角传感器的输出角度在工作温度范围内得到了二次修正，在高低温环境下性能仍可靠稳定，特别适合在输电线路等各种恶劣环境条件下应用，其实物如图4-13所示。

数字双轴倾角传感器主要特性：双轴倾角测量、宽电压输入9～36 V、宽温－40～

+85℃、高抗震>20 000 g、RS485 输出、IP67 防护等级、高精度 0.01、最小分辨力 0.000 1、小体积 66 mm×56 mm×34 mm。

3) 气象传感器

为提高大气风速、风向、温湿度等气象采集数据准确度，气象传感器采用超声波一体化的气象传感器。气象传感器由超声波风速风向传感器，高精度数字温度、湿度传感器集成，可准确、快速地检测出风速、风向、大气温度与大气湿度，内置信号处理单元能根据需求输出相应信号，高强度结构设计可在恶劣气候环境中准确检测，广泛用于气象、海洋、环境、机场、港口、实验室、工农业及交通等领域[134-136]。

超声波一体化气象传感器采用直流 12 V 供电，最小采集周期 80 ms，并通过抗干扰极强的工业总线 RS485 与其控制器进行通信，可在−50～60℃宽温度范围和 0～100%宽相对湿度条件下正常工作。测量性能参数如表 4－2 所示，实物如图 4－14 所示。

表 4－2 超声波一体化气象传感器性能参数表

功能	风速/m/s	风向	大气温度/℃	大气湿度/%RH	大气压力/hPa
测量范围	0～50	0～360	−50～60	0～100	10～1 100
准确度	±0.2	±1	±0.3	±5	±0.3
分辨率	0.01	0.1	0.1	0.1	0.1

图 4－14 超声波一体化气象传感器

4.2.2 覆冰厚度计算模型

导线上要形成覆冰，必须具备三个条件：

(1) 空气湿度达到 85%以上。导线覆冰时的常见气候为冻雨、雨凇和雨夹雪。

(2) 温度为 0～5℃。温度过低，空气水滴直接结成冰雪，温度过高，空气水滴将不容易覆冰。

(3) 风速大于 1 m/s。风速过大或过小基本不会导致导线覆冰。

因此,先采用多源传感器信息融合方法定性分析覆冰情况,若之前监测无覆冰,则当气象信息满足温度低于 0℃,湿度大于 80%、风速大于 1 m/s 时才进行定量计算,否则判定无覆冰,若之前有覆冰,则直接通过覆冰厚度计算模型定量计算覆冰厚度,从而准确快速监测输电线路覆冰状况。

首先,根据初始条件在垂直平面内计算无风载荷时线路基本静力学参数;然后,考虑架空输电线路受水平风载荷影响,线路将偏离垂直平面形成线路风偏平面,将垂直平面内的线路参数归算到风偏平面内的线路参数;其次,考虑风载荷时在风偏平面内计算线路的基本静力学参数,再次,在垂直平面内建立静力学平衡方程,求解导线覆冰参数,最后,根据求解的覆冰参数更改导线长度和导线水平应力,实现循环迭代计算,直到满足等值覆冰厚度计算精确度 ε 要求。

输电线路的参数计算通常有悬链线法精确计算和斜抛物线法近似计算两种,悬链线法[137]计算精度高,常常作为标准模型进行计算,计算结果更接近真实值,但是计算复杂,斜抛物线法虽然计算精度不如悬链线法,但是计算简便,计算精度仍能满足线路状态监测技术要求,为简化工程计算,常常忽略导线的刚性而将其认为绳索,利用斜抛物线方程来代替悬链线方程。因此本论文采用斜抛物线法进行覆冰计算模型的研究。

本章首先对绝缘子串悬挂点进行静力学分析,在垂直平面竖直方向上建立静力学平衡方程,指出求得垂直平面内主杆塔所承受的导线自重载荷和冰载荷,即可求得导线等值覆冰厚度。受风载荷的影响,需要最优状态估计方法才能求取绝缘子串拉力、风偏角和偏斜角的稳态平衡值,最后,基于斜抛物线方程进行架空输电线路导线力学计算,综合考虑温度和应力对导线长度的影响,考虑导线最低点落在档距外以及风偏引起导线最低点偏移的情况,在风偏平面内根据导线应变参数关系求解导线自重载荷和冰载荷,进一步完善了基于静力学分析方法的架空输电线路直线杆塔在线监测的覆冰厚度计算模型,通过循环迭代方式精确计算线路等值覆冰厚度,有利于提高覆冰厚度监测的准确性。

4.2.2.1 垂直平面内线路静力学分析

覆冰在线监测终端安装在主杆塔上,主杆塔、大小号杆塔及架空输电线路构成垂直平面(X-Y 平面)。架空输电线路在无风载荷时的垂直平面模型如图 4-15 所示。主塔杆 O 与小号侧塔杆 A 及大号侧塔杆 B 之间的档距分别为 L_1 和 L_2;导线悬挂点高度差分别为 h_1 和 h_2,高度角分别为 β_1 和 β_2;导线架设时的长度分别为 S_{10} 和 S_{20};小号侧和大号侧塔杆导线最低点到主塔杆的水平档距分别为 L_a 和 L_b。

输电线路无风时,垂直平面内导线水平应力 σ_0 及 γ、σ_0 的比值

$$\begin{cases}\sigma_0=\gamma\cdot L\cdot\cos\beta\sqrt{\dfrac{L}{24(S\cdot\cos\beta-L)}}\\\dfrac{\gamma}{\sigma_0}=\dfrac{1}{L\cdot\cos\beta}\sqrt{\dfrac{24(S\cdot\cos\beta-L)}{L}}\end{cases}\tag{4-1}$$

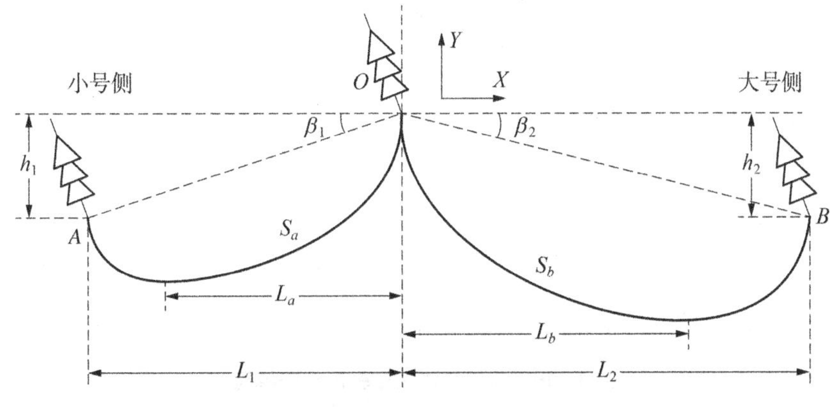

图 4-15 垂直平面架空输电线路模型

其中，L 为档距，β 为高差角，γ 为导线垂直综合比载，σ_0 为导线水平应力。当导线无覆冰时，γ 等于导线自身比载 γ_0；当导线覆冰时，γ 等于导线自身比载 γ_0 与冰载荷比载之和。第一次迭代计算时，假设导线无覆冰，则 $b_0=0$，其中 b 为导线等值覆冰厚度，γ_1 等于导线自身比载 γ_0，并假设导线长度 S_1 等于导线安装时长度 S_0，可从输电线路设计资料中查到，则根据式(4-1) 可求得档距内导线水平应力 S_0 及 γ、σ_0 的比值。

根据式(4-1)可分别计算得到小号侧和大号侧输电线路导线的比载和水平应力的比值 $\gamma\sigma_{10}$ 和 $\gamma\sigma_{20}$，进一步可计算得到小号侧和大号侧的导线最低点到主塔杆的水平档距为

$$\begin{cases} L_a = \dfrac{L_1}{2}\left(1 + 2\,\dfrac{h_1\sigma_{10}}{2}\cos\beta_1\right) \\ L_b = \dfrac{L_2}{2}\left(1 - 2\,\dfrac{h_2\sigma_{20}}{2}\cos\beta_2\right) \end{cases} \tag{4-2}$$

根据式(4-2)的计算结果，进一步可计算得到小号侧和大号侧导线最低点到主塔杆的导线长度为

$$\begin{cases} S_a = L_a + \dfrac{L_a^3\gamma^2}{6\sigma_{10}^2\cos^2\beta_1} \\ S_b = L_b + \dfrac{L_b^3\gamma^2}{6\sigma_{20}^2\cos^2\beta_2} \end{cases} \tag{4-3}$$

4.2.2.2 风偏平面内线路静力学分析

考虑架空输电线路受水平风载荷影响，线路将偏离垂直平面形成风偏平面(X'-Y'平面)，架空输电线路在风载荷作用下的模型如图 4-16 所示，偏离角度为倾角传感器采集测量数据求得的风偏角，在风偏平面内计算输电线路参数更符合实际情况，覆冰厚度计算结果准确度将更高。因此，需要计算输电线路在风偏平面内的参数。

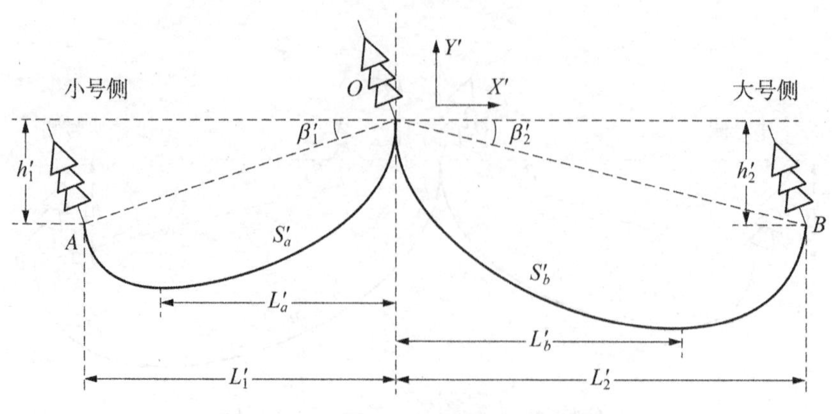

图 4-16 风偏平面架空输电线路模型

可近似认为输电线路各点的风偏角相同，输电线路受水平风载荷影响产生偏移后仍然位于综合载荷作用的同一个平面（风偏平面）内，因此输电线路档距、比载、高差和应力等线路参数将位于风偏平面内。风偏平面内输电线路参数与垂直平面内输电线路参数之间的关系为

$$\begin{cases} L' = \sqrt{L^2 + (h \cdot \sin\eta)^2} = L\sqrt{1 + (\tan\beta \cdot \sin\eta)^2} \\ \gamma' = \dfrac{\gamma}{\cos\eta} \\ h' = h\cos\eta \\ \sigma_0{}' = \dfrac{L'}{L}\sigma_0 = \sigma_0\sqrt{1 + (\tan\beta \cdot \sin\eta)^2} \\ \cos\beta' = \cos\beta\sqrt{1 + (\tan\beta \cdot \sin\eta)^2} \\ \sin\beta' = \sin\beta \cdot \cos\eta \end{cases} \tag{4-4}$$

式中，L'——风偏平面内档距；h'——风偏平面内的高差；σ_0'——风偏平面内导线最低点的应力；β'——风偏平面内的高差角。因此，可通过无风时垂直平面内的线路参数求取有风载荷作用下风偏平面内的线路参数。

根据式(4-4)和式(4-3)，可进一步计算得到风偏平面内输电线路导线的比载与水平应力的比值为

$$\frac{\gamma'}{\sigma_0'} = \frac{\gamma}{\sigma_0 \cdot \cos\eta\sqrt{1 + (\tan\beta \cdot \sin\eta)^2}} \tag{4-5}$$

根据式(4-3)至式(4-5)，进一步可计算得到风偏平面内小号侧和大号侧的导线最低点到主杆塔的水平档距为

$$\begin{cases} L'_a=\dfrac{L'_1}{2}\left(1+2\,\dfrac{h'_1\sigma'_{10}}{2}\cos\beta'_1\right)=\dfrac{L_1\sqrt{1+(\tan\beta_1\cdot\sin\eta)^2}}{2}\left(1+\dfrac{2h_1\sigma_{10}\cos\beta_1}{L_1^2\gamma}\cos^2\eta\right) \\ L'_b=\dfrac{L'_2}{6}\left(1-2\,\dfrac{h'_2\sigma'_{20}}{2}\cos\beta'_2\right)=\dfrac{L_2\sqrt{1+(\tan\beta_2\cdot\sin\eta)^2}}{2}\left(1-\dfrac{2h_2\sigma_{20}\cos\beta_2}{L_2^2\gamma}\cos^2\eta\right) \end{cases} \tag{4-6}$$

根据式(4-3)到式(4-6),进一步可计算风偏平面内的小号侧和大号侧导线最低点到主杆塔的线长为

$$\begin{cases} S'_a=L'_a+\dfrac{L_a^{3\prime}\gamma'^2}{6\sigma'^2_{10}\cos\beta'_1}=\dfrac{L_1+\sqrt{1+(\tan\beta_1\cdot\sin\eta)^2}}{2}\left(1+\dfrac{2h_1\sigma_{10}\cos\beta_1}{L_1^2\gamma}\cos^2\eta\right) \\ S'_b=L'_b+\dfrac{L_b^{3\prime}\gamma'^2}{6\sigma'^2_{20}\cos\beta'_2}=\dfrac{L_2+\sqrt{1+(\tan\beta_2\cdot\sin\eta)^2}}{2}\left(1+\dfrac{2h_2\sigma_{20}\cos\beta_2}{L_2^2\gamma}\cos^2\eta\right) \end{cases} \tag{4-7}$$

在风偏平面内,为简化工程计算,常常假设大小号杆塔端绝缘子串沿相同方向和大小的偏移,即不考虑不平衡力和风载荷对垂直平面内档距 L 和导线原始长度 S_0 的影响。对于同一档距,当风偏固定时,由于L'_a、L'_b、S'_a、S'_b的计算结果只与$\gamma\sigma_0$ 的值相关,因此计算过程中通过 $\gamma\sigma_0$ 的值来计算将大大简化计算过程和计算量,并可减小小数取舍计算误差,提高计算准确度。

4.2.2.3 风偏平面内导线自重和冰载荷的计算

受风偏影响,由于 $L_a/L_1>L'_a/L'_1$,导线在风偏平面竖直方向的最低点与导线在垂直平面竖直方向的最低点不相同,在风偏平面内导线最低点发生偏移且最低点向高杆塔悬挂点侧偏移,故主杆塔所承受的导线自重和冰载荷的导线等效长度应为风偏平面垂直档距内导线等效长度。档距内导线最低点可能落在档距外,档距内导线最低点到主杆塔的距离有三种情况,即 $L'<0$、$0<L'<L$ 和$L'>L$,大小号档距自由组合共 9 种情况。

覆冰监测终端在实际应用中多数安装在其中的三种情况下。由于主杆塔受力加大,是故障易发生点,因此需要紧密检测其覆冰状况,对输电线路的稳定运行有着重要的影响。

4.2.2.4 垂直平面内覆冰厚度计算

在绝缘子串的垂直平面竖直方向上,由静力学分析可得,竖直方向上的绝缘子串拉力与竖直向下的绝缘子串及金具自重、导线自重、线路冰载荷的综合作用力相均衡[138],由前所述可得:

$$\frac{F}{\sqrt{1+\tan^2\eta+\tan^2\theta}}=G_1+G_0+G_{ice} \tag{4-8}$$

因此,由式(4-8)及前所述可计算得到分裂导线单位长度所承受的冰载荷 q_{ice}。假设

覆冰外形为均匀圆柱体，覆冰类型为雨凇，覆冰密度 ρ 为 0.9×10^{-3} kg/(m·mm^2)，根据覆冰质量不变换算法，则等值覆冰厚度为

$$b=\frac{1}{2}\left(\sqrt{\frac{4q_{\text{ice}}}{\rho g\pi}+d^2}-d\right) \tag{4-9}$$

式中，g——重力加速度常数，一般取 9.806 65 N/kg。

将 q_{ice} 带入式(4-9)即可得到导线等值覆冰厚度 b_n。n 为循环迭代次数，与等值覆冰厚度 b_{n-1} 做比较，若 b_n 与 b_{n-1} 之差小于某一阈值 ε，ε 为等值覆冰厚度计算精确度，则停止此次等值覆冰厚度计算，并得到等值覆冰厚度精确值。否则，需要循环迭代计算。

4.2.3 多源传感器信息覆冰厚度监测实例

4.2.3.1 气象参数计算

通过超声波一体化气象传感器对气象数据进行监测，采集大气的风速、风向、温度和湿度等数据并进行数据处理，由于风速风向变化较大且稳定性差，需要进一步求解标准风速、10 分钟平均风速和 10 分钟平均风向，由于短时间内大气温度和大气湿度变化较小，为简化计算，其参数直接取连续 10 次采集测量值的平均值即可[139]。

标准风速是指利用对数风廓线转换到标准状态的风速，一般指转换到标准 10 m 高度处的风速，为风速瞬时值。因此标准风速为

$$W_s=W\frac{1-\log^{\lambda}}{\log^{H}-\log^{\lambda}} \tag{4-10}$$

式中，W——当前采集的风速值；H——传感器安装高度；λ——风速粗糙系数，野外一般取 0.03。

10 分钟平均风速为传感器安装位置处直接采集测量风速的每分钟采集一次，为风速平均值。

10 分钟平均风向为传感器安装位置处直接采集测量风向的 10 分钟内平均值，同 10 分钟平均风速一样，一般每分钟采集一次，为风向平均值。

4.2.3.2 等值覆冰厚度计算

覆冰监测终端基于称重法的多源传感器信息和等值覆冰厚度计算模型进行在线监测输电线路覆冰状况[140-144]。首先，通过 CC2_530 主控制器控制各传感器进行数据采集，并根据卡尔曼滤波算法和极值求解等方法对采集的数据进行数据处理，得到相应的输电线路状态参数；其次，根据等值覆冰厚度计算模型进行计算处理得到精确的输电线路等值覆冰厚度；最后，将计算结果和相关信息通过覆冰通信系统传到远程监控中心。等值覆冰厚度计算流程如图 4-17 所示。

(1) 通过超声波一体化气象传感器采集大气的风速、风向、温度、湿度等气象信息，并进行相应数据处理。

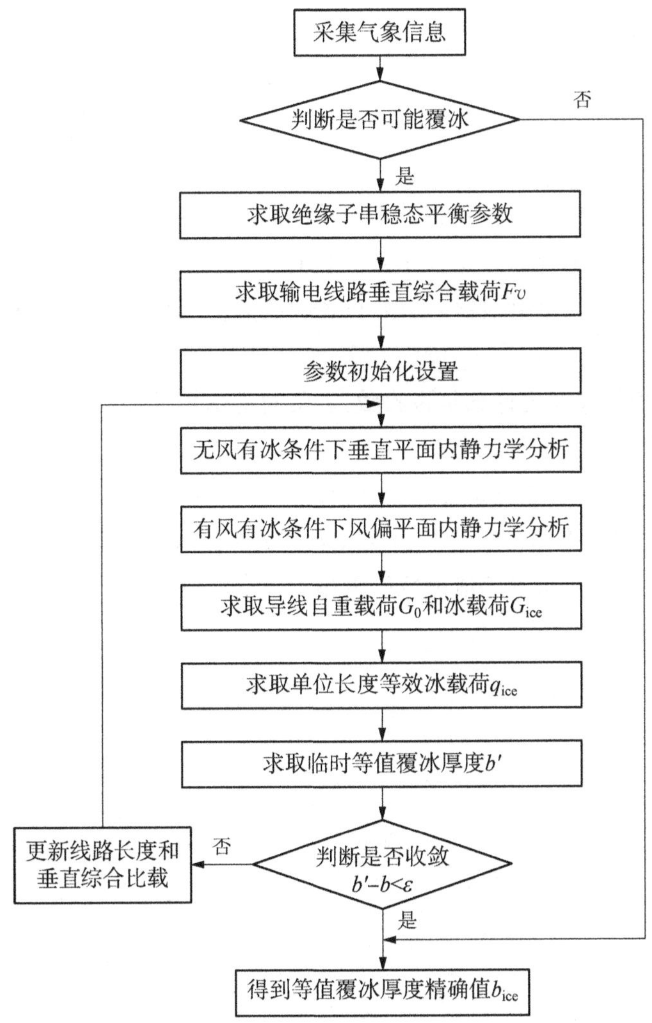

图 4-17 等值覆冰厚度计算流程

(2) 若之前监测无覆冰，当气象信息满足温度低于 0℃，湿度大于 80%、风速大于 1 m/s时，判定可能覆冰时才进行等值覆冰厚度计算；否则判定无覆冰，等值覆冰厚度为 0，直接转入(13)。若之前有覆冰，则直接计算等值覆冰厚度。

(3) 根据拉力传感器和双轴倾角传感器采集绝缘子串轴向拉力和绝缘子串风偏角及偏斜角，根据卡尔曼滤波算法和极值求解等方法求取绝缘子串稳态平衡参数。

(4) 在有风有冰条件下采取垂直平面内静力学分析，根据空间立体几何模型，求取输电线路垂直综合载荷 F_v。

(5) 参数初始化设置。设置输电线路等值覆冰厚度初始值 b 为 0，导线初始长度 S 为 S_0 和初始垂直综合载荷。

(6) 在无风有冰条件下采取垂直平面内静力学分析，求取输电线路导线最低点到主杆

塔的水平档距 L_a、L_b 和导线长度 S_a、S_b 。

(7) 在有风有冰条件下采取风偏平面内静力学分析，求取此时输电线路导线最低点到主杆塔的导线长度 S'_a、S'_b。

(8) 根据档距内导线最低点与档距的关系，求取风偏平面内导线自重载荷 G_0 和冰载荷 G_{ice}。

(9) 在有风有冰条件下进行垂直平面内覆冰厚度计算，根据垂直综合载荷 F_v、导线自重载荷 G_0、冰载荷 G_{ice} 和绝缘子串及金具载荷 G_i，求取单位长度等效冰载荷 q_{ice}。

(10) 设覆冰形状为均匀圆柱体模型，根据导线等值覆冰厚度计算公式，计算临时等值覆冰厚度 b'。

(11) 判断等值覆冰厚度计算是否收敛，若临时等值覆冰厚度 b' 与原有等值覆冰厚度 b 差值大于一定阈值 ε，否则转入(13)。

(12) 更新线路长度和垂直综合比载。更新等值覆冰厚度 b 为 b'，将临时等值覆冰厚度替换原有等值覆冰厚度，转入(6)开始进入下一次迭代运算。

(13) 停止此次运算，得到等值覆冰厚度精确值 b_{ice}。

5

电力设备先进测量及超声雷达定位技术开发

近年来，全球气候变化和能源安全等问题对人类社会经济发展产生极其严重的阻碍，而电力行业作为关系到民生的基础性行业首当其冲，智能电网是当今世界电力系统发展变革的最新动向，并被认为是 21 世纪电力系统的重大创新和发展趋势[145-148]。电力设备是电力系统中最重要、最昂贵的设备之一。在电力系统中担负着电能传输和转换的作用，其安全可靠运行对电力系统、国民经济起重要作用，对电力设备参量进行测量，从而及时发现并准确监测出电力设备早期潜伏性的故障，具有重要价值。

变电站的智能化建设是变电站建设的发展方向，电力变压器作为电力系统最基础、最重要的组成元件是电力系统中至关重要的电力设备。随着国内电网规模扩大的需求，电力变压器的等级和容量不断提高，变压器故障率和修复时间也随之不断增加。长期研究表明，变压器内部热状态以及绝缘油中气体组分和浓度在很大程度上反映了变压器的热点故障程度及使用寿命，所以研究变压器内部温度和绝缘油气体状态在线检测技术具有重要理论和现实意义。变压器状态稳定、准确和快速检测以及故障精确预测已经成为亟待解决和突破的关键技术难题。

油浸式电力变压器内部状态参数(温度及绝缘油气体组分和浓度)检测主要有在线测量法和离线测量法两种[149]，离线检测方法具有检测周期长、灵敏度和精确度不高、实时性差等缺点，往往导致事故的漏报和误报，无法实时准确预报变压器早期故障及其过程；在线测量方法将传感元件安装于待测点附近，可实现待测参数的实时在线检测，但由于电力变压器(特别是高压变压器)设备内部环境具有电压高、电磁干扰大、空间狭小等特点，传统的变压器内部状态在线测量方法(如铀热电阻测温法、电化学气体测量法等)存在着受干扰较大，抗腐蚀能力差、不易组网、灵敏度有限等问题，无法有效地在线分析变压器内部主要部件温度和油中气体状况。20 世纪末以来，随着光纤半导体传感技术、光谱测量技术、半导体激光技术和计算机技术的不断发展以及实用化研究的不断深入，基于光纤和半导体传感技术的温度和气体在线检测技术得到较大的发展，其具有抗电磁干扰能力强、易于组网、响应特性好、精度和灵敏度高等特点，在电力变压器状态监测领域得到了一定的应用。本章利用 GaAs 晶体吸收光波长随温度变化的特性以及电荷耦合元件(Charge-coupled Device, CCD)衍射解调原理,通过设计高耦合率、小体积 GaAs 探头,搭建了基于波长调制的新型半导体光纤温度传感系统,此系统具有体积小、抗干扰和腐蚀性强、响应快、精度高、稳定性好等特点,特别适合安装于电力变压器内部绕组、铁芯和绝缘油等处,实时监控变压器内部主要部件的温度及其变化情况。发挥光纤传感技术与变压器故障检测技术多学科交叉的优势,研究电力变压器内部主要部件的温度在线检测新技术,可有效提升油浸式电力变压器安全监测技术水平。这不仅有利于保证变压器安全运行和降低检修费用,还具有重要的理论和现实意义,是电力变压器故障检测技术的发展方向。

5.1 光纤半导体温度传感系统关键技术

5.1.1 光纤半导体传感器结构设计

光纤半导体温度传感系统结构如图 5-1 所示,系统主要由宽带光源、多模光纤、新型反射式结构传感探头、基于 CCD 衍射技术的波长解调系统、信号处理系统、计算机系统等部分组成。

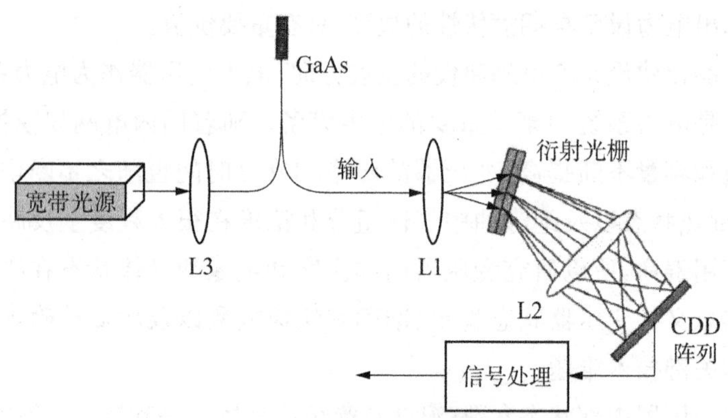

图 5-1 光纤半导体温度传感系统示意

光源发出的光经过隔离器、3dB 耦合器沿多模光纤进入半导体传感探头。光线从同一侧进出,入射和出射光共用一根光纤。入射光纤的光穿透 GaAs 片的透射膜面后在涂有反射膜的端面发生反射,反射光又经过透射膜后经光纤返回。返回的光经过耦合器的另一端多模光纤进入基于 CCD 的透射式衍射波长解调系统,把波长的变化信息转化为电信号,最后通过计算机系统进行运算和显示,从而实现半导体温度的实时在线监测。

5.1.2 新型 GaAs 传感探头设计及特性分析

GaAs 探头是整个传感系统的敏感元件,其结构设计是温度传感系统的关键,直接影响系统响应时间、测温范围以及精确度等性能指标。目前 GaAs 传感探头结构一般分为反射式和透射式两种。

1）透射式传感探头

一般透射式传感探头结构如图 5－2 所示，主要由 GaAs 薄片、多模光纤、插针、增透膜以及保护套筒组成。透射式传感探头中利用金属套筒将带有插针的光纤固定，并且实现入射光纤、GaAs 薄片和出射光纤的对准。在探头中用胶将贴有增透膜的 GaAs 薄片粘贴于光纤的一侧端面上，用插针将其顶紧并用套筒套好。光源发出的宽带激光通过一端的多模光纤入射到 GaAs 薄片一端，激光通过 GaAs 薄片吸收后从光纤的另一端射出到解调系统中进行光电转换。透射式传感探头具有耦合效果好、制作方便等优点，但是其所需系统比较复杂，体积大，不利于在狭小的空间安装。

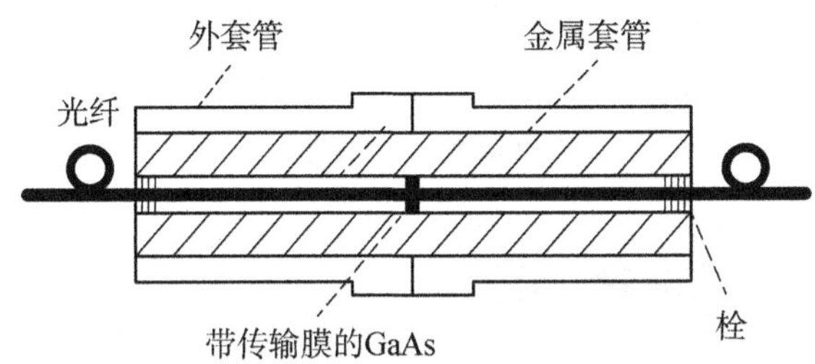

图 5－2　透射式 GaAs 探头结构示意

2）反射式传感探头

一般反射式传感探头结构如图 5－3 所示，主要由 GaAs 薄片、金属套筒、插针、多模光纤以及透射和反射膜组成。金属套筒将插针和光纤固定好，使光纤垂直固定于 GaAs 薄片带有透射膜的一侧，入射和出射激光使用同一根多模光纤。反射式传感探头体积小、易于安装、工作可靠，可应用于空间狭小的场合，但其传输激光两次通过 GaAs 晶体，光的衰减较大，对 GaAs 晶体厚度、光源激光功率以及光纤和 GaAs 晶体垂直耦合效率要求较高。

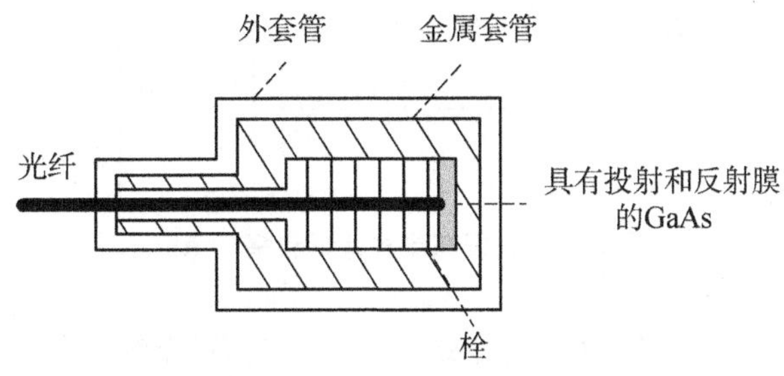

图 5－3　反射式 GaAs 探头结构示意

在传统结构基础上并结合现代 GaAs 薄膜制备技术设计了新型反射式传感探头，探头实物如图 5－4 所示，探头中利用薄膜制备技术加工的 GaAs 晶体厚度约 110 μm，面积约为 180 μm×180 μm，GaAs 晶体的前后两面分别涂上了光学特性非常好的透射膜和反射膜，同时在 GaAs 晶体的周围套上了耐高温聚四氟乙烯套管并用均匀高温胶固定，使多模光纤与 GaAs 晶体最大地垂直耦合（见图 5-5）。聚四氟乙烯套管具有抗腐蚀、耐高温以及绝缘性和导热性好等优点，较好地实现固定、导热和电绝缘功能。新型反射式探头体积小，结构简单，便于安装，薄结构 GaAs 晶体和较高的耦合效率减小了光的衰减，提高了系统测量精度和响应时间。

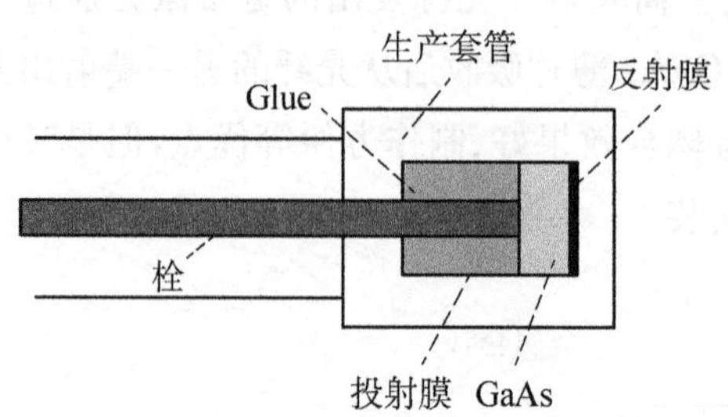

图 5-4 新型 GaAs 传感探头实物示意

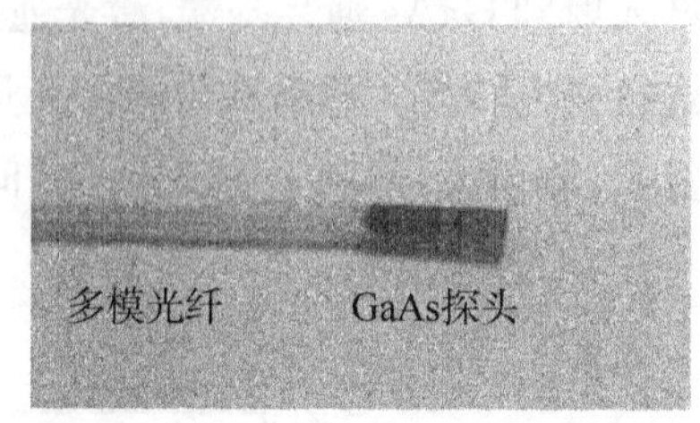

图 5-5 光纤与 GaAs 薄片亲合分析示意

5.1.3 光纤与 GaAs 薄片耦合分析

光纤与半导体材料（GaAs 薄片）的耦合设计是传感探头制作的关键，耦合效率越高，损耗的光强越小，接收到的有效光信号就越强，同时也能有效减小随机耦合进的其他干扰。光纤与 GaAs 薄片耦合结构如图 5-6 所示，一束光 x_1 进入多模光纤纤芯并在芯内进行全反射传播（$\theta \geqslant \theta_0$，$\theta_0$ 为全反射临界角），当 x 传播至 GAs 薄片的前端 k_1 时发生反射和折射现象，反射和折射角分 θ_1 和 θ_2。由于 GaAs 前端面 k_1 后端面 k_2 处分别涂有高性能透射膜和反射膜，前端面 k_1 处反射光强较弱，而前端面 k_1 处的透射光强和后端面 k_2 处的反射光强则较强。

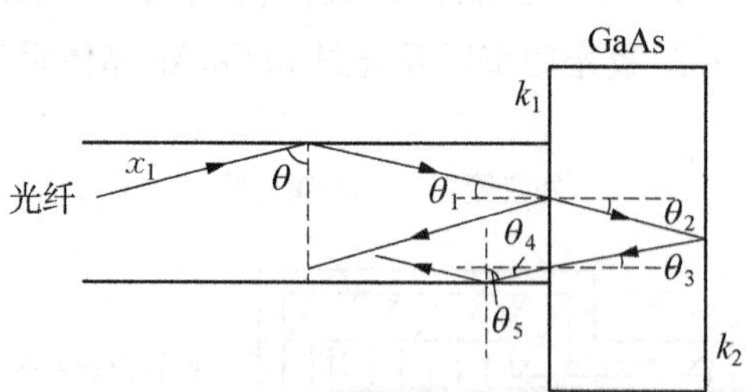

图 5-6 光纤与半导体材料耦合示意

光纤与 GaAs 薄片连接时，为了获得最佳的耦合效率，光纤中传输的光功率应尽可能多地传入到 GaAs 薄片中，经 GaAs 材料吸收后的光也应尽可能多地经光纤反射回解调系统中，这就是光纤与 GaAs 材料的耦合问题，通常可以用耦合效率 η 来表示为

$$\eta = \frac{P_0}{P} \tag{5-1}$$

式中，P_0 为耦合进 GaAs 薄片中的光功率；P 为光纤中传输光的功率。

影响光纤与 GaAs 材料的耦合效率 η 的因素很多，主要有光纤与 GaAs 薄片的位置、增透膜和反射膜的选用，GaAs 材料质量以及光纤的选用等几种，根据以上分析在设计中采用了以下几种措施提高光纤与 GaAs 薄片的耦合效率：

(1) 保持 GaAs 薄片与光纤端面垂直固定，光纤中全反射的光经 GaAs 后端面 k_2 反射回的光仍能在光纤中保持全反射传输，即 $\theta_1=\theta_2$，$\theta_2=\theta_3$，$\theta=\theta_5$；从而有效保证吸收后的光功率在光纤中损耗最低。

(2) 采用大孔径光纤（多模光纤），能最大范围接收 GaAs 材料吸收后反射的光能量，较好地提高耦合效率。

(3) 选用纯度较高的 GaAs 材料并尽量保持其端面平整。

5.1.4 多模光纤特性分析

光纤按光的传输模式可分为单模和多模。单模光纤(Single Mode Fiber)的纤芯直径为 8 μm，包层外径 125 μm；多模光纤(Multi Mode Fiber)的纤芯直径为 50 μm 或 62.5 μm，包层外径 125 μm。单模光纤与多模光纤不仅仅是纤芯粗细的不同，在激光传输谱宽、激光传输距离、激光工作波段等方面也有一定的区别，具体特性对比如表 5-1 所示。

表 5-1 单、多模光纤特性对比

	单模	多模
传输模式	单一	多个
色散程度	小	大
光源频谱	较窄	较宽
可靠传输距离	远	近
耦合效率	低	高

根据光纤两种模式的特性对比及以下几点分析，系统选用纤芯直径为 62.5 μm 的多模结构光纤，如图 5-7 所示。

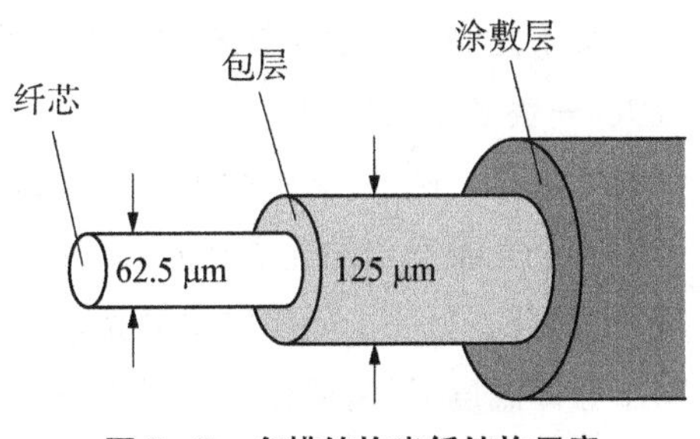

图 5-7 多模结构光纤结构示意

(1) 半导体光纤温度传感系统采用的光源发出的光其峰值波长约为 800 nm，半谱宽约为 200 nm，光源光谱非常宽，覆盖了半导体材料吸收波长的变化范围。

(2) 光纤数值孔径大与半导体材料耦合效果比较好。

(3) 系统中光纤传播距离比较短（一般在 50 m 范围内）。

(4) 多模光纤中的色散对连续激光温度测量影响较小,可以忽略不计。

当一束入射激光满足全反射定律在光纤纤芯内传输时,必然会出现能量减弱的现象,这就是光纤的损耗,可用衰减系数 α 来表示为

$$\alpha = \frac{10\lg(P_1/P_2)}{S} \tag{5-2}$$

式中,P_1 入射激光功率;S 为传播距离;P_2 为出射激光功率。

光纤损耗机理如图 5-8 所示,主要由因光纤制造和光纤材料引起的光纤吸收和散射损耗以及在光纤使用过程中产生的弯曲损耗组成。

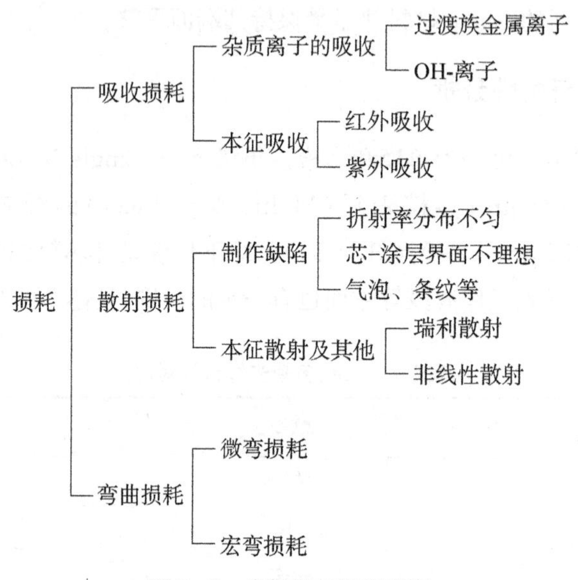

图 5-8 光纤损耗机理示意

5.1.5 光解调技术及系统设计

基于光强直接解调技术的单光源系统中光强测量受光纤抖动、光纤连接损耗等影响较大,一般采用双光源传感系统,如图 5-9 所示,利用一根光纤传输两组信号:测量信号和参考信号。图 5-9 中两个光源在脉冲信号的控制下交替发出激光射入半导体材料中,其中一个光源发出的光谱在 GaAs 材料吸收吸收谱内,其透射光强受半导体温度影响,作为测量光路;另一个光源发出的光谱则在 GaAs 材料吸收谱外,激光透过率几乎为一常数,与半导体温度无关,可作为参考光路。

脉冲发生器控制着两个光源的发光次序、发光时间以及各自的保持电路。脉冲发生器 1 在 t_1 到 t_2 时刻发出脉冲信号激励测量光路中的光源发光,而此时参考光路的光源不发光,激光经过半导体吸收后到达探测器,探测到的电压信号为

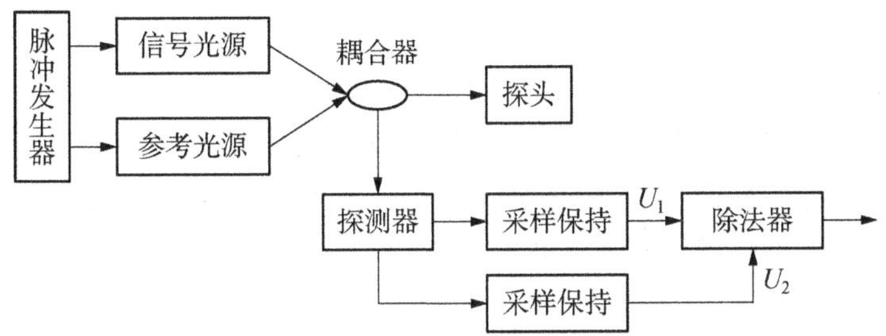

图 5-9 双光源光强解调系统示意

$$U_1 = A_1 \int_0^{\infty} I_1(\lambda) \cdot \Omega \cdot K \cdot T(t, \lambda) R(\lambda) \mathrm{d}\lambda \tag{5-3}$$

同理,脉冲发生器 2 在 t_2 到 t_3 时刻发出脉冲信号激励参考光路中的光源发光,而此时测量光路的光源不发光,激光经过半导体吸收后到达探测器,探测到的电压信号为

$$U_2 = A_2 \int_0^{\infty} I_2(\lambda) \cdot \Omega \cdot K \cdot T' \cdot R(\lambda) \mathrm{d}\lambda \tag{5-4}$$

式(5-3)、式(5-4)中,A_1、A_2 分别为放大器的变换系数;$I_1(\lambda)$、$I_2(\lambda)$分别为两个光源的初始光强。将两次测量结果采样保持并且经过除法器后得到

$$U = \frac{U_1}{U_2} = \frac{A_1 \int_0^{\infty} I_1(\lambda) \cdot \Omega \cdot K \cdot T(t, \lambda) R(\lambda) \mathrm{d}\lambda}{A_2 \int_0^{\infty} I_2(\lambda) \cdot \Omega \cdot K \cdot T' \cdot R(\lambda) \mathrm{d}\lambda} \tag{5-5}$$

由图 5-9 可看出系统中两个光源采用了相同的系统(光纤和探测器),从而可实现光纤和探测器等部件的扰动补偿,即式(5-5)中比值的分子和分母除了透射率 $T(t, \lambda)$和光强 $I(\lambda)$的其他参量几乎是一致的,相除后可有效消除光纤扰动、连接耦合损耗以及探测器漂移等因素的影响,提高了系统的检测精度和稳定性。但是系统仍然无法有效地消除光源扰动对于测量结果造成的影响,只有进一步提高光源光强稳定性或者采用其他的解调技术(如波长解调技术等)才能获得更准确的测量数值。

通过常见的波长解调方法,本章结合半导体吸收后反射光谱特性以及变压器温度检测现场的特点,设计了基于 CCD 衍射技术的新型半导体波长解调系统。宽带光源(600~1 000 nm)发出的光经过隔离器、3 dB 耦合器进入新型结构 GaAs 传感探头,光线从同一侧进出,使入射和出射光共用一根光纤。入射光穿透 GaAs 薄片的增透膜面后透过 GaAs 薄片在涂有高反膜的端面发生反射,反射光又经过增透膜后经光纤返回。返回的光经过耦合器的另一端光纤进入基于 CCD 的透射式衍射解调系统,解调系统的基本结构如图 5-10 所示。从耦合器输出的光经过透镜 L1 后照射到体相位全息衍射光栅上,照射到衍射光栅的光在发生衍射现象后,经过透镜 L2 照射到 CCD 上。CCD 是一种微型图像传感器,既有光电转换功能,又具有信号电荷的存储、转移和读出功能。它能把一幅空间域分布的图像，变化为一列按时间域离散分布的电信号。由衍射原理可知，光栅的衍射作用使不同波长的光对应着不同衍射角，具有不同角度的衍射光聚焦到电荷耦合器件上不同区域的感光单元像素上，中心波长的偏移会引起光聚焦到探测器上不同区域的移动。电荷耦合器件的各敏感单元探测到光强，然后将光强的信息转化为电信号，电信号经过相关采集电路和算法（寻峰算法）等可算得中心波长的数值。

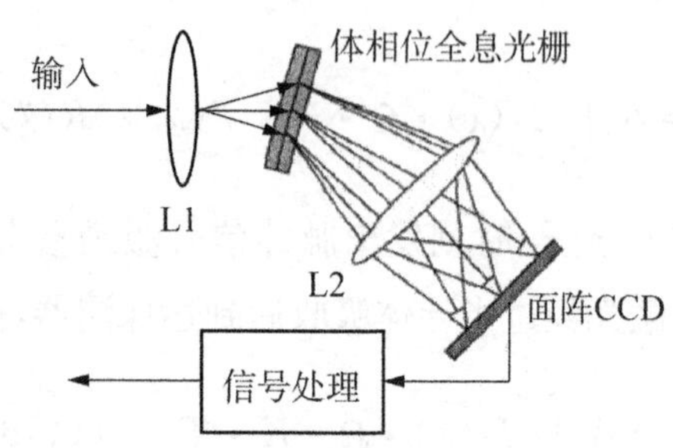

图 5-10　CCD 法光谱解调系统结构示意

设计的解调系统采用了高性能的面阵 CCD、体相位全息光栅等元器件，较好地解决光纤半导体波长解调中存在的问题。

1）高性能面阵 CCD

GaAs 半导体边缘吸收波长范围比较宽，一般的波长解调系统（如边缘滤波器，匹配光栅等）无法覆盖吸收波长的变化范围，而本章设计的新型 CCD 衍射解调系统采用了高响应度、高分辨率的面阵 CCD 元件，结构如图 5-11 所示，其像素的元尺寸小，响应速度快，信噪比（SNR）高、感光度好（小于 0.003 LUX）、光谱响应范围宽，尤其在 800～1 000 nm 内具有很好地响度，高性能面阵 CCD 在 600～1 000 nm 的响应度曲线如图 5-12 所示。

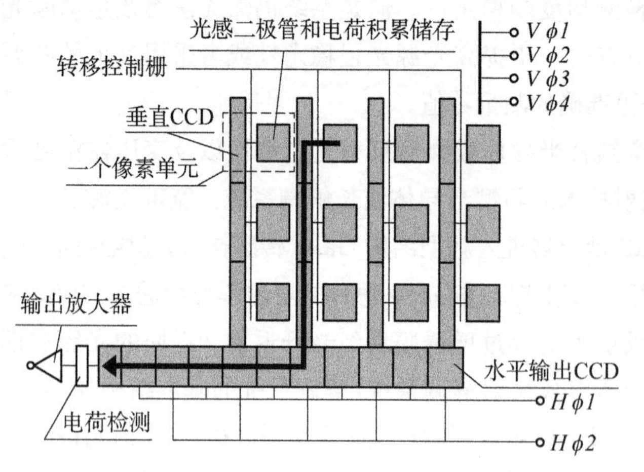

图 5-11　新型面阵 CCD 结构示意

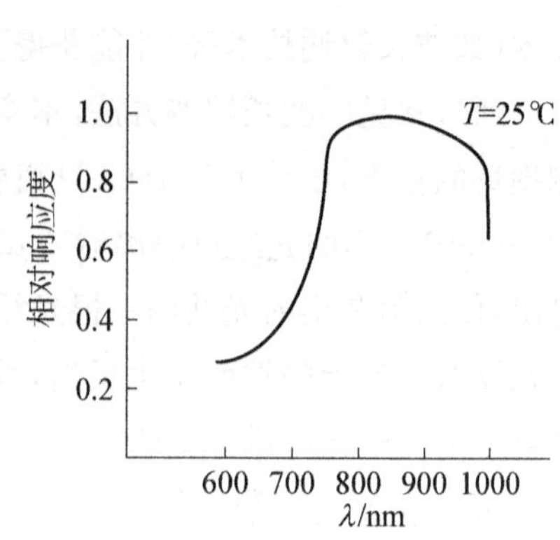

图 5-12　CCD 响应度曲线

2）体相位全息光栅

解调系统中采用高衍射率的体相位全息光栅（VPHG）作为分波器件。体相位全息光栅是以全息照相技术（基于衍射和干涉法来获得近乎逼真立体像的成像技术）为基础，利用光折变材料特性和光学全息方法在存储材料中写入的一种光栅，体相位全息光栅可分为透射式和反射式两种结构，本系统中采用了透射式体相位全息光栅，与平面衍射光栅相比，体相位全息光栅具有滤波带宽宽、衍射效率高（92%以上，理论可达 100%）、信噪比高、受温度影响小、寿命长、结构简单稳定等优点，同时调节入射光角度并减小光栅常数，能极大地改善衍射光栅的最小波长偏移量（可达到 10 pm 级别），从而提高系统波长解调分辨率。

综上所述，设计的新型波长解调系统光谱响应速度快、信噪比高、感光度好、分辨率高、抗干扰能力强，有效克服了光强调制解调易受光源抖动和光路扰动影响的缺点。

5.1.6 光纤半导体温度传感系统实验分析

本实验详细剖析了光纤半导体温度传感原理及传感系统设计关键技术，建立了半导体温度-波长传感模型[150-151]，并设计了新型光纤半导体温度传感系统。本研究对半导体温度波长传感原理进行了实验验证并对设计的新型光纤半导体温度传感系统性能进行了实验测试。

5.1.6.1 吸收光谱检测（验证）实验

实验选用了量程为 500～1 100 nm 的爱万提斯光谱分析仪。将系统卤钨灯光源直接接入该光谱分析仪中，测得光源光谱如图 5 - 13 所示，光源峰值波长约为 800 nm，半谱宽约为 200 nm，光源谱覆盖了半导体材料吸收波长的变化范围。将系统中耦合器与解调部分连接的一端接入光谱分析仪，分别测得了 30℃、60℃、88℃时半导体吸收后的反射光谱，如图 5 - 14 所示，当温度升高时，吸收光谱曲线向长波方向移动，同样随着温度的降低，吸收光谱曲线会向短波方向移动，并且谱型基本保持不变。半导体吸收后的反射光谱曲线在一定温度范围内具有良好的线性度和单调性，很好地验证了半导体温度-波长传感原理，从而证实半导体温度-波长传感系统设计是可行的。

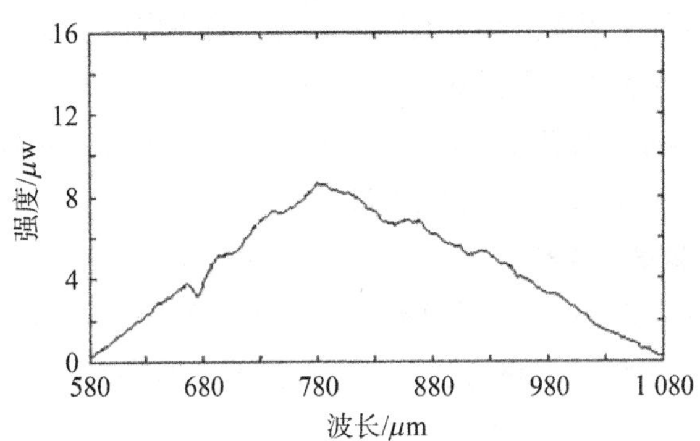

图 5 - 13 光源的光谱曲线示意

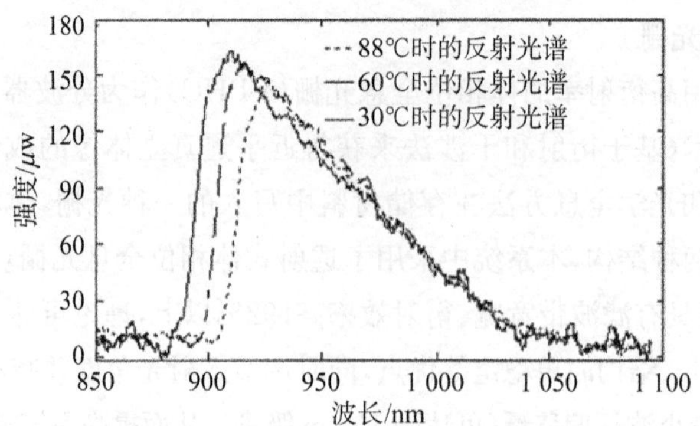

图 5-14　反射光谱随温度变化曲线示意

5.1.6.2　温度检测精确度试验

光纤半导体温度实验系统如图 5-15 所示，主要由卤钨灯光源、新型反射式 GaAs 传感探头、新型 CCD 衍射解调系统、数据处理系统、温控油槽等五个部分组成。

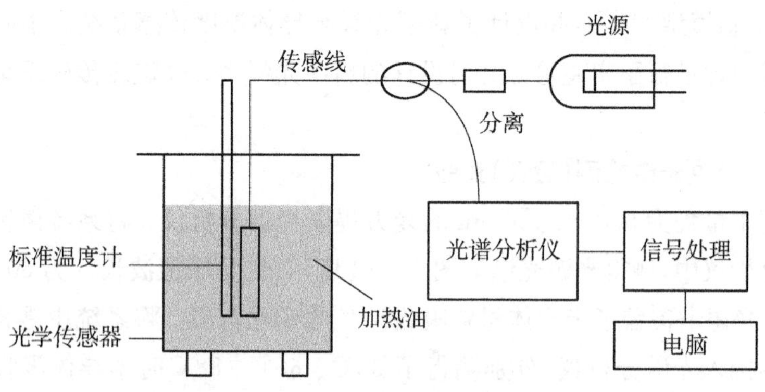

图 5-15　光纤半导体温度实验系统

根据半导体温度传感特性，进行了传感系统温度检测的精确度实验。由图 5-15 可知，实验中把传感探头放入温控油槽中，并在油槽中放入一个精度为 0.01℃的标准 PT 作为校准温度计，对 GaAs 温度传感系统进行测试。调节油槽中的温度，在 0～235℃范围内测量 17 个温度数据点，每个测量值都是五次重复测量的平均值。温度精确度实验结果如图 5-16 所示，实验中传感系统测得的数据与校准温度计的温度一致性比较好，在 0～235℃范围内传感系统测量精度为±0.5℃。该系统的理论测温范围为－40～250℃，由于实验条件的限制只实现了 0～235℃的测温实验。

5.1.6.3　温度检测稳定性实验

在 GaAs 温度传感系统精度实验的基础上还进行了稳定性实验，稳定性是传感系统在规定工作条件和时间内，系统的测量特性随时间保持不变的能力，其一般以一段时间内传感系统不同时刻输出之间的差异来表示。

实验分别测定了系统在 0℃、100℃、200℃下 7～8 个小时的稳定性，输出采样时间为

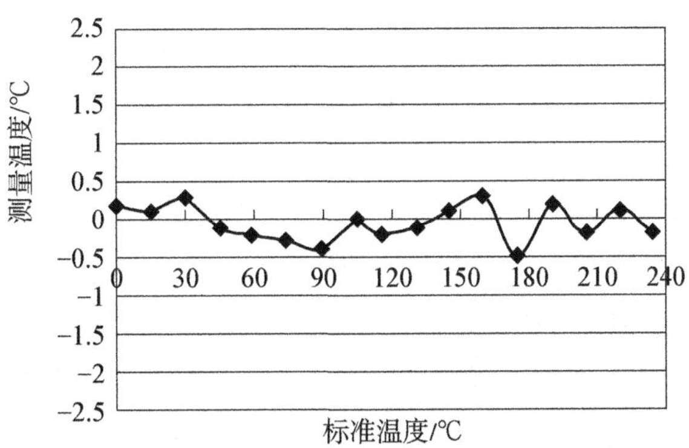

图 5-16　温度测量误差曲线示意

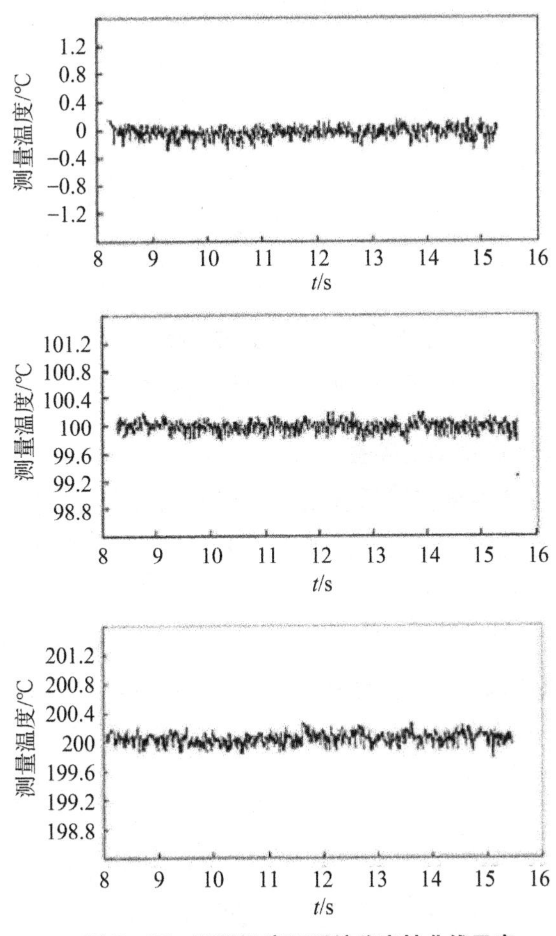

图 5-17　不同温度下系统稳定性曲线示意

10s，结果如图 5-17 所示，最大温度波动范围为±0.3℃，实验结果表明该传感系统具有良好的稳定性和重复性。

5.1.6.4　温度检测响应特性实验

实际测量中，大量的被测量信号是随时间变化的动态信号，这就要求传感系统的输出不仅能精确地测定被测量大小，还要正确地再现被测量随时间变化的规律。传感系统动态响应特性是指传感系统的输出对随时间变化的输入量的响应特性，反映输出值真实再现变化输入量的能力。

实验将传感探头放入常温恒温水槽中，待稳定后迅速放入235℃左右的恒温硅油槽中，升温响应时间波形如图5-18(a)所示，该传感系统的升温响应时间小于6 s；将传感探头放入235℃的恒温硅油槽中，待稳定后迅速放入常温恒温水槽中，降温响应时间波形如图5-18(b)所示，该传感系统的降温响应时间小于6 s，与升温响应时间的一致性非常好，具有较好的动态响应特性。

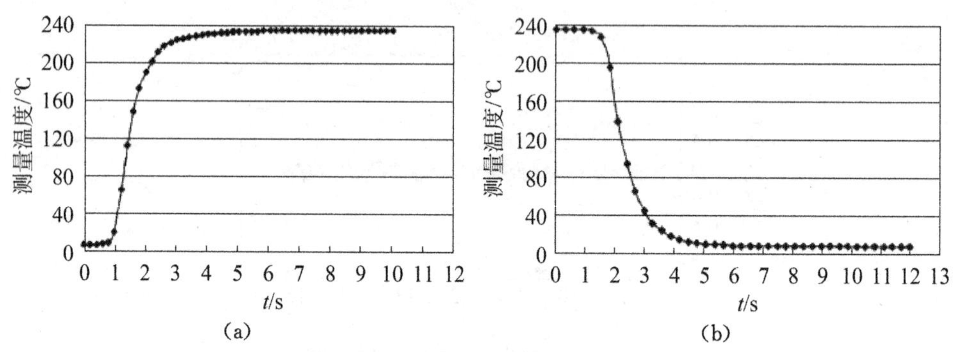

图5-18 传感器响应曲线

(a) 升温响应曲线；(b) 降温响应曲线

5.1.6.5 干扰环境下温度测量实验

本章设计的光纤半导体温度传感系统主要应用于电力变压器内部温度在线检测，变压器测量现场的抗电磁干扰能力是对系统的基本要求，所以在原有温度测量实验基础上模拟了强磁场环境的抗干扰测量实验。

将新型GaAs传感探头放置于接入10 A稳流源的100匝线圈中，可模拟1 kA额定电流的强磁场环境，模拟强磁场环境下温度精度测量结果如图5-19所示，15～175℃内传感系统的精度为±0.5℃，与无强磁场环境下测得精确度一致性较好。

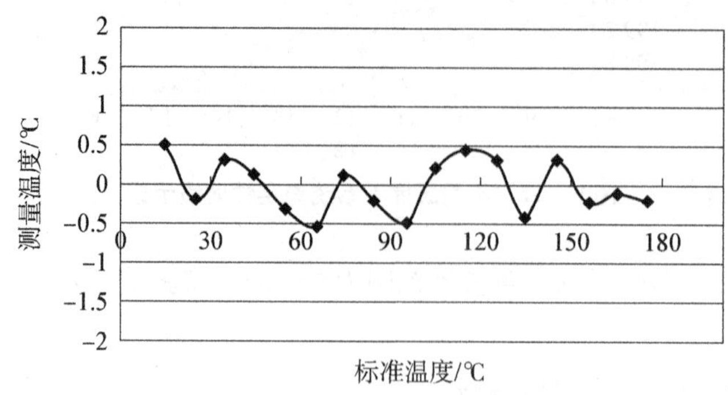

图5-19 强磁场环境实验曲线示意

电力变压器内部温度在线检测新技术开展了大量的研究工作，在查阅大量国内外文献基础上深入研究半导体晶体温度传感原理，建立了 GaAs 晶体波长-温度传感模型，设计了基于波长解调的新型半导体光纤温度传感系统。该传感系统采用 GaAs 材料作为敏感元件并设计了新型反射式结构的传感探头，具有体积小、电绝缘性好、耦合效率高、匹配性好等特点；系统还设计了 CCD 衍射解调系统对探头的反射信号波长进行解调，克服了半导体温度传感光强解调易受光源抖动和光路扰动影响的缺点。实验分析了在不同温度下半导体吸收后的反射光谱并验证了半导体温度传感特性，温度特性实验表明该系统温度测量精确度高、稳定性好、响应时间快、抗电磁干扰能力强，非常适合用于变压器内部主要部件的温度检测，可实现变压器热点温度的实时在线测量并及时预警电力设备故障，提高电力变压器的效率。

5.2 超声雷达定位技术开发

超声检测作为五大常规无损检测之一，是利用超声波在传播过程中遇到异性介质时发生反射、散射、折射和衍射等特性以及超声波方向性好、能量(声强)高、穿透能力强等优点，采用反射、透射、共振等方法中任一种，对被测物件的内部信息进行探测的一种技术。

由于超声波相对光、电磁波等在水中衰减较小，超声检测技术最早被应用于海域的冰山、暗礁和潜艇等探测[152]，这就是 20 世纪 20 年代初声呐的发明应用。而后，随着科研人员的不断努力，超声波技术开始广泛快速的发展，20 世纪 80 年代，超声相控阵检测技术的应用进入无损检测领域。与常规超声波检测技术不同，超声相控阵检测关键技术是多个阵元激励时刻不同的控制，调整超声波声束方向、聚焦位置，对物体内部进行扫查成像。其概念来源于美国 James Sumner 使用多个晶振芯片进行电子相控阵扫描的理论，主要包括相控(延时)精度、成像算法(Imaging Algorithm, IA)、数据分析处理方法、电子技术、计算机软件技术等。

相控阵超声诊断成像是目前医学超声成像研究的热点，而相控阵波束合成则是相控阵超声成像检测系统中最为核心的部分，波束合成的质量直接影响着整个系统后期成像的效果[153-154]。波束合成包括发射波束合成和接收波束合成两部分，相控阵波束合成流程如图 5-20 所示。

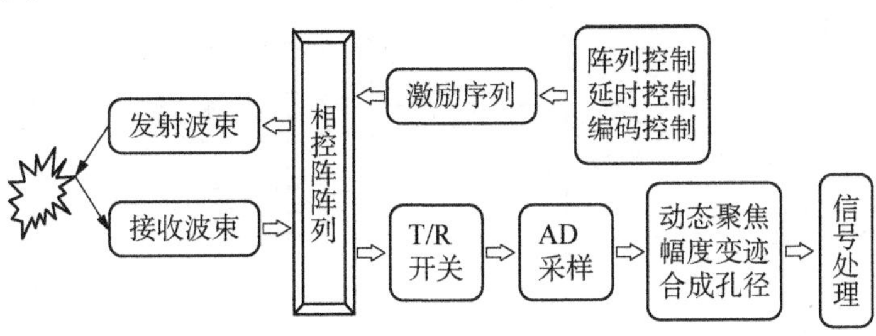

图 5-20 相控阵超声检测流程

在相控阵发射阶段，通过对阵列的设计、延时的控制甚至编码激励使阵列换能器通过负压电效应产生发射波束，形成期望的扫描声场，声波遇到位于声场中的障碍物发生散射、反射等现象形成回波，换能器压电晶片通过压电效应将声波信号转化为电信号，回波信号经 AD 采样后形成数字信号，对回波数字信号进行动态聚焦、幅度变迹、合成孔径等处理后获得图像扫描线，再由适当的信号处理形成图像并在显示器上显示。

相控阵发射分为各独立通道的激励发射控制、阵列的延时控制和时间增益补偿控制三部分。相控阵接收部分主要是对各通道回波信号进行延时再叠加合成一路信号。对波束的处理技术主要包括动态聚焦、动态孔径、合成孔径、幅度变迹和延时叠加。

由于发射阶段采用该方法焦点数目的增加意味着帧频的降低，为了减少采集时间，多采用单次发射或者焦点个数较少的分段聚焦，而在接收阶段可以实现全程的动态聚焦或者焦点数密集的分段聚焦。图 5 - 21 给出了超声信号在发射模式下只对一点进行聚焦，而在接收模式下动态地聚焦分布在声束轴线上的多个回波点，甚至对声束轴线上的每一个回波点都进行聚焦，成为逐点聚焦。

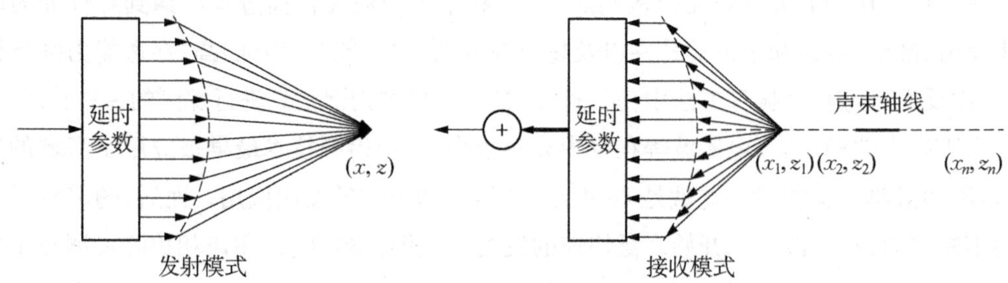

图 5 - 21　回波信号动态聚焦示意

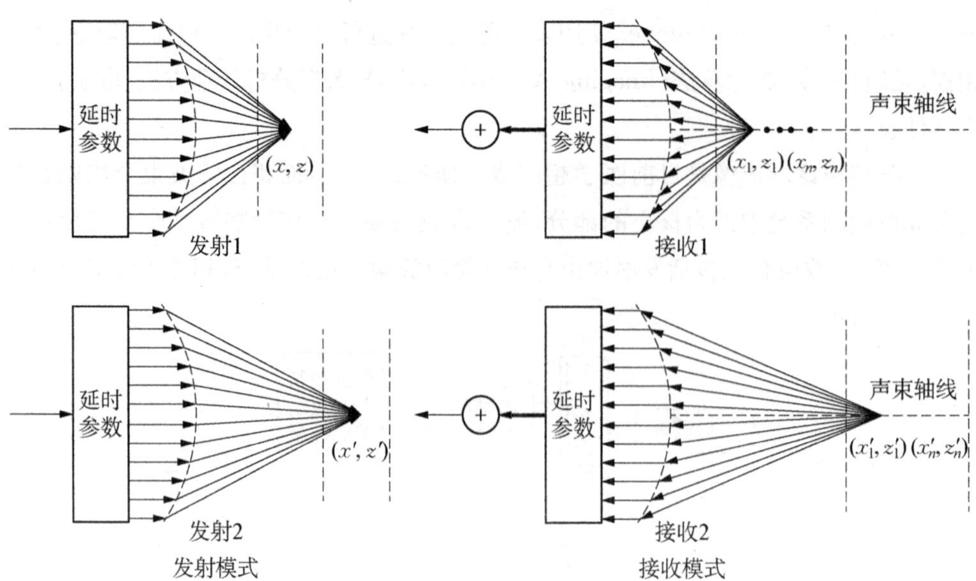

图 5 - 22　超声信号分段动态聚焦示意

图 5-22 为分段动态聚焦过程，将空间划分为多个区域，超声信号在发射模式下每次对一个区域的一点聚焦，同时在接收模式下，动态地聚焦该区域声束轴线上的多个回波点。

幅度变迹主要目的是降低回波波束的旁瓣而在接收通道上进行的幅度加权。由于超声声速的指向性使其在组织介质中的能量不均匀，因此回波信号在各方向上的强度不一，为降低旁瓣采用窗函数加权，但幅度变迹会使主瓣宽度加大而降低横向分辨率。

动态孔径是根据不同孔径形成的波束差异而选择相应的接收孔径，在近场接收时只开通少数阵元，随着探测深度的增加，接收阵元数目逐渐增加(见图 5-23)。使用动态孔径可以减少延迟数量、增加近场的焦深以及减少 TGC 的控制范围。

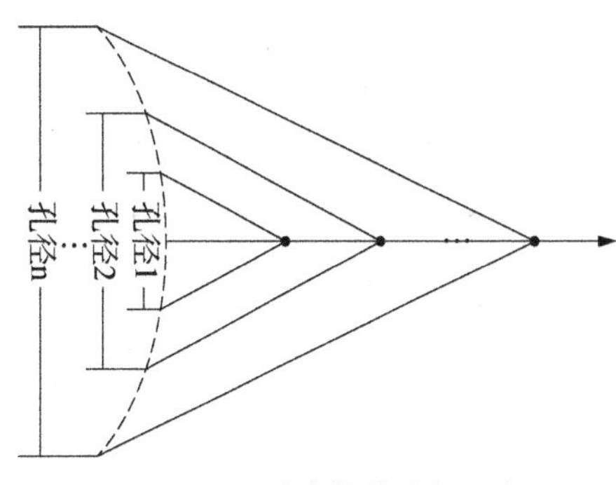

图 5-23 动态接收孔径示意

合成孔径的基本原理是将超声传感器分为若干个子阵，在发射时子阵作为点源发射，接收时子阵依次接收，然后对阵元引入适当延时以得到图像，合成孔径成像的分辨率有所提高，目前该技术仅在理论研究阶段。

5.2.1 相控阵超声波定位成像对比

Field_II 是一个超声系统的 MATLAB 仿真程序，由丹麦超声专家 J. A. Jensen 等设计，可以模拟超声换能器的声场，使用线性声学原理进行超声成像，可以控制动态聚焦和变迹，能够仿真各种超声成像系统。Field_II 能够计算出变迹换能器的空间脉冲响应，这是其他方法难以做到的。它把换能器表面分割成许多方格，传感器的响应就等于各方格响应的总和，因此能够仿真任何几何形状的传感器。

下面给出相控阵超声成像的仿真结果，图 5-24 为 128 阵元线阵列对十个点目标的仿真模型，其中 X 方向与换能器阵元平行，Z 方向为成像区域深度，沿 X 方向扫描，共 20 条扫描线，表 5-2 为基本参数设置。图 5-25 为成像结果，其中 A 为每条扫描线对应收发固定单焦点(x, 0, 60)；B 为每条扫描线对应发射固定单焦点(x, 0, 60)，接收分段 7 个焦点；C 为每条扫描线对应发射分段 4 个焦点，接收分段 7 个焦点；D 为每条扫描线对应发射分段 4 个焦点，接收分段 8 个焦点；E 为每条扫描线对应发射分段 4 个焦点，接收分段 71 个焦点(间隔 2 mm)；F 为每条扫描线对应发射分段 4 个焦点，接收分段 7 个焦点，发射、接收

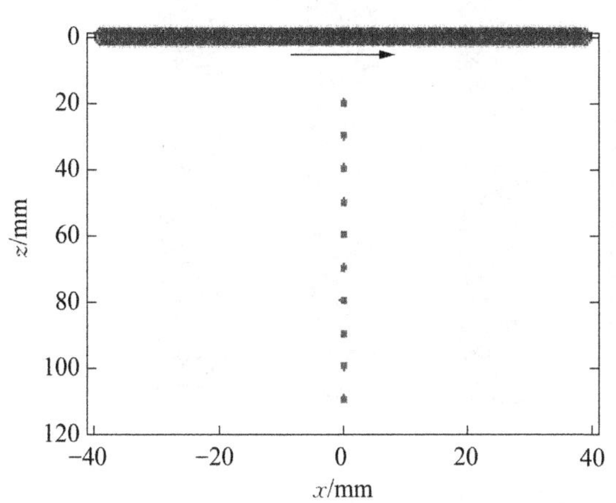

图 5-24 相控阵超声成像仿真模型

表 5-2 基本参数设置(所有仿真结果基于 $y=0$ 平面上)

参数	设置	备注
声速 c/(m/s)	1 540	
发射信号中心频率 f_0/MHz	3	
采样率 fs/MHz	100	
发射(接收)阵列阵元个数 Ne	128	
阵元宽度/mm	0.5	
阵元高度/mm	5	在 y 方向的长度
阵元间距/mm	0.1	
发射(接收)空间脉冲响应	频率为 $f0$ 的正弦波	加了汉宁窗
发射激励信号	频率为 $f0$ 的正弦波	4 个周期

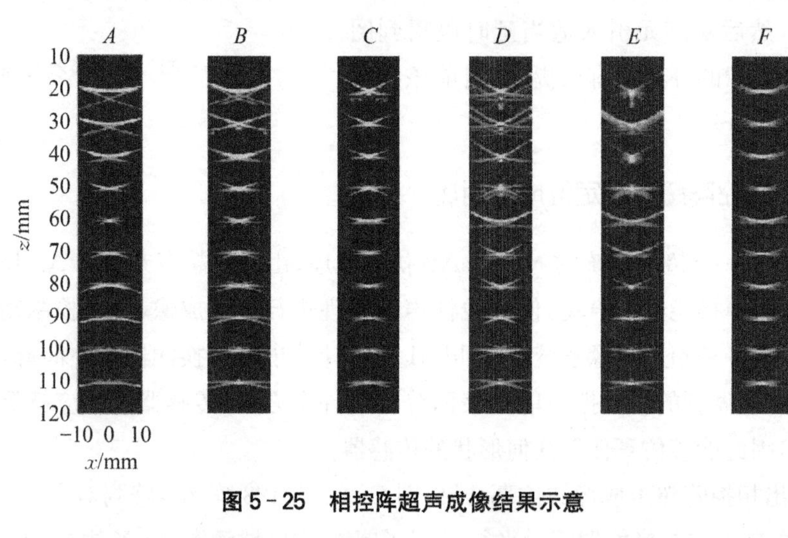

图 5-25 相控阵超声成像结果示意

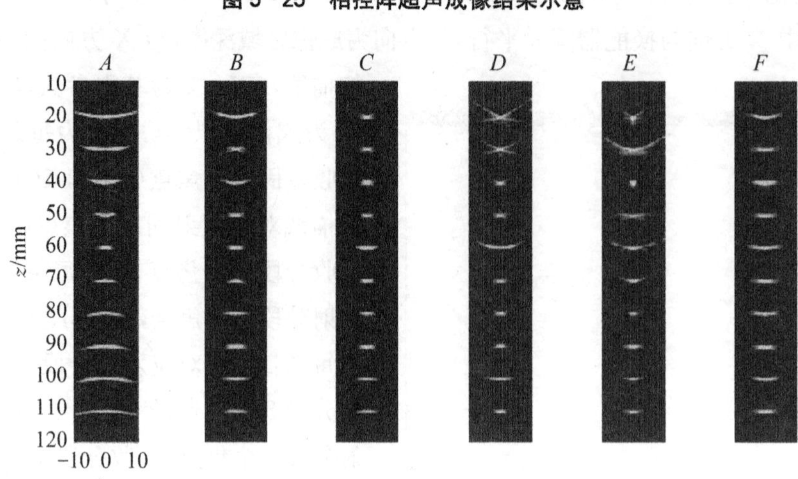

图 5-26 相控阵超声成像果示意(幅度变迹)

均为动态孔径(即根据距离深度决定孔径大小)。A、B、C 每次扫描激活 64 个阵元,D、E、F 每次扫描激活 128 个阵元。可见,F 的成像效果最好。图 5-26 的成像结果焦点设置分别同上页,区别在于均进行了幅度变迹。

图 5-27 和图 5-28 分别给出了对倾斜角为−40°的线目标的成像模型和成像结果。

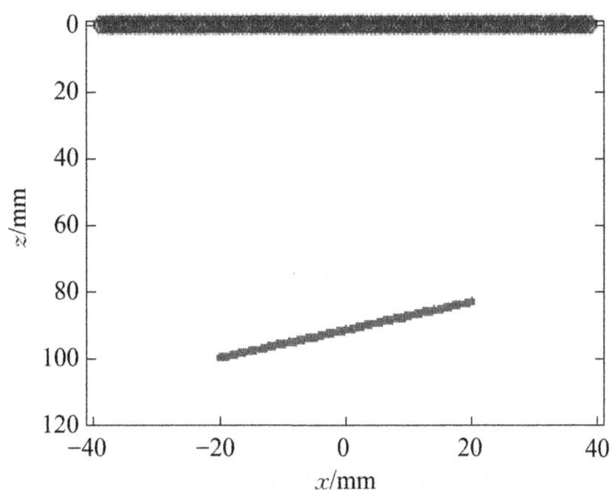

图 5-27 倾斜角为−40°的线目标的成像模型示意(线目标)

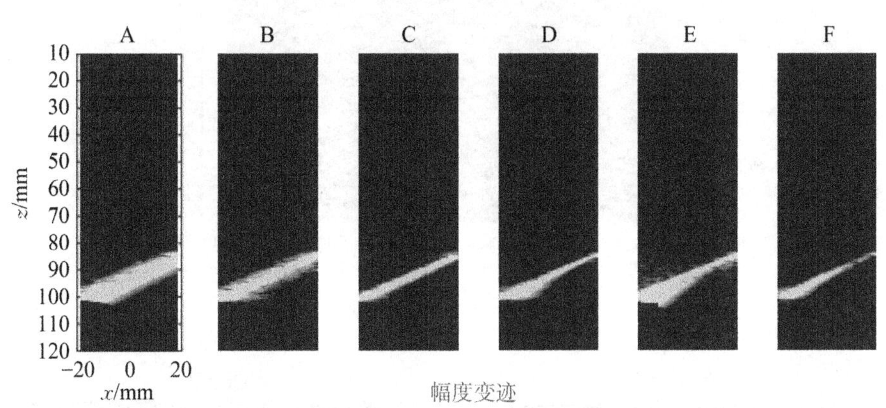

图 5-28 倾斜角为−40°的线目标的成像结果示意(线目标)

5.2.2 不同模型下超声波定位成像结果

初定方案采用收发共用线阵列,一维或二维相控阵扫描,发射脉冲波(可考虑调制信号),采用分段聚焦(发射、接收均分段,接收分段更密)和幅度变迹。后续机器人运动时可考虑合成孔径。

下面给出初步仿真结果,图 5-29 为 256 阵元线阵列对倾斜角为 40°的线目标扫描的仿真模型,沿 X 方向扫描,共 200 条扫描线,每次扫描激活 128 个阵元,表 5-3 为基本参数设置。图 5-29 为成像结果。

表 5-3　基本参数设置(所有仿真结果基于 $y=0$ 平面上)

参数	设置	备注
声速 c/(m/s)	340	
发射信号中心频率 f_0/MHz	1	
采样率 f_s/MHz	20	
发射(接收)阵列阵元个数 Ne	256	
阵元宽度/mm	0.5	
阵元高度/mm	5	在 y 方向的长度
阵元间距/mm	0.1	
发射(接收)空间脉冲响应	频率为 f_0 的正弦波	加了汉宁窗
发射激励信号	频率为 f_0 的正弦波	4 个周期

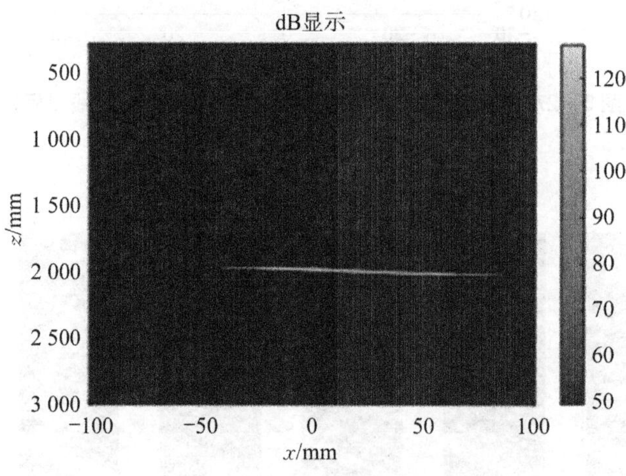

图 5-29　成像结果

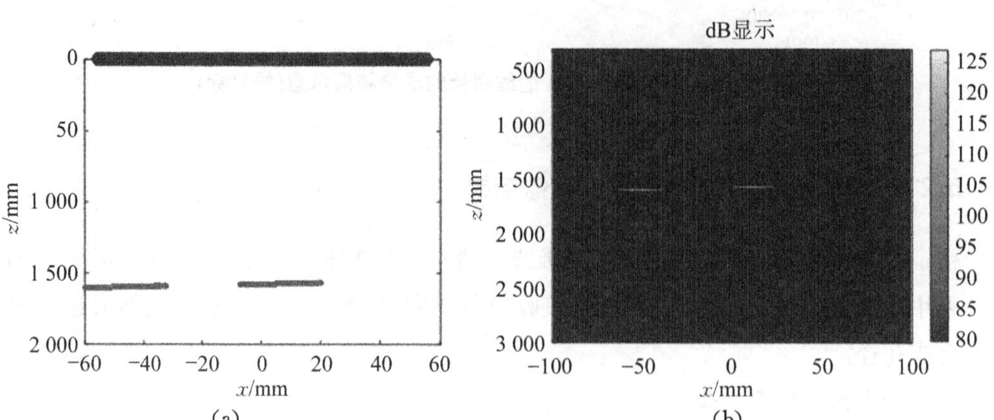

图 5-30　倾斜角为 −60°的线目标扫描的仿真模型和仿真结果

(a) 成像模型；(b) 成像结果

图 5-30 为 256 阵元线阵列对有缺口的倾斜角为−60°的线目标扫描的仿真模型和仿真结果，图 5-31 为 256 阵元线阵列对不同复杂形状的线目标扫描的仿真模型和仿真结果。

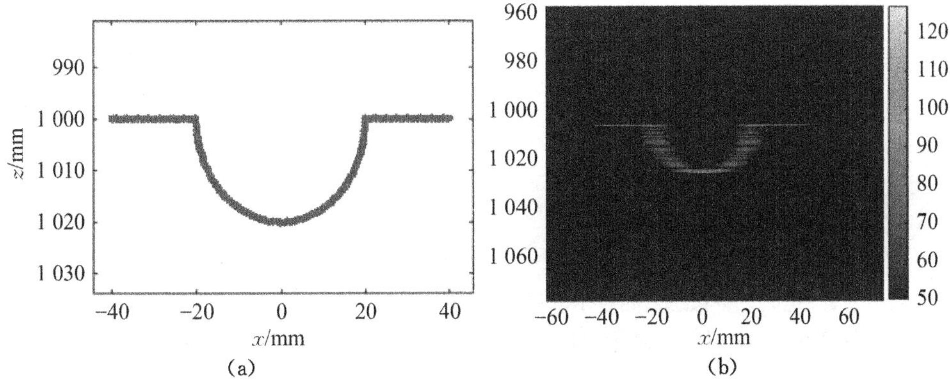

图 5-31 对不同复杂形状的线目标扫描的仿真模型和仿真结果

(a) 成像模型；(b) 成像结果

参考文献

[1] 李雪连,罗洋.电力设备状态监测技术的运用[J].山东工业技术,2018(6):154+163.
[2] 毕露月,杨文琛.基于智能信息融合的电力设备故障诊断技术探究[J].科技与创新,2014(20):21+25.
[3] 李进,张萌.基于多传感器信息融合的电力设备故障诊断方法[J].电子世界,2016(22):131+140.
[4] 张代红,沈海华,姜念,等.基于供电安全标准的配电网诊断分析方法研究[J].湖北电力,2015,39(S1):11-15.
[5] 苗培培,王芳,魏巍.关于电力系统变电运行安全管理及设备维护的研究[J].山东工业技术,2018(19):189.
[6] 吴强.基于智能电网的变电站综合自动化系统研究[J].计算机产品与流通,2018(3):68.
[7] 张洋.改变未来电网形态的关键技术[N].国家电网报,2016-09-27(008).
[8] 张立颖.多数据源信息融合的电网故障诊断方法研究[D].沈阳:东北大学,2013.
[9] 赵熹.基于图像处理的电力设备状态检测[D].华北电力大学(河北),2006.
[10] 袁海满,吴广宁.基于多信息融合的变压器故障诊断[J].高压电器,2018,54(9):103-110.
[11] 王巍横,李娜娜.红外测温技术在变电运维中的应用研究[J].山东工业技术,2018(18):183.
[12] 章继开.红外测温诊断技术在 500 kv 变电运行维护的应用[J].电子测试,2016(20):124+129.
[13] 任庆帅,范婷.红外测温在输变电设备检测中应用[J].山东电力技术,2013(5):75-77.
[14] 崔彦斌,刘欢.变电站智能巡检机器人系统的设计[J].设计与研究,2014,4:1-4.
[15] 鲁守银,钱庆林.变电站设备巡检机器人的研制[J].电力系统自动化,2006,30(13):94-98.
[16] 高青,张鹏.智能巡检机器人的研究[J].产品与技术,2012,4:74-76.
[17] LU SHOUYIN, LI YANPING, ZHANG TAO. Design and implement of control system for power substation equipment inspection robot, Intelligent robots and System, 2009:93-96.
[18] ROGALSKI A. Recent progress in infrared detector technologies [J]. Infrared Physics & Technology, 2011,54(3):136-154.
[19] BORTONI SANTOS L. Bastos G SA model to extract wind influence from outdoor thermal inspections [J]. IEEE Transactions on Power Delivery, 2013,28(3):1969-1970.
[20] 胡启明,胡润滋,周平.变电站巡检机器人应用技术[J].华中电力,2011,24(5):36-39.
[21] 朱兴柯,李斌,李长生.智能巡检机器人在变电站中的应用[J].云南电力技术,2012,40(5):55-57.
[22] 刘凌,韩国政.变电站巡检机器人软件系统的设计[J].山东电力技术,2009,2:45-47.
[23] 严冬.电力红外诊断技术在状态检修中的应用[J].广东输电与变电技术,2006,(1):25-28.
[24] 康博文.变压器在线监测系统设计[D].河北科技大学,2018.
[25] 李民华.电力变压器自动检测系统的设计[J].电子世界,2014(12):38.
[26] 张作宇,李燕青.基于 GSM 通讯模块的电力变压器检测系统研究[J].科技信息,2010(21):

116+269.

[27] 张育华. 浅谈三比值法在变压器故障诊断中的应用[J]. 电气应用，2017，36(13)：40 - 43+60.

[28] 郭拳. 高压开关柜设备状态的智能监测及诊断研究[J]. 电工技术，2017(9)：19 - 20.

[29] KLAUS MICHELSEN. C# Primer Plus 中文版[M]. 北京：人民邮电出版社，2002.2 - 5.

[30] WANG M H. A novel extension method for transformer fault diagnosis [J]. IEEE Trans on Power Delivery，2003，18(1)：164 - 169.

[31] 张逸群，李海星. 输电线路典型故障案例分析及预防(第1版)[M]. 北京：中国电力出版社，2012.7，52 - 113.

[32] 黄戬. 输电线路故障类型辨识研究[D]. 华南理工大学，2015.

[33] 刘印. 图像分割算法分析与技术进展研究[J]. 好家长，2018(74)：13.

[34] 邹辉，黄福珍. 基于 FAsT-Match 算法的电力设备红外图像分割[J]. 红外技术，2016，38(1)：21 - 27.

[35] 李祥，崔昊杨，皮凯云，等. 基于改进遗传算法的电力设备红外图像分割研究[J]. 现代电子技术，2017，40(21)：56 - 58.

[36] 王如意. 变电站电力设备红外图像分割技术研究[D]. 西安科技大学，2011.

[37] 王智杰，牛硕丰，刘相兴，等. 蝙蝠算法优化二维熵的变电设备红外图像分割应用研究[J]. 电子设计工程，2018(18)：83 - 87.

[38] 李良良. 蝙蝠算法改进及其应用研究[D]. 广西民族大学，2015.

[39] 赵萍，许德刚. 蝙蝠算法理论研究[J]. 电子质量，2018(9)：1 - 6.

[40] 王海军，门克内木乐，金涛. 蝙蝠 BP 神经网络在图像去噪中的应用研究[J]. 微电子学与计算机，2018，35(9)：121 - 124.

[41] 何友，王国宏，关欣，等. 信息融合理论及应用[M]. 电子工业出版社，2010.

[42] 韩亦勇. 红外与可见光图像融合技术研究[D]. 南京理工大学，2011.

[43] 吴一全，王志来. 基于联合稀疏表示的复 Contourlet 域 SAR 图像与红外图像融合[J]. 雷达学报，2017，(4)：349 - 358.

[44] ZHIQIANG X U. Compressed sensing：a survey [J]. Scientia Sinica，2012，42(9)：865 - 877.

[45] CHEN G H，YANG C L，PO L M，et al. Edge-based Structure Similarity for Image Quality.

[46] 任海鹏. 可见光与红外图像融合研究现状及展望[J]. 舰船电子工程，2013，33(1)：16 - 19.

[47] 郝松傲，秦军. 热红外图像与可见光图像的配准与融合[J]. 四川测绘，2008(3)：131 - 133.

[48] 童明强. 红外图像与可见光图像融合的研究[D]. 天津理工大学，2005.

[49] 杨桄，童涛，孟强强，等. 基于梯度加权的红外与可见光图像融合方法[J]. 红外与激光工程，2014，43(8)：2772 - 2779.

[50] 戴世稳. 基于深度学习的图像检索研究[D]. 湖南大学，2017.

[51] 张俊. 基于 AlexNet 融合特征的图像检索研究[D]. 重庆邮电大学，2016.

[52] 叶晓波，秦海菲. Newton-Raphson 算法 Logistic 分类器性能提升应用研究[J]. 软件导刊，2017，16(11)：141 - 143+148.

[53] 袁莉芬，宁暑光，何怡刚，等. 基于改进 SAE-SOFTMAX 的模拟电路故障诊断方法[J]. 电子测量与仪器学报，2018，32(7)：36 - 45.

[54] 李军锋. 基于深度学习的电力设备图像识别及应用研究[D]. 广东工业大学，2018.

[55] 肖儿良，刘雯雯. 多尺度梯度域可见光与红外热图像融合方法研究[J]. 计算机应用研究，2015，32(10)：3160 - 3163+3167.

[56] 蒋少华. 多源图像处理关键技术研究[D]. 华中科技大学，2011.

[57] WANG Z，BOVIK A C. Sheikh H R Image Quality Assessment：From Error Vistbility to Struetural Similarity [J]. IEEE Trans. on Imgge Processing，2014，13(4)：600 - 612.

[58] 王健. 信息融合技术在变压器故障诊断中的应用[D]. 华东理工大学，2013.

[59] 王洪波. 多源信息特征提取与融合及其在信息管理中的应用[D]. 合肥工业大学,2015.

[60] 张成军,阴妍,鲍久圣,等. 多源信息融合故障诊断方法研究进展[J]. 河北科技大学学报,2014,35(3): 213 - 221.

[61] 王日彬,佘彩绮,刘新东,等. 基于D-S证据理论的变压器故障诊断[J]. 现代电力,2012,29(2): 6 - 10.

[62] 杨露菁,余华. 多源信息融合理论与应用[M]. 北京: 北京邮电大学出版社,2011. 4 - 17.

[63] V. Vapnic. The nature of statistical learning theory [M]. New York: Springer, 1995: 181 - 205.

[64] 李雷,郑书亚,张琪. 基于最优加权组合的能源评估预测模型[J]. 中国高新区,2018(13): 49.

[65] LI XIAOHUI, YANG SIBO, FAN RONGWEI, et al. Discrimination of soft tissues using laser-induced breakdown spectroscopy in combination with k nearest neighbors (kNN) and support vector machine (SVM) classifiers [J]. Optics and Laser Technology, 2018,102.

[66] 罗运柏,于萍,宋斌,彭正洪,等. 用灰色模型预测变压器油中溶解气体的含量[J]. 中国电机工程学报,2001(3): 66 - 70.

[67] 杨志越,牛华宁. 基于 DGA 的变压器状态监测与故障诊断技术研究[J]. 河北电力技术,2018,37(3): 11 - 14.

[68] 王保保,宋晓霞,毛晋生. 改进的变压器三比值故障诊断方法[A]. 中国电力企业联合会科技开发服务中心. 2009 年全国输变电设备状态检修技术交流研讨会论文集[C]. 中国电力企业联合会科技开发服务中心: 中国电力企业联合会科技开发服务中心,2009: 11.

[69] 张灿华. 基于特高频、超声波、TEV 局部放电检测技术的应用及研究[D]. 山东大学,2015.

[70] 马悦. 特高频和超声波局部放电综合检测技术的应用[J]. 民营科技,2013(9): 55.

[71] 王胜辉,冯宏恩,律方成. 基于日盲紫外成像检测的复合绝缘子电晕放电光子数变化特性[J]. 高电压技术,2014,40(8): 2360 - 2366.

[72] 刘燕平. 基于紫外成像法的线路绝缘子状态检测研究[D]. 华北电力大学,2013.

[73] 闫昊,付秀华,郑爽. 日盲型紫外探测系滤光膜的研制[J]. 长春理工大学学报(自然科学版),2012,35(2): 5 - 8.

[74] 崔昊杨,许永鹏,孙岳,等. 基于自适应遗传算法的变电站红外图像模糊增强[J]. 高电压技术,2015,41(3): 902 - 908.

[75] 门洪,于加学,秦蕾. 基于 CA 和 OTSU 的电气设备红外图像分割方法[J]. 电力自动化设备,2011,31(9): 92 - 95.

[76] 陈芳,姚建刚,李佐胜,等. 绝缘子串红外图像中单个绝缘子盘面的提取方法[J]. 电网技术,2010,34(5): 220 - 224.

[77]]张晓哲,李云霞,赵尚弘,等. 红外辐射大气传输效应模型的分析与实现[A]. 中国宇航学会光电技术专业委员会. 第二届红外成像系统仿真测试与评价技术研讨会论文集[C]. 中国宇航学会光电技术专业委员会: 中国宇航学会光电技术专业委员会,2008: 4.

[78] 孙毅义,董浩,毕朝辉,等. 大气辐射传输模型的比较研究[J]. 强激光与粒子束,2004(2): 149 -153.

[79] 甘新基,郭劲,王兵,等. 1. 06 μm 激光在对流层传输中的衰减预测[J]. 长春理工大学学报,2006(2): 8 - 10+13.

[80] 李文学,华卫红,张碧会. 一种基于 VC 的激光远程大气传输仿真方法[J]. 大气与环境光学学报,2006(6): 166 - 168.

[81] 丁诗洋,丁玲莉,李瑞民. 变压器在线监测与故障诊断新技术[J]. 山东工业技术,2017(22): 179.

[82] 周文韬,杨勇. 变压器故障诊断技术研究[J]. 机电信息,2016(36): 87 - 88.

[83] 董卓,朱永利,胡资斌. 基于遗传规划和数据归一化的变压器故障诊断[J]. 电力科学与工程,2011,27(9): 31 - 34+54.

[84] 朱永利,申涛,李强. 基于支持向量机和 DGA 的变压器状态评估方法[J]. 电力系统及其自动化学报,2008,20(6): 111 - 115.

[85] 申涛,朱永利,李强,等. 基于支持向量机和 DGA 的变压器状态评估方法[J]. 电力科学与工程,2008

(2)：47－50.
[86] 徐铭铭，曹文思，姚森，等. 基于模糊层次分析法的配电网重复多发性停电风险评估[J/OL]. 电力自动化设备，2018(10)：1－7[2018－10－23].
[87] 田树仁. 基于小波变换和粗糙集的风电变流器故障诊断[J/OL]. 沈阳工业大学学报：1－7[2018－10－23].
[88] 王帅，王文爽，孙伟，等. 基于粗糙集和 BP 网络的微网短期负荷预测[J]. 控制工程，2018，25(8)：1528－1533.
[89] 李正明，钱露先，李加彬. 基于统计特征与概率神经网络的变压器局部放电类型识别[J]. 电力系统保护与控制，2018，46(13)：55－60.
[90] 李欣同. 基于多重分形和概率神经网络的水电机组故障诊断研究[D]. 西安理工大学，2018.
[91] 朱沛恒. 基于果蝇算法优化的概率神经网络在变压器故障诊断中的应用[J]. 电力大数据，2018，21(6)：37－43.
[92] 彭炜文，郑云海，吴奇宝，等. 基于 PSO-SVM 的电力变压器局部放电类型识别[J]. 电气应用，2018，37(13)：27－33.
[93] 黄俊辉，汪惟源，王海潜，等. 基于模拟退火遗传算法的交直流系统无功优化与电压控制研究[J]. 电力系统保护与控制，2016，44(10)：37－43.
[94] 彭炜文，郑云海，吴奇宝，等. 基于 PSO-SVM 的电力变压器局部放电类型识别[J]. 电气应用，2018，37(13)：27－33.
[95] 吴明祥，刘江明，王少华，等. 自然积污绝缘子污闪电压变异系数的统计分析[J]. 浙江电力，2014，33(8)：1－3.
[96] 张成刚，王秀丽. 基于修正加权变异系数的电力调度公平性指标[J]. 电力技术经济，2009，21(5)：5－9＋36.
[97] 李辉，陈耀，丁杰，等. 基于 TOPSIS 和递归等权法的中长期负荷组合预测[J]. 浙江电力，2018，37(3)：26－30.
[98] 汪涛，周鹏程，吴南南，等. 基于灰色关联 TOPSIS 法的水电企业供应商选择研究[J]. 水力发电，2018，44(3)：74－76＋93.
[99] 扈常生，黄永烈，顾斯洋，等. 基于多维特征量的电力变压器故障诊断技术研究[J]. 通信电源技术，2018，35(6)：105－106.
[100] 陈铭. 高压开关柜的在线监测和故障诊断[J]. 广东科技，2013，22(16)：122＋121.
[101] 邓龙君. 高压开关柜实时监测系统研究[D]. 集美大学，2013.
[102] 幸晋渝，刘念. 高压开关柜的在线监测与故障诊断技术[J]. 四川电力技术，2004(6)：6－8.
[103] 姜浩，肖鹏. 基于电力系统高压开关柜常见故障问题分析[J]. 科技风，2018(22)：187.
[104] 吴宏熊，胡雪梅. 高压开关柜常见故障和改进措施[J]. 通讯世界，2013(15)：63－65.
[105] 陈利跃，杭钟灵，余亮，等. 基于马氏距离的双层聚类电力远动异常检测[J]. 控制工程，2015，22(2)：360－364.
[106] 缪芸，缪翼军，陈红坤，等. 基于模糊层次分析法与支持向量机的变压器风险评估[J]. 现代电力，2014，31(6)：64－69.
[107] 王海峰. 基于嵌入式技术的大型电气监控系统设计与实现[J]. 电气应用，2015，34(3)：64－67.
[108] 徐雅斌，杜鹏. 基于隶属度函数的 BP 人工神经网络改进算法[J]. 辽宁工程技术大学学报(自然科学版)，2009，28(5)：795－797.
[109] 吴红兵，张润堂. 配电开关柜状态监测与评价技术实践探述[J]. 城市建设理论研究(电子版)，2017(6)：35－36.
[110] 王丹丹. 室内 10 kV 真空开关柜安全运行状态评估策略的研究[D]. 河南理工大学，2011.
[111] 霍凤鸣，靳祁，严凤. 真空断路器及开关柜选型参考[J]. 河北电力技术，2004(1)：14－18.
[112] 罗杨，刘彦琴，郭超，等. 高压开关柜局部放电检测及应用[J]. 电工电气，2018(9)：56－59.

[113] 郭蕴.开关柜局部放电带电检测技术的运用[J].科学技术创新,2018(25):48-49.
[114] 张佩.高压断路器机械故障诊断方法的研究[D].华北电力大学,2014.
[115] 谢文靖.高压断路器智能故障诊断方法研究[D].云南大学,2013.
[116] 张永奎,赵智忠,冯旭,等.基于分合闸线圈电流信号的高压断路器机械故障诊断[J].高压电器,2013,49(2):37-42.
[117] 黄凌洁.高压断路器状态监测与故障诊断方法的研究[D].北京交通大学,2007.
[118] 王伟,李维立,黄石华,等.KYN高压开关柜断路器液压升降转运车[J].农村电气化,2018(1):66-67.
[119] 郑维辉.凝露造成高低压开关柜的故障研究[J/OL].中国战略新兴产业[2018-10-23].
[120] 吴晓伟.低压开关柜结构设计对电气性能的影响[J].南方农机,2018,49(11):203.
[121] 钱亮.开关柜温升试验方法研究[J].科学技术创新,2018(17):154-155.
[122] 陈波,赵建坤,赵建利,等.架空输电线路覆冰在线监测系统的开发与应用[J/OL].内蒙古电力技术:1-5[2018-10-23].
[123] 王俊城.输电线路运行维护与检修技术探析[J].技术与市场,2018,25(7):119-120.
[124] 李宏伟.简述输电线路在线监测技术[J].科技经济导刊,2018,26(23):64.
[125] 陈立军,吴谦,石美,等.输电线路覆冰检测技术发展综述[J].化工自动化及仪表,2011,38(2):129-133+152.
[126] 高明,张江涛,赵振刚,等.基于光纤传感的输电线路覆冰监测系统研究[J].传感技术学报,2018,31(8):1295-1300.
[127] 杨俊,张长胜,梁仕斌,等.基于光纤传感技术的输电线路覆冰监测系统[J].电力科学与工程,2018,34(8):12-17.
[128] 菅瑞琴,王玲桃,王伟.基于图像处理的输电线路覆冰厚度计算方法[J].电气自动化,2018,40(3):116-118.
[129] 郭婷婷.基于视频监控的输电线路风偏检测研究[D].西华大学,2016.
[130] 高明,张江涛,赵振刚,等.基于光纤传感的输电线路覆冰监测系统研究[J].传感技术学报,2018,31(8):1295-1300.
[131] 张旭苹,武剑灵,单媛媛,等.基于分布式光纤传感技术的智能电网输电线路在线监测[J].光电子技术,2017,37(4):221-229.
[132] 薛盈.基于电容传感器的模拟导线覆冰厚度在线监测系统的研究[D].太原理工大学,2015.
[133] 蔡文斌.基于无线传感器网络的输电线路倾斜度在线监测系统设计与开发[D].重庆大学,2016.
[134] 薛志航.基于光纤传感器的架空输电线路覆冰在线监测系统的设计与实现[D].电子科技大学,2012.
[135] 全江涛.用于输电线路覆冰测量的光纤光栅传感器研究[D].华北电力大学(北京),2010.
[136] 马国明.基于光纤光栅传感器的架空输电线路覆冰在线监测系统的研究[D].华北电力大学(北京),2011.
[137] 张浩.基于光纤传感器的架空输电线覆冰监测[D].北京交通大学,2018.
[138] 黄文广.输电线弧垂高度实时分析系统设计与实现[D].电子科技大学,2012.
[139] 王峰.架空输电线舞动在线监测与状态评估系统研究[D].重庆大学,2010.
[140] 张民,陈启冠,张治国,等.基于FBG传感器的架空输电线覆冰监测方案的设计与实验[J].光电子.激光,2011,22(4):499-503.
[141] 杨梅,苏沛,冯建辉.基于分形理论的输电线路覆冰厚度测量[J].测控技术,2018(9):111-116.
[142] 基于支持向量机和模糊控制的输电线路覆冰状态检测,杨俊杰.
[143] 输电线路覆冰状态下信息融合模型特征层的分类方法,杨俊杰.
[144] 输电线路覆冰监测系统数据提取算法研究,杨俊杰.
[145] 高扬.智能电网的应用与发展[J/OL].电子技术与软件工程,2018(19):235[2018-10-23].

[146] 宋涛,冯承超.变电站智能辅助系统的应用[J/OL].电子技术与软件工程,2018(19):239-240[2018-10-23].
[147] 郑家波,陈卓.浅析智能配电网中的大数据应用[J/OL].集成电路应用,2018(10):70-71[2018-10-23].
[148] 张令涛,赵林,张亮,等.智能电网调控中心变电站图形数据即插即用技术[J/OL].电力系统保护与控制:1-7[2018-10-23].
[149] 陈霄.基于光纤传感技术的油浸式电力变压器状态多参量在线检测研究[D].山东大学,2012.
[150] 李朋.半导体式光纤温度传感器的建模、仿真与实验[J].电子技术,2009,36(7):45-48.
[151] 李朋.半导体吸收式光纤温度传感系统研究[D].燕山大学,2007.
[152] 赵大丹.超声相控阵成像关键算法研究[D].南京航空航天大学,2015.
[153] 胡志南.超声相控阵检测与成像技术的研究[D].华南理工大学,2013.
[154] 张闯,陈晓冬,汪毅,等.基于合成孔径技术的内镜超声相控阵成像算法[J].光学学报,2014,34(12):98-102.

索　引